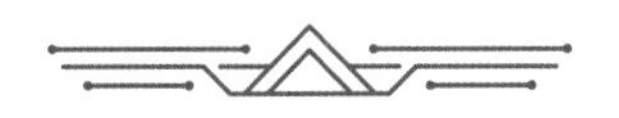

The Materials of China
—Teaching Cases

大国之材
——教学案例集

主　编　段玉平　周大雨　陈国清
副主编　李佳艳　于聪聪

大连理工大学出版社
Dalian University of Technology Press

图书在版编目(CIP)数据

大国之材：教学案例集 / 段玉平，周大雨，陈国清主编. -- 大连：大连理工大学出版社，2024.2
ISBN 978-7-5685-4310-1

Ⅰ.①大… Ⅱ.①段… ②周… ③陈… Ⅲ.①材料科学－教案(教育) Ⅳ.①TB3

中国国家版本馆 CIP 数据核字(2023)第 055975 号

DAGUO ZHI CAI:JIAOXUE ANLIJI

大连理工大学出版社出版
地址:大连市软件园路 80 号　邮政编码:116023
发行:0411-84708842　邮购:0411-84708943　传真:0411-84701466
E-mail:dutp@dutp.cn　URL:https://www.dutp.cn

大连日升彩色印刷有限公司印刷　　大连理工大学出版社发行

幅面尺寸:185mm×260mm　印张:16.5　字数:400 千字
2024 年 2 月第 1 版　　2024 年 2 月第 1 次印刷

责任编辑:王　伟　李宏艳　　责任校对:周　欢
封面设计:冀贵收

ISBN 978-7-5685-4310-1　　定　价:89.00 元

序　言

材料是人类社会进步的里程碑。当你走进材料的世界时，可以感受到人类文明脉动的气息与温度。不管是那历经千年依然精美绝伦的青铜器和青翠欲滴、高贵典雅的青花瓷，还是长虹卧波、巨龙横跨的港珠澳大桥，以及方寸之间尽显乾坤的小小芯片，都体现着不同时代材料的极致之美和华夏儿女源远流长的工匠精神。本书将通过一个个具体的案例带你感受材料之美，并尝试将材料发展背后的科学知识、人文精神乃至理想信念进行传递和思考。

本书内容共分四篇，分别为璀璨历史、大国工匠、科技报国、未来可期。

第一篇璀璨历史不仅介绍了古海上陶瓷之路的繁华，还以生动的事例展示了我国古代先进的材料科技（制瓷、铸币、冶铁、造船）和对人类文明的巨大贡献，为理解“一带一路”倡议及“新材料产业”战略提供了新的视角和注解。

第二篇大国工匠，精选了中华人民共和国成立初期至今的16位知名材料类学者，他们的工作领域涉及金属材料、无机非金属材料、高分子材料和复合材料。“作为一个中国人，就要对中国作出贡献，这是人生的第一要义。”这是国家最高科学技术奖获得者、中国高温合金开拓者之一师昌绪先生报国一生、无怨无悔的心声。“中国第一代高铁工人”的全国劳模李万君则代表了中国制造的核心力量——亿万产业工人。材料领域的杰出学者不忘初心，迎难而上，埋头苦干，正以实际行动为“中国制造”走向“中国创造”做着最好的诠释。

第三篇科技报国展示了以高铁、核电为代表的“中国外交新名片”，在“走出去”“一带一路”等国家倡议中发挥着日益重要的作用。大连理工大学材料科学与工程学院研发的世界上第一条Cu-Cr-Zr合金水平电磁调控连铸生产线，使我国高强高导铜导线从无到有，用“中国导线”助力中国高铁驰骋大江南北。大连理工大学材料科学与工程学院作为首席科学家单位承担的两期国家重点基础研究发展计划“大型先进压水堆核电站核主泵制造技术”，急国家之所需，为核主泵国产化贡献了“大工力量”。

第四篇未来可期则涵盖了生物医用材料、热电材料、仿生隐身材料、超材料、新型铁电材料、纳米材料、高熵合金、新型磁性材料、超硬材料等14个主题。随着材料科技的发展，“钢铁侠”“隐身衣”“变形金刚”“人造太阳”……这些科幻大片中的场景正逐渐走进我们的生活，新材料已经吹响了未来新技术革命的号角，带我们放飞梦想，勾勒未来世界的无限可能。

在全方位挖掘材料领域思政元素的基础上，每个案例的最后设置了思考题。这些问题从材料领域的知识点出发，聚焦和提炼材料故事背后的文化与价值观，激励学生关注学科的发展历史、前沿动态，启发学生对国家需求的认知与判断等。希望学生带着问题学习案例内容，并开展探究、讨论和思辨，实现问题导向的探究式、开放性学习，达到课程思政的内在价值目标。

本书编者如下：第一篇，陈国清；第二篇，李佳艳；第三篇，周大雨；第四篇，段玉平。其中，第一篇案例分别由陈国清、于聪聪负责搜集整理；第二篇案例分别由李佳艳和李鹏廷负责搜集整理；第三篇的12个案例分别由雷明凯、李昱鹏、程从前、刘黎明、张兆栋、李廷举、张宇博、王同敏、郭恩宇、曹铁山、周大雨提供素材；第四篇的14个案例分别由董旭峰、康慧君、段玉平、周大雨、蒋丽、王清、邱志勇、李鹏、胡方圆、李鹏廷、白玉、马志远提供素材。全书由段玉平、周大雨、陈国清主编并统稿。

由于编者水平有限,错误和不足之处在所难免,恳请广大读者批评指正。

编　者

2023年12月

目　录

第一篇　璀璨历史

导　言……003

古人类历史中最动人的发现——周口店遗址……004

中华文明的开始——河南偃师二里头遗址……010

中国古代文明的象征——青铜器……016

有史以来最硬的人造材料——铸铁……021

中国人的发明——炒钢……025

巧夺天工的唐三彩……029

天下第一剑——越王勾践剑……034

青花瓷的秘密……036

钢铁时代:“泰坦尼克”号的悲剧与今日航母用钢……040

水泥材料与“基建狂魔”……044

一粒沙子的魔幻之旅——从沙子到芯片……048

“芯片之争”就是材料之争——芯片中的材料问题……052

一代飞机,一代材料……055

第二篇　大国工匠

导　言……065

生命在冶金事业中永恒——李薰……066

“一心为国,兢兢业业”的材料先驱——师昌绪……071

中国铝材之父——邱竹贤……075

大爱无私的钢铁院士——崔崑……080

传奇“钢铁工长”——李依依……………………………………084
到祖国最需要的地方去——涂铭旌…………………………087
悠悠赤子心，殷殷报国情——葛庭燧 ……………………090
为科学奋斗一生的院士——郭可信…………………………094
立志报国的钢铁大师——柯俊………………………………099
“精勤不倦怀大爱”的院士——徐祖耀……………………103
轮椅上的领路人——金展鹏…………………………………106
大国工匠——高凤林…………………………………………109
焊接高铁的“工人院士”——李万君………………………112
勤勉执着攀高峰——王华明…………………………………115
幸福的材料人——蹇锡高……………………………………118
最美科技者——李贺军………………………………………122
第三篇　科技报国
导　言…………………………………………………………131
百万千瓦级核电站的“心脏”——核主泵…………………132
“以小制大”增材制造大型环形锻件
——中国核电巨型不锈钢锻环……………………………136
绿色焊接制造技术的有力保障
——新型高功率密度低能耗焊接热源……………………140
中国速度实现突破的秘诀——高强高导铜导线…………144
大科学装置衍射小世界——上海同步辐射光源…………149
多丝协同电弧熔丝一体化增减材制造
——国际首例 3D 打印 10 米级高强铝合金连接环 ……153
远洋深海环境建造中马友谊大桥选用的桥梁钢
——高性能耐蚀钢…………………………………………157

十年磨一剑——钛铝合金叶片一体成型…………………162
中国万米深潜潜水器之盾——钛合金……………………166
“强力旋轧技术”揉出“钢中之王”…………………………170
必争之“芯”——国产光刻胶………………………………174
微如芥子是核心基础——超微型多层陶瓷电容器………178
第四篇 未来可期
导 言………………………………………………………185
医疗技术革命的基石——生物医用材料…………………186
温差与电能相互转换的桥梁——热电材料………………190
国防隐身后盾——仿生隐身材料…………………………197
新型微结构功能材料——超材料…………………………201
信息存储的理想载体——氧化铪基新型铁电材料………206
大国之间的真正较量——“以小见大”纳米材料…………210
材料界中的新秀——高熵合金……………………………214
大数据时代的信息蓄水池——新型磁性材料……………219
大国深度的PDC钻头——超硬材料 ……………………223
能源革命的关键——电化学储能材料……………………227
现代工业皇冠上的明珠——高温合金……………………232
“举重若轻”新材料——泡沫金属…………………………236
受控热核聚变第一壁——聚变材料………………………241
改变未来的黑科技——智能材料…………………………246

第一篇　璀璨历史

导　言

“坎坎伐檀兮，置之河之干兮”，不仅是华夏先民的遥远吟唱，也是先民取材劳动的真实写照。回顾中华民族五千年的文明史，我们的祖先在材料的开发和利用上为人类文明作出了巨大贡献。其中不仅有仰韶遗址的彩陶，红山文化的玉龙，干将莫邪的神奇传说，后母戊鼎的凝重庄严，越王勾践剑至今仍透出的丝丝寒意，更有命名通商之路的丝绸，代指中国的瓷器。从青铜文化到冶铁技术，从最早的材料设计理念到古代四大发明，无不讲述着勤劳智慧的中华儿女在材料与人类文明中开创的历史。

本篇以“璀璨历史”为题，收集了13个典型的材料案例，介绍这些事件的材料成就及其对人类文明进程的影响。案例涵盖了石器时代、青铜器时代、铁器时代、钢铁时代以及今天的新材料时代。从周口店遗址、河南偃师二里头遗址了解石器时代的文明曙光；从青铜器铸造及越王勾践剑认识青铜器时代的高超技艺；从铸铁、炒钢技术和航母用钢了解铁器时代、钢铁时代的冶金和金属加工技术发展；通过唐三彩、青花瓷了解我国博大精深的陶瓷文明；通过水泥、芯片及飞机材料了解当前我国新材料发展面临的机遇和挑战。这些案例充分彰显了在古老的大地上，中华民族用勤劳和智慧创造的辉煌材料文明，体现了我国劳动人民的智慧和创造力，以及为人类社会进步作出的巨大贡献。

编者希望材料专业的教师在教学过程中，将上述案例与专业知识融合，引导学生认真思考我国古代材料发展在人类历史中的关键作用，感受华夏民族璀璨的材料历史，思考材料科技背后隐含的情感和精神内涵，增强历史自觉、坚定文化自信，树立敬业报国的情怀和使命担当的精神，实现课程思政的教学目标。

古人类历史中最动人的发现
——周口店遗址

引　言

石器时代是指人类早期以石器为主要劳动工具的漫长时期。人类制造石器是一种有目的的创造活动。自从第一把石斧被发明出来，人类和动物世界就已经被划分了界限。因此，古人类学家认为：人类起源于石器时代。自人类发明石器以来，人的上肢最先摆脱了爬行，最后形成了直立人。那么，从什么时期开始出现了直立人？新石器时代和旧石器时代是怎么区分的？在中华大地上发现的最早的石器时代遗址又在哪里？

背景知识

早期的先民们从河滩上捡来鹅卵石，从山上捡回石块，经过打制，做成粗糙的石质工具，这种制作粗糙的打制石器被称为“旧石器”。北京地区古人类化石和旧石器时代遗物的发现始于20世纪20年代的周口店。周口店遗址坐落在北京市西南48千米处的房山区周口店镇龙骨山的北边。1927年进行了大规模、系统地挖掘，迄今已发现27个不同时代的化石和文物遗址，其中包括“北京猿人”化石遗骸40余具，打制石器10余万件，动物化石200余种，是世界著名的人类化石宝库以及古人类学、考古学、古生物学、地层学、年代学、环境学、岩溶学等多学科的综合性科研基地。1987年被列入《世界遗产名录》。在周口店遗址出土了数以万计的石制品、大批的骨制品、丰富的用火遗迹（灰烬、烧骨和烧石）和百余种脊椎动物化石。这些材料对综合研究“北京猿人”的形态特征、生活习性和古生态环境、古气候和旧石器文化演化都有十分重要的意义，它是远古人类的文化宝库。

周口店遗址和“北京猿人”第一个完整头盖骨的发现，是轰动国际学术界的一件大事。在周口店发现了人科，并在20世纪20年代和20世纪30年代进行了随后的研究，推翻了当时普遍接受的人类历史的年代。到目前为止，还没有任何一处古人类遗迹像周口店遗址那样，保存了大量的古人类、古文化、古动物化石及其他材料。“北京猿人”的化石，在全世界都是备受关注的珍品。“北京猿人”虽非第一批人，却被誉为“古人类史上最具意义、最动人的发现”。周口店遗址是我国现存最早的一个直立人遗址，其文化内涵之丰富，堪称全国古人类文物中的第一。

“北京猿人”的发现与研究肇始于瑞典地质、考古学家安特生的一次偶然的考察活动。1918年2月，安特生无意中得知，北京地区曾出土过古生物化石，位于鸡骨山附近。因此，同年的3月22日，人们开始对这个地方进行调查，并在那里进行了一些试掘，那就是“北京猿人”的第一个遗址。尽管此次考察没有被安特生特别关注，但是它为北京地区的猿人遗址的发掘打开了一个新的开端。后来，安特生派师丹斯基去周口店进行了挖掘，得到了大量的脊椎动物化石。师丹斯基在1921年、1923年的挖掘中，又找到了两块人类牙齿化石。1921年，师丹斯基勘测时，在地层中发现了少量脉石英。这些发现对于以后的研究很有价值。

1927年，进行了大规模的考古发掘。在这次考古发掘中，发现了一颗人牙，与1923年发现的两块“北京猿人”化石一样，也就是“北京直立人”。1929年12月，中国古人类学家、旧石器考古学家裴文中在北京房山区周口店村的遗址中，首次发现“北京猿人”的头骨化石。随着考古工作的深入，大量的石器和火的遗迹被发现，确定了人类进化中的直立人环节，并证明了人类是从猿到人进化而来的。挖掘工作进行到1936年，在周口店考古发掘中，先后发现了3具“北京猿人”的完整头盖骨。1936年的考古发掘中，获得许多“北京猿人”的头骨、牙齿和其他部位的化石，还有许多动物化石和石器。

专业知识

一、打制石器

打制石器是指原始人类利用石块打成的石核或打下的石片，加工成一定形状的石器。打制石器的材料主要为燧石、玛瑙、石英岩、石英砂岩、角岩及各种硅质岩等。

1. 打制石器分类

打制石器可分为尖状器［图1.1（a）］、刮削器［图1.1（b）］、砍砸器［图1.1（c）］、雕刻器和球状器。

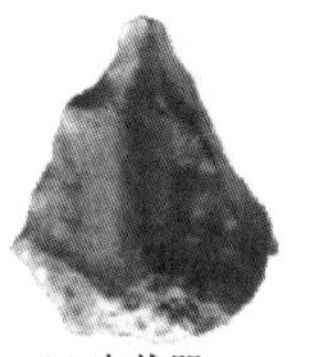
(a) 尖状器

(b) 刮削器

(c) 砍砸器

图1.1　打制石器

尖状器：打制石器的一种类型。石器有一个尖锐的角，二到三边均经修理打制，其大小一般适合古人用手拿稳。尖状器可分为厚重尖状器、三棱尖状器、小尖状器等不同类型。

刮削器：在我国旧石器时代和中石器时代遗址中最常见的一种打制石器，一般由打击石块后留下的石片再加工制成。根据其形态可分为直刃刮削器、凹刃刮削器、复刃刮削器、圆盘刮削器、多边刮削器等。

砍砸器：打制石器的一种类型，常由扁平砾石、大石片或石核制成。和刃缘相对的一边常保留部分藤石面，成单边或多边的石器。主要用途是砍砸大型动物或制造修理工具。砍砸器也可称为砍斫器、砍伐器、手斧、手镑等。

雕刻器：打制石器的一种类型，在旧石器时代晚期细石器时代和新石器时代均可见到，主要用来雕刻、制作木制品。在山西峙峪遗址中发现有雕刻器。在周口店第一地点的第8层以上的层位中也发现有雕刻器。

球状器:打制石器的一种类型，呈球状。在球状器上能清楚看到打击剥落石片的疤痕。在山西阳高许家窑和丁村97地点均发现有球状器，时代为旧石器时代中期。对球状器的用途不明。

2. 制作方法

用挑选好的石头做石器的原料，先将石头打碎，然后进行下一步的加工。从石料上敲下来的部分称为石片，其余部分称为石核。在石料上受到最大冲击的地方称为打击点。在石片破裂表面形成的半圆形的肿瘤称为半锥体。半锥体上会有一道疤痕。以小瘤为圆心，会出现一圈一圈的波状纹。从打击点向外放射出很多细小的裂痕。这是一种手工雕刻的痕迹，不仅仅是石片上，还有石核上。由此可以区分出人工制作的石器和天然的石料。先民们通常会在天然的砾石面上凿出一块平台，以便把合适的石头打下来。台面与石片破裂面的夹角称为石片角。从已有的发掘材料来看，打制石器的制作方法主要有碰砧法、摔击法、锤击法、砸击法及间接打片法。

用上述五种方法对石料进行加工后剥落的石片，有的可以直接用作生产工具，有的还要进行二次加工。第二道工序是锤击法、指垫法和压制法等。这种处理方式多在旧石器时代后期出现。

二、“北京猿人”石制品分析

1. 原料分析

周口店“北京猿人”遗址出土的石器经过几次转运和迁移，标本在路上丢失了很多，但大多数都保存下来了，可以供我们从不同角度分析石制品的基本性质。

据鉴定，“北京猿人”共使用了44种石器，其中石英是主要材料，80%是以石英为原材料。其次是水晶。除了以上两种以外，还有少量的燧石、砂岩和极少量的其他材料。

虽然随着时间的流逝，“北京猿人”所使用的石制品的原料种类基本没有发生大的变化，但是，不同类型的石料在不同的发展时期所占的比例却有不同的变化。例如，品质较低的石英岩制品数量在不断下降，而在文化发展过程中，燧石、水晶制品的数量也在不断增加（表1.1）。

表1.1　“北京猿人”石制品主要原料占比分布

材料	早期	中期	晚期
石英岩	1.00%	0.60%	0.10%
砂岩	14.90%	1.40%	0.60%
燧石	2.40%	1.10%	3.10%
水晶	1.30%	3.60%	5.40%
石英	77.60%	92.40%	89.70%

2. 打片技术分析

纵观周口店“北京猿人”遗址中的石制品，所使用的打片方法有三种，分别是砸击法、锤击法和碰砧法。砸击法是最常用的一种。

（1）砸击石片及其石核

周口店“北京猿人”遗址的砸击石核一般为30～50厘米，其长、宽差别不大。大多数的石核形状是不规则的。随着时间的推移，石核片疤的形状从原来的不规则、大小不一的片疤发展成了矩形的、扁平的片疤。石核也从最初的不规则多面体发展到了后期比较规整的形状，而随着打片技术的进步，石核的形状也在逐渐缩小，这充分证明了“北京猿人”的打片技术在“升级”，对石核打击的力度、方向和最终成品有了更大的把握。

（2）锤击石片及其石核

在周口店“北京猿人”遗址中，大部分都是用大粒径的碎石，但由于没有充分利用，大部分的石核都只有一条或几条片疤，而这并没有对石核的形状产生太大的影响。石核的形状参差不齐，只有极少数形状整齐，呈漏斗状、长方形。虽然疤痕不是很整齐，但也有许多呈梯形、三角形以及类似长石片和石叶的片疤。石核以天然的表面为台面，少数石核的台面是打击台面，也有少量的石核在打片前进行了修理。石核上留下的打击点比较密集，还有一些不规则的碎屑疤，应该是反复打击后留下的。台面角度一般为80°～95°。综合以上特征，“北京猿人”在使用锤击法打片时，还比较生涩，技术也比较原始。

“北京猿人”的石料生产中，锤击石片是一种主要的毛坯，但其大小和形状都不确定，且存在着很大的差异。整体上，石片在长、宽等比下均有明显的变化。有些石片的台面似乎经过了调整。但是，因为这样的样本数量很少，因此可以推断当时虽然有修复台面的技术，但是该技术还没有得到广泛地使用；而且，如果在打片时使用转向打法，也有可能制造出这种石片。

（3）碰砧石片及其石核

用碰砧法打出的石片和石核均较大。石片具有较大的角度，半锥体呈微凸状并且粗大或无半锥体，台面大而倾斜，其背面大部分是自然面。

（4）不同时期打片方法

在周口店“北京猿人”遗址中，砸击石核、锤击石核和碰砧石核分别占所有石核数量的59.3%、38.9%和1.8%，砸击石片、锤击石片和碰砧石片分别占所有石片数量的75.4%、23.8%和0.8%。结果说明砸击产品最多，其次是锤击产品，碰砧产品的数量最少。在不同的文化时期，打片方法也有了一定的变化。随着时代的发展，砸击产品的数量也在不断增加，而锤击产品的数量却在不断地减少。在早期的文化中，可以看到用碰砧法制作的产品，而中、晚期几乎没有这种打片方法。

3. 毛坯类型

“北京猿人”使用的毛坯可以分为砾石、石核、小石块等块状和片状毛坯。不同形状的毛坯所制作的工具数目和所占比例也是不一样的。以片状毛坯为主的工具占比达到71.53%，而以块状毛坯为主的工具占比为28.45%，整体上仍然属于石片石器工业。随着文明的发展，片状毛坯也发生了变化，后期的文化中，制作石片毛坯的工具越来越多，而毛坯的尺寸也开始变小、变长、变薄。

4. 修理方法

“北京猿人”的修理方法主要有锤击法、砸击法和碰砧法。锤击法是基础方法，次要是砸击法，碰砧法只是前期偶尔才会用到。在各种维修方法中，采用正向加工是最常见的，近乎一半工具都使用了此种方法，第二为反向加工。另有一些工具采用双面加工，其中复向工具的比例较高。

工具组合。在各类工具类型中，刮削器的数目是最多的。它占据了全部工具的75.2%。然而，在刮削器中，单刃器的数量比复刃器要多。根据刃部的特点，可以将刮削器分为单刃、双刃、复刃和端刃等。在该遗址中，单刃刮削器还可分为单直刃、单凸刃和单凹刃三种类型；双刃刮削器中，大部分是用两条长边加工而成的工具，少部分取两端和侧面加工成刃。这一类型的工具维修工作要比其他工具精细得多，它的精细程度是所有刮削器中最好的。而且，随着时间的推移，它的体积也越来越小。双直刃和双凸刃刮削器在双刃刮削器中的比例最大，而刃角以锐者居多。复刃刮削器的特殊形状可以被描述成三个刃口以上或周围较多修整的器物。这些工具的变化比一般的器物要大得多，质量也要大得多，还有一些像砍砸器形状的。整体上，这些工具以粗制品为主，刃缘的形状和刃角的变化较大，加工方法也较为复杂，许多器具都是复向加工的。当然，也有一些精雕细琢的产品。早期的精品大多是体型大的，后期的精品则是小的，而且以复刃形为主。端刃刮削器，也可分为圆端刃刮削器和平端刃刮削器，修补部位除了刃部以外，还有些地方是侧面，而使用此方法的多为直刃器。其中，圆端刃刮削器的修理比平端刃刮削器要细致，平端刃刮削器整体上给人的感觉是有点粗糙。

5.“北京猿人”用石器的特征

（1）“北京猿人”文化的石制品以脉石英为主，此外，也使用水晶、砂岩和燧石。在制备器具时，打片有三种方式：砸击打片、锤击打片和碰砧打片。砸击打片是“北京猿人”最常用的一种方式，也是“北京猿人”文化的一个显著特征。

（2）加工石器的素材主要采用石片。“北京猿人”石器工业是以石片石器为主体的工业。

（3）石器加工主要有三种方法：锤击法、砸击法和碰砧法。锤击法是最主要的方法。加工的方法有很多种：向背面、向腹面、复向、错向及交互打击。向背面加工成的石器占半数，是其主要加工方式。

（4）在石器中，以小型石器为主，这是“北京猿人”石器的重要特色。

（5）工具的形状不稳定，根据毛坯形状的不同，其具体形状也有差异。但刃部形状类似。

（6）从整体上说，工具的制作较为粗糙，刃部不规则，许多都是波浪形状。加工和修理更精细的产品很少见。

思考题

1. 为什么周口店遗址及“北京猿人”的发现被誉为“古人类全部历史中最具意义、最动人的发现”?

2. 为什么周口店遗址的发掘及“北京猿人”的发现是由瑞典地质、考古学家安特生主持的？当时中国的考古学处于什么状态？

3. “北京猿人”制作石器采用的石料共有多少种，其主要成分是什么？

中华文明的开始
——河南偃师二里头遗址

引　言

文明具有个性化的形态，每个国家和民族都拥有不同的历史传统、文化积淀与文明实践。中华文明是人类历史上唯一没有间断的文明，在其历史道路上沉淀着中华民族最深厚的智慧结晶，是中华民族的突出优势与深厚软实力，也彰显着中国独有的文化底蕴。中华文明生命力不绝、一脉相承。从文字记载形成的大量书面资料到历史遗留的器具、遗迹、遗址等，如记录着千年文明的史籍、记录大量考古记录的考古资料等，都证明着中华文明逐渐发展、积累和丰富的历史进程。

中国古代文献中记载，在商代的前后分别存在夏代和周代，称为夏商周三代，其在中华文明中占有重要地位，尤其是西周，文明达到了相当的高度。商王朝的存在，最开始由王国维对甲骨文的研究得到证实，后来又据安阳殷墟遗址发掘得到进一步确证。周王朝的存在，最开始由苏秉琦发掘斗鸡台，后由沣西的发掘得到进一步确证。那么，是否存在夏王朝？夏王朝是否是中华文明的开始？哪些材料和器具可以作为中华文明开始的标志？带着这些问题我们一起去探索中华文明的开端。

背景知识

《国语·周语》记载："昔伊、洛竭而夏亡。"《战国策·魏策》记载："夏桀之国，左天门之阴，而右天谿之阳，庐睾在其北，伊洛出其南。"《史记·孙子吴起列传》记载："夏桀之居，左河、济，右泰、华，伊阙在其南，羊肠在其北。"《史记·货殖列传》记载："颍川、南阳，夏人之居也。"这些都说明当时的夏王朝是存在的，它的政治中心就在黄河、伊河、洛河的汇流地区。《竹书纪年》记载："帝太康，元年癸未即位居斟寻。"其中斟寻是当时的一个地名，这是夏王朝斟寻氏的居所。曾有人猜测二里头遗址就是当时的斟寻。后来根据历史文献及考古探索得出，二里头遗址应该是夏代末年的都城"河南"，并不是斟寻，也是夏王朝延续时间最长的一处国都。

一、 遗址溯源

1959年，徐旭生在二里村进行考察，经过洛河南岸时，发现村南路旁的断崖间有不小的灰坑，在附近有不少村民眼中常见的"瓦渣"，慢慢拼凑起来就成了罐、鼎、豆等器物，后来在报告中，强调了二里头遗址的重要性，当年秋天便有考古队进行试掘。据考古学家勘查，二里头遗址现存面积300多万平方米，东西长约2 400米，南北宽约1 900米，经过60多年不断的考古挖掘，只挖了大概4万平方米，不到总面积的2%。这60多年的考古可以划分为三大阶段：

第一阶段：1959—1979年，根据陶器初步建立分期框架、发现1、2号宫殿基址和手工业作坊等遗址，通过钻探夯土基址30余处发掘出与铸铜、制陶有关的遗存，陆续有玉器、铜器等出土。

第二阶段：1980—1998年，主要发掘了铸铜作坊为代表的遗址，证明二里头文化已经进入青铜文明阶段，通过钻探夯土基址，陆续有青铜礼器、玉器、漆器、白陶器、绿松石器、海贝等奢侈品或远程输入品的出土，积累了大量的以陶器为主的文物资料。

第三阶段：1999年至今，首次对遗址边缘地区及其外围进行系统钻探，通过遗址的结构、布局确定遗址的现存范围。发现了多个“中国之最”——最早的宫殿建筑群、最早的大十字路口、最早使用双轮车、最早的青铜礼乐器群、最早的青铜器铸造作坊、最早的绿松石器作坊……

以二里头遗址为代表的二里头文化作为古代王朝的开端，在中国早期文明中占据重要的地位，在中华文明与国家形成史上，二里头文化凭借其高度的文化内涵，成为中华文明形成史上最早出现的核心文化。作为国家“十三五”重大文化工程，二里头夏都遗址博物馆（图1.2）已建成，展现“最早的王朝”神秘风貌，探索中华文明的开始。

图1.2　二里头夏都遗址博物馆

二、青铜器

在二里头文化时期，是我国的冶金技术发展的一个重要阶段，铜器的制作工艺水平已经超越仰韶和龙山时期，青铜冶铸业初成规模。截至目前，在偃师二里头遗址已经出土的青铜制品近200件，其中有容器、兵器、乐器、礼仪性饰品和工具等，大部分发现于二里头文化三期、四期。一期仅出了小型青铜器具，二期出了青铜乐器，三期才开始出现容器和兵器，到了四期，容器的类型和花纹进一步增多。目前出土的器具包括爵、盉、鼎、斝等（图1.3），是中国现存最早的一批青铜礼器。这些青铜礼器属于铜、锡、铅的合金，造型较之前出现的青铜工具要复杂得多，需要由内范和外范组合成的范才能制成，同时再附加花纹等图案的设计，使其难度又增加一大截。

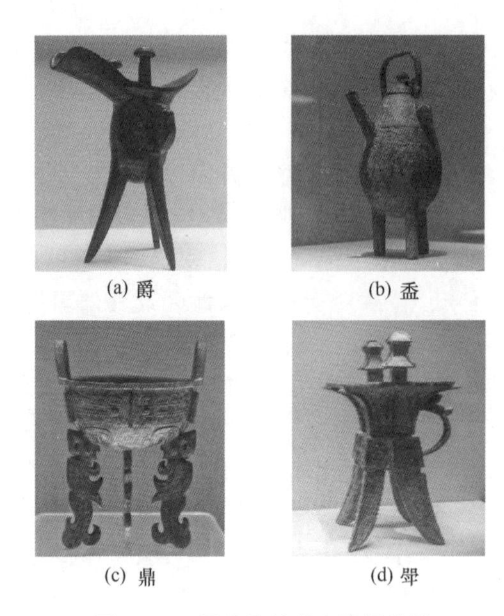

(a) 爵　(b) 盉

(c) 鼎　(d) 斝

图1.3　二里头遗址出土青铜礼器

1. 冶铜遗迹、遗物

如今在二里头遗址中已经确认的冶铜作坊仅有一处，位于该遗址中心的宫殿区南200米，经过多次挖掘发现一批与冶铸有关的遗迹，包括3处“浇铸场”、数座墓葬、1座窑等，获得大量的冶炼遗物，包括陶范、石范、炉壁碎片、铜矿石（蓝铜矿、孔雀石）、铜渣、木炭、小件铜器等。据推测，其使用时间为二里头文化的二期到四期。

2. 铸造技术及铸造工艺

在二里头文化二期到四期，有用于制造铜器的陶范出土，表明二里头遗址的青铜器采用陶范法铸造成型，在青铜器上遗留的陶范范块的分界线称为范线，通过范线及浇口痕迹可以推测二里头遗址铸铜作坊铸造青铜器的陶范组合形式。

爵是二里头文化时期最早出现的带鋬（腹部突起用于单手握持的圆环形部分）青铜容器，具有长流、尖尾、束腰、平底或平底下接圈足，三尖锥足。铜爵采用块范法浑铸（整体一次铸造而成），为了处理爵鋬，可以采用自带芯范或者埋下活块芯，即铸型可以分为两类：一种是以流-尾为中轴设置成两个外范，上及口沿，下过三足，上与腹部泥芯配合，下与底范配合而成，在鋬内侧埋下活块芯范，使之组合进行成型；另一种是以流-尾对称，以鋬中线为对称分自带芯范的两外范，上及口沿，下过足底，上与腹部泥芯配合，下与底范配合，使之组合进行成型。

此外，对于分型方式还可以采用上下分段造型：采用腹部两块外范、足部两块或三块外范的接范合铸。如对出土的青铜爵进行X射线拍摄，可以看到使流部对称的范线（图1.4），证明上部确实采用左右对称分范的范型，此外在中部看到明显的分范痕迹，证明这件铜爵采用上下分段的合范，但是对于足部是采用几分范目前还未知。对于出土的其他铜爵进行同样的分析，发现大多数铜爵并非采用的是上下分段组合范。

图1.4　网格纹铜鼎

3. 绿松石镶嵌技术

二里头遗址出土长圆形铜牌中，很多采用绿松石镶嵌在花纹上进行装饰，这种镶嵌铜器技术是我国铜嵌绿石器物的代表，反映出当时熟练的铸造工艺和熟练的金属镶嵌技术。对于所镶嵌的绿松石，由于史前成熟的玉石加工技术，二里头有一家专门生产绿松石的作坊，根据二里头遗址中发现的大量绿松石片可知当时制作的绿松石主要镶嵌在花纹上起到装饰作用。在2002年出土的一件大型绿松石龙器（图1.5）便是由2 000余片不同形状的绿松石片组合镶嵌而成。绿松石的加工工艺有切割、琢制成型、钻孔、细磨抛光、镶嵌等系列工艺。

图1.5　大型绿松石龙器

早在新石器时代，绿松石便已成为陶器、玉器等镶嵌材料，其方法主要分为凹槽镶嵌和孔洞镶嵌两种。二里头文化时期铜牌饰等礼器所采用的镶嵌工艺是将绿松石片有序排列在青铜框架上，而使用复合范铸造的青铜框架呈凹槽状，用于镶嵌和固定绿松石，属于凹槽镶嵌范畴。除此之外还有一种平面镶嵌法。出土的大型绿松石龙器就是采用平面镶嵌技术，将绿松石片利用一种黑色黏胶性物质镶嵌在木质材料上。二里头文化时期的工匠能够利用各种材料、技术手段来镶嵌绿松石，技术熟练、精湛，为以后三代的金、玉、骨等镶嵌艺术打下了坚实的基础。

综上所述，二里头遗址经60多年的挖掘，取得了重要成果，所出土的陶器、青铜器、绿松石等遗物，具有着极其重要的当代价值，深刻体现了中华文明多元一体、兼收并蓄的特征，以及绵延不断、生生不息的文化基因。

专业知识

青铜器上的纹路的外观与器物的合金成分、铸造工艺和装饰工艺有关，每一个因素的变化都会影响着纹路的形成。对于合金成分来说，二里头遗址出土的铜器的合金成分比较复杂，以铜、锡、铅、砷为主要组成元素（表1.2）。制范和分范是青铜器的制造基础，直接影响着器具表面纹路的形成。虽然与目前的技术比起来比较原始，但在当时这种工艺已经形成以中原地区为中心的独特铸造方式。

表1.2　二里头文化部分青铜容器成分表

名称	时代	材质	成分		
			铜(Cu)	锡(Sn)	铅(Pb)
铜爵	三期	锡青铜	92.00%	7.00%	—
铜爵（足）	三期	锡青铜	96.09%	1.93%	—
铜爵	三期	铅锡青铜	78.80%	2.24%	3.90%
铜爵（足）	三期	锡青铜	92.00%	2.18%	0.295%
铜盉	四期	铅锡青铜	62.80%	13.9%	22.3%
铜盉（残片）	四期	铅锡青铜	86.56%	7.70%	4.01%
铜盉	四期	铅锡青铜	77.20%	6.62%	8.68%
铜斝	四期	铅锡青铜	90.00%	5.00%	4.60%
铜斝	四期	铅锡青铜	64.00%	6.60%	26.7%
铜爵	四期	铅锡青铜	91.89%	2.62%	2.34%

对二里头文化时期的部分铜器进行成分分析发现，其结果可分成三种：红铜、锡青铜和铅锡青铜，从二期到四期的变化基本为：从红铜过渡到青铜，再到铜-锡-铅的三元青铜。如图1.6所示，红铜在每一期中的占比逐渐降低，而铅锡青铜的占比逐渐增加，究其原因，可能是当时的人们已经意识到了合金的成分对铸造性能的影响。

铅和锡的加入，可以改善铜在铸造过程中熔点高、流动性差、充型能力差、气孔多、铸件易开裂等问题。在熔铜过程中加入锡可以降低铜的熔点和减少气孔的生成，减少铸件在冷却过程中的开裂问题，以避免成形铸件的表面纹路不清晰、不完整。在熔铜过程中加入铅，改善铜的流动性，提高充型性能，对铸件表面纹饰起着至关重要的作用。因此，合金化的运用使得铸件的性能得以提升，才使出土的青铜器的形状趋于完整性和多样化，表面的纹饰越来越清晰多变。

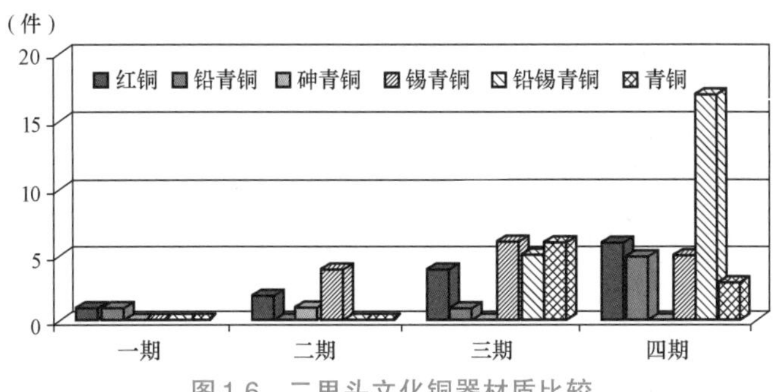

图 1.6　二里头文化铜器材质比较

思考题

1. 人类进入文明社会的标志有哪些？二里头文化的特点是什么？

2. 如何区分红铜、青铜、锡青铜、铅锡青铜？它们的化学成分有哪些不同？

3. 用于铸造铜器采用的“范”在材料学中称为什么？它由哪几部分构成？每部分有哪些作用？

中国古代文明的象征——青铜器

引　言

青铜器是中国古代文明的象征。中国古代的夏、商、周时期，在物质和文化方面，都是以青铜礼器、乐器和兵器为主要特点，在中国历史上也被称作“青铜时代”。青铜文化在我国历史上占有举足轻重的地位，既是中华文明的重要组成部分，又是中华传统文化的瑰宝。青铜器造型古朴，装饰华丽，充满了古老的气息，使人有一种厚重的历史感。中国青铜艺术所具有的狞厉美、雄健美、秩序美、崇高美，在两千多年的青铜时代里表现无遗。

中国青铜时代的艺术和古希腊的艺术在人类艺术史上是两座并立的高峰。中国青铜时代的艺术是以青铜器为代表，古希腊的造型艺术主要反映在雕刻方面。青铜艺术孕育了中国艺术的主要特质，古希腊艺术则孕育了西方艺术的特质。可以说，古希腊的雕刻艺术是关于人的艺术，而中国的青铜艺术则是宇宙的一种艺术。将中国的青铜艺术和古希腊雕刻艺术进行对比，也是基于对世界的观察。苏轼有诗：“横看成岭侧成峰，远近高低各不同，不识庐山真面目，只缘身在此山中。”在世界文化一体化的今天，我们对青铜艺术的再一次重视，既是一种道德上的责任，又是一种使命。

在人类发明使用青铜器的历史中，中国不是最早的，但为何中国的青铜器可以辉煌于世界？为什么青铜器能够作为我国古代文明的代表？我国古代工匠们在青铜器的冶炼和铸造过程中有哪些发明和创造？青铜器及其制造技艺在我国历史和社会变迁中起着什么重要作用？带着这些问题，我们一起走进青铜器的世界。

背景知识

中国的青铜器步入文化艺术品范畴的时代是夏朝，真正开始大踏步甩开欧洲等地的压倒性优势，是因为赋予了青铜器以国家权力的象征。四羊方尊、后母戊鼎、青铜大立人像、毛公鼎、莲鹤方壶、越王勾践剑、曾侯乙编钟、秦始皇铜陵马车、长信宫灯、铜奔马被称为中国历史十大青铜器国宝，我们以四羊方尊和后母戊鼎为例来介绍其在世界上取得的辉煌成就。

一、 四羊方尊

世界著名的四羊方尊，是商朝后期的一种青铜礼器，目前收藏在中国国家博物馆，被誉为“臻于极致的青铜典范”。在方尊的下方，有四只直立的浮雕式小羊，羊头外伸，羊角弯曲，口微张，中部四条龙缠绕，铸有兽纹、云雷纹等。此鼎通体黑灰色，内部似系合金，四角有古牛为鼎足，器形生动，花纹细腻，铸造精良，是雕塑艺术与铸造技术完美结合的精品，如图1.7所示。方尊高为58.3厘米，上部尊口边长为52.4厘米，质量为3.5千克。泥范分铸法将羊角、龙头先铸出后，与尊体铸接一体，是国内最早的一种艺术铸件。

图1.7 四羊方尊

四羊方尊浑然天成的铸造工艺体现了其在当时材料加工制备领域的先进性。四羊方尊采用线雕、浮雕、圆雕等艺术形式，既不局限于先例，又大胆创新，将平面和立体的雕塑融合在一起，使其功能和动物形态达到了完美的结合。从铸造的过程来看，四羊方尊的身躯是用块状的方法铸造而成。因为尊口大，而下端的圈足口径较小，再加上尊身的羊头比较沉重，所以可能是倒置浇铸的。在浇铸的时候，羊的头部是向下的，而且是空心的，尊体也是空心的，这样可以减轻铸件的质量。因此，它的头部是铸在尊体的外面，不会和尊体的内腔相连。外范由颈、腹、圈足三部分组成，由24个外范组成，再加上腹腔、圈足和顶面范各1块，一共27个内外范组合而成。这样的繁复工序，在那个时代，还能完美地制作完成，可想而知，这需要多么高超的铸造技术，才能做到这一点。四羊方尊的羊头及龙首也是分铸的，肩上的龙首及羊头都是用二次分铸工艺铸造的。第一步，将肩部的龙首和羊角单独铸造,然后将它们分别放入龙身及羊头的陶范里。第二步，将整个雕像都铸造成一个整体。它的独到之处在于，羊角与龙首都是在浇注尊腹的时候实现的铸接，因为它的工艺很好，所以羊头、羊角、带角羊头和尊身以及龙首和龙身的铸造连接处的痕迹十分隐秘，都很难被人发现。在方尊的四角和四面中心线的合范处均铸有扉棱，这是为了掩饰尊体合范时产生对合不正的缺陷，增加了整个鼎的气势，给人一种宁静而庄严的感觉。

二、后母戊鼎

后母戊鼎是当今世界上出土的最大、最重的青铜礼器，被誉为“镇国之宝”。1939年，河南安阳出土了后母戊鼎，其通高为133厘米，鼎口长方形为110×78厘米，质量为875千克，鼎内铭文“后母戊”，为商王文丁祭母之器，如图1.8所示，其材料铜质的化学成分：铜为84.77%，锡为11.64%，铅为2.76%。

后母戊鼎体积庞大，没有明显的铸造缺陷，整体的金属成分比较稳定均匀，说明当时的铸造工作组织得很好，技术精湛。

图1.8　后母戊鼎

后母戊鼎的制作与商周其他青铜器一样，是个系统工程，不是几个人能够操作，需要一群人分工协作。可以看出，在制作之前，需要经过周密的工艺操作设计。铸造后母戊鼎的难度，主要集中在腹外芯无法移动。从表面看，后母戊鼎没有发气现象，说明后母戊鼎的范及芯在浇铸前焙烧合格。后母戊鼎采用了4块范分型法。后母戊鼎表面纹饰的制作，也一样采用了当时流行的几何造型工艺，是先用样板造型工艺勾出主纹，再在主纹之间按规范填入雷纹。主纹是体现当时的意识形态及审美观，雷纹则纯为填空，在商晚期形成了较为规范及完善的操作技术。后母戊鼎的范及芯，估计焙烧时间需要3～5天。如果合成饭包焙烧，明显烧不透，如果敞开焙烧，必然导致烧好后范需要移动。在较原始的当时，范的移动靠人，而在40℃以上的环境中，特别是在窑内，人难以进行合范的操作。只有在焙烧后彻底冷却到室温，才能进行各种操作。所以，有理由认为后母戊鼎是凉范烧铸。由于体积超大，后母戊鼎从制范工艺开始，很可能一直是在地坑中操作。经过制范、制芯、阴干及范面纹饰制作，当需要焙烧时，在地坑设置好出火口，盖住地坑就可当窑，揭掉盖还原地坑就可埋范及浇铸。在后母戊鼎底部边沿一周，没有发现浇涨的现象，说明在浇铸前的范包上压重约为3吨，实现了平稳浇铸。对于范铸工艺而言，由于后母戊鼎这种超大型的器物，在焙烧结束到浇铸之间操作时间较长，一天时间无法完成铸前准备工作。加之后母戊鼎太厚，浇铸时高温持续时间长，范腔发气倾向大，只适合在北方的冬天铸造。从中国的气候规律来看，后母戊鼎很可能是在夏天开始制模、制范、制芯及范面的纹饰制作，这之间需要阴干时间，最后在冬天焙烧及浇铸。

综上所述，后母戊鼎造型工艺中的制模、制范、制芯工艺以及表面留下的范铸结构、纹饰结构，都与同时代的其他青铜器范铸工艺技术完全同步，工艺思想一致，其制作工艺属于机械造型，不属于雕塑造型；其纹饰的制作工艺，属于几何造型，不属于绘画造型。与同时期中小型方鼎唯一不同的，只是后母戊鼎的体积超大，导致范体超高，才采用了2耳单另铸造的工艺。如果不分铸2耳，范的高度还需要增加，分开铸耳，就减少了制范的高度及难度。这种分铸组装的工艺，并非后母戊鼎铸造者的发明，比后母戊鼎时代更早的商中期龙虎尊的3个龙头及3个虎头、四羊方尊的8个羊角以及商早期盘龙城簋的2个耳等，也都采用了分别铸造的工艺。

专业知识

青铜是一种主要由铜、锡(有时也含有铅和砷)组成的合金，其中锡的质量分数为5%～10%。该合金具有良好的浇铸性和抗腐蚀性能。在海水、稀硫酸、氢氧化钠及稀的碳酸钠溶液中，具有很好的化学稳定性。在我国古代材料历史中，青铜的发展起着举足轻重的作用。在石器时代后期，一些地方也有用纯铜(红铜)制成的小型器皿，称为“铜石并用时期”，但是在我国却很少见。青铜的熔点低，流动性好，在冷却过程中体积略有膨胀，铸模填充好，铸件的缺陷减少，硬度和强度也比红铜好，因此青铜器迅速替代了红铜器物。青铜是由两种以上的金属混合而成，所以它的组成必须十分严格，《周礼・考工记》记载了“金有六齐”，这也是我国古代劳动人民在这一领域作出的杰出贡献。我国古代把两种以上的金属混合在一起的金属材料即合金叫作“齐”，在医药的方子里读成“剂”。《周礼・考工记》约为春秋时期，为我国古代科学技术提供了重要的参考资料。这本书中记载的“金有六齐”，也就是青铜器有6种合金，可用于制造各种性质的器物，其原意为：“六分其金而锡居一，谓之钟鼎之齐；五分其金而锡居一，谓之斧斤之齐；四分其金而锡居一，谓之戈戟之齐；三分其金而锡居一，谓之大刃之齐；五分其金而锡居二，谓之削杀矢之齐；金锡半，谓之鉴燧之齐。”后世对“金”字的认识不一。如果“金”是指青铜，那么“五分其金而锡居一”即铜的质量分数为80%，而锡的质量分数为20%。若“金”是指铜，那么“五分其金而锡居一”即铜的质量分数为83%，而锡的质量分数为17%。“六齐”的合金成分配比见表1.3，从考古发现的青铜器的化学分析来看，二者之间存在着很大的差别，这是因为，冶铸技术条件及原料成分有所不同，而这本书中记载的只是最理想的配方，实际操作上却出现了很大的偏差。不管争论多大，“金有六齐”提出的理论思想是对的，即青铜中锡的质量分数越多，其硬度越高，反而韧性越差。作为“镜燧”使用的青铜中含有较高的锡，是为了使器具偏白，增加反射光的能力。“金有六齐”是人类最早的关于合金成分与性能之间关系的论述，是中国古代冶铸匠师们的经验总结。

表1.3　“六齐”的合金成分配比

器名	齐别	铜的质量分数/%	锡的质量分数/%
钟鼎	六分其金而锡居一	85.70	14.29
斧斤	五分其金而锡居一	83.33	16.67
戈戟	四分其金而锡居一	80.00	20.00
大刃	三分其金而锡居一	75.00	25.00
削杀矢	五分其金而锡居二	71.43	28.57
鉴燧	金锡半	50.00	50.00

而青铜主要是铜和锡（有时也用铅和砷）的合金，锡的质量分数占5%～30%。这种青铜的铸造熔点低、流动性好，冷却时体积稍有膨胀，使铸模充填良好，铸件缺陷少；而且青铜的硬度、强度都比紫铜好，所以青铜器很快就取代了紫铜制品。

思考题

1.《周礼·考工记》中“金有六齐”的记述如何体现了材料设计的思想？
2.四羊方尊和后母戊鼎的铸造采用了哪些工艺？其有何铸造缺陷？
3.现在的“材料基因工程”的主要内容和内涵是什么？

有史以来最硬的人造材料——铸铁

引　言

在人类的历史上，铁器时代是一个非常重要的时期。最早认为铁是来自陨石中，古埃及人把它称为神物。很早之前，人们就用它来做刀刃和装饰物，而在地球上，自然的铁是罕见的，因此铁器的冶炼、制造和发展经过了一段漫长的时间。随着人类逐步从冶炼青铜发展到冶炼铁，最终掌握并熟练了冶炼铁的技术后，铁器时代就来临了。

中国人发明了铸铁，即生铁。这是有史以来最硬的一种人造材料。铸铁以最高的硬度和适当的韧性及高性价比取代了青铜。如用“维氏硬度HV”表示，纯铜小于HV100，青铜可达HV500，铸铁则可达HV800。

竖炉冶铁工艺方法在20世纪之后才在欧洲出现。对于竖炉炼制生铁发明于我国，国际上毫无争议。生铁成本不高，农民买得起，可铸造成实用农具是提高农业生产效率的伟大事件，是当时中国材料技术跃居世界首位的主要标志。

冶金史的研究表明，古代西亚冶金水平很高，但为什么是我国先发明了铸铁呢？在春秋时期铸造铁器为什么主要用于农具，而非兵器？

背景知识

我国铁器时代走的是一条与西亚和欧洲完全不同的道路，块炼铁对我国的影响仅限于到春秋时代为止，不超过500年。我国从春秋时代起又走出了另一条冶炼液态生铁的技术路线，而且几乎同时进行了铸铁柔化技术的研发，使铸成的铁器可实现韧化。铸铁作为一种远优于青铜的材料，在农业生产上发挥了巨大优势，成为促进社会进步的伟大力量。北京科技大学冶金与材料史研究所的专家们经研究考证得出，生铁铸件不仅可以通过退火处理实现消除铸造应力、碳化物分解和石墨球状化等过程，进而实现铸件韧化；而且铸铁件还可以通过在氧化性气氛中的脱碳，由高碳的生铁转变成低碳钢。这一研究成果实现了对我国铁器时代内容认知的进一步丰富，完成了对我国古代“铸铁固态脱碳制钢”工艺的新发现。

春秋战国时期（前770—前221）冶铁技术出现了重大变革，不再只能获得块炼铁，在铸铜技术基础上，发展出可冶炼液态高碳生铁，即铸铁的技术。可以直接铸造各种铁器。把铁矿石冶炼成铁。《汉书·五行志上》记载：“成帝河平二年正月，沛郡铁官铸铁，铁不下，隆隆如雷声，又如鼓音。”《北史·杨津传》记载：“掘地至泉，广作地道，潜兵涌出，置炉铸铁，持以灌贼。贼遂相告曰：‘不畏利槊坚城，唯畏杨公铁星’。”清陈维崧《满江红·舟次丹阳感怀》词：“铸铁竟成千古错，读书翻受群儿耻。”所以用铸造生铁为原料，在重熔后直接浇注成铸件，碳的质量分数超过2％的铁碳合金，又叫生铁或铣铁。铁器时代，在青铜时代之后，又进入了一个新的时代，它的标志是可以冶铁并制造铁器。

专业知识

一、铸铁分类

铸铁：碳的质量分数超过2%的铁碳合金。工业用铸铁的碳的质量分数为2.5%～3.5%。铸铁中的碳主要是以石墨的形式存在，也有一些是以渗碳体形式存在。除了碳之外，在铸铁中还包含了1%～3%的硅、锰、磷、硫等元素。另外，还含有镍、铬、钼、铝、铜、硼、钒等元素。碳和硅是影响铸铁微观结构和力学性能的重要元素。铸铁可分为：

① 灰口铸铁。碳的质量分数（2.7%～4.0%）较高，碳以片状石墨形态为主，断口为灰色，简称灰铁。熔点低（1 145～1 250 ℃），凝固时收缩量小，具有与碳素钢相近的抗压强度和硬度，具有良好的减震性能。因为有片状石墨的存在，所以具有良好的耐磨性能。铸造性能和切削加工效果更好。适用于机床床身、汽缸、箱体等零件的加工。它的牌号是在“HT”之后附两组数字作为编号。例如：HT20-40（第一个数字是最低抗拉强度，而第二个数字是最低抗弯强度）。

② 白口铸铁。碳和硅的质量分数较少，碳大部分以渗碳体的形式为主，断口呈现银白色。在凝固过程中，由于收缩较大，容易产生缩孔和裂纹。具有较高的硬度和脆性，不能承受冲击载荷。主要用于可锻铸铁的坯料和制造耐磨损的零部件。

③ 可锻铸铁。经退火后的白口铸铁得到的石墨颗粒呈团絮状分布，简称韧铁。它的组织性能均匀，具有耐磨损性能，良好的塑性及韧性。适用于制造形状复杂、可以承受强动载荷的零件。

④ 球墨铸铁。将灰口铸铁铁水经球化处理后获得，析出的球状石墨，简称球铁。碳的全部或大部分成分以自由状态的球状石墨存在，断口呈银灰色。其强度、韧性、塑性均优于一般灰口铸铁。它的牌号是由“QT”后面附两组数字组成，例如：QT450-5（第一个数字代表最低抗拉强度，第二个数字代表最低延伸率）。主要应用于内燃机、汽车零部件和农机具等。

⑤ 蠕墨铸铁。将灰口铸铁铁水经蠕化处理后获得，析出的石墨呈蠕虫状。其机械性能接近于球墨铸铁，铸造性能介于灰口铸铁和球墨铸铁之间。用于制造汽车的零部件。

⑥ 合金铸铁件。在常规铸铁中添加适当的合金元素（如硅、锰、磷、镍、铬、钼、铜、铝、硼、钒、锡等）获得。合金元素改变了铸铁的基体组织，使其具备了相应的耐热、耐磨、耐蚀、耐低温或无磁等性能。用于制造矿山、化工机械和仪器、仪表等的零部件。

二、石墨化

1. 铸铁的石墨化过程

铸铁中的石墨形成过程叫作石墨化过程。铸铁组织形成的基本过程主要是在铸铁中形成石墨。所以，了解铸铁的石墨化过程的工艺条件和影响因素，对于掌握其组织和性能具有十分重要的意义。

根据Fe-C合金双重状态图，铸铁的石墨化过程可以分成三个阶段：

第一个阶段，也就是液相亚共晶的结晶过程。其特征为：将一次石墨从过共晶组分的液相中直接结晶，从共晶组分液相中析出奥氏体和石墨，由一次渗碳体和共晶渗碳体在高温退火时分解形成的石墨。

第二个阶段，是由结晶过渡到亚共析之间的转变阶段。包括从奥氏体中直接析出二次石墨和二次渗碳体在此温度区间分解形成的石墨。

第三个阶段，是共析转变阶段。其中包含共析转变过程中所生成的共析石墨，以及共析渗碳体在退火过程中分解形成的石墨。

2. 影响铸铁石墨化的因素

铸铁的组织与石墨化进行的程度有关，为了获得所需要的理想组织，关键在于控制石墨化进行的程度。结果表明，铸铁的化学成分、结晶的冷却速度、铁水的过热和静置等诸多因素都会对铸铁的石墨化和微观结构产生一定的影响。

（1）化学成分的影响

在铸铁中的C、Si、Mn、P、S等元素中，C、Si元素对石墨化有很强的促进作用，S元素对石墨化有很强的抑制作用。事实上，不同元素对铸铁的石墨化性能的影响是非常复杂的。它的效果取决于各个元素的数量和它们与其他元素的相互作用，如Ti、Zr、B、Ce、Mg等元素都阻碍石墨化，但若其含量极低（如B＜0.01%、Ce＜0.01%，Ti＜0.08%）时，它们又表现出有促进石墨化的作用。

（2）冷却速度的影响

一般来说，随着冷却速率的降低，更有利于按照Fe-G稳定系状态图进行结晶与转变，充分进行石墨化；反之则有利于按照Fe-Fe_3C亚稳定系状态图进行结晶与转变，最终获得白口铁。尤其是在共析阶段的石墨化，由于温度较低，冷却速度增大，原子扩散困难，所以通常情况下，共析阶段的石墨化难以充分进行。

铸铁的冷却速度是与浇注温度、传型材料的导热能力和铸件壁厚等因素有关的一个综合因素。而且通常这些因素对两个阶段的影响基本相同。

提高浇注温度能够延缓铸件的冷却速度，这样既促进了第一个阶段的石墨化，也促进了第二个阶段的石墨化。因此，提高浇注温度在一定程度上能使石墨粉化，也可增加共析转变。

（3）铸铁的过热和高温静置的影响

在某一特定的温度区间，增加铁水的过热温度，延长其高温静置的时间，可促进铸铁的石墨基体组织的细化，从而改善其强度。进一步提高过热度，铸铁的成核能力降低，因而导致石墨形态变差，甚至出现自由渗联体，导致强度降低，因而存在一个“临界温度”。临界温度的大小与铁水的化学组成和铸件的冷却速度有关。一般认为普通灰铸铁的临界温度在1 500～1 550 ℃，所以总希望出铁温度高些。

铸铁中碳的质量分数较高，塑性较低，还具有不均匀的组织和较差的焊接性，在焊接过程中，通常容易出现以下问题：

（1）焊后易产生白口组织。

（2）焊后易出现裂纹。

（3）焊后易产生气孔。

因此，在实际生产中，铸铁不能用作焊接材料。通常用于对铸铁件的铸造缺陷和局部破坏的铸铁件进行修补。

思考题

1. 为什么说铸铁的出现是当时中国材料技术跃居世界首位的主要标志？

2. 铸铁的成分、主要特点及用途是什么？怎么判断一个出土的铁锅其制造工艺采用的是铸造还是锻造？

3. 当前高炉炼铁的主要原理、工艺及设备及其与我国古代竖炉冶铁工艺的对比？

中国人的发明——炒钢

引 言

冶铁技术与铸铁器件脱碳制钢不同，利用液态生铁制钢的炒钢技术意义重大。那么，如何评价炒钢技术在冶金史上的地位和价值？中国在何时发明了炒钢技术？与欧洲18世纪开始使用的炒钢法相比，中国传统的炒钢技术又有何特点？

背景知识

炒钢技术是将生铁在半熔融状态下进行生铁炒炼，最后脱碳成钢的工艺。《天工开物》卷十四中以“生熟炼铁炉”为题，生动地描述了炒钢过程。它的操作步骤是把半熔融状的生铁搅拌混合，使铁与氧气之间的接触面积增大，铁中的碳的质量分数被氧化从而降低，硅、锰等杂质在氧化后与氧化亚铁发生反应生成硅酸盐夹杂物。如果碳被完全氧化，就会变成低碳熟铁；在未完全脱碳的情况下，如果停止炒炼过程，可以获得中碳钢或高碳钢。在炒炼完成后，再进行出炉锻打，使其组织变得致密，将渣滓挤出，便成为钢材或熟铁材。

由于生铁的材质坚硬易碎，除铸造器物之外，不能直接用来进一步锻打，所以必须进一步降低它的碳的质量分数，以得到具有更低硬度的低碳熟铁或钢，从而生产出具有更高力学性能的各种器具，例如各种工具和兵器等。围绕生铁脱碳的技术工艺需求，我国古代已形成了一套较为完善的铸铁脱碳技术体系。从汉朝初期开始，人们把通过炒炼液态生铁进行脱碳的技术称为炒钢技术，并且开始被广泛应用。这一技术将半熔融状态下的生铁进行搅拌（也就是“炒”），促使其中的碳被氧化脱除，由此获得碳的质量分数较低、适于锻打加工的熟铁或钢。炒钢技术的问世，使熟铁器物的大规模生产成为可能，是中国古代钢铁技术体系中极为重要的组成部分。

在西汉，人们发明了一种新的炒钢技术，使之成为替代青铜兵器的技术保障，被誉为继铸铁发明以后钢铁发展史上又一里程碑。炒钢既可以利用生铁为原料，在空气中有控制地进行氧化脱碳，再经过多次的高温煅烧使之成为钢材；又可以将生铁在半熔融状态下炒成熟铁，再进行加热渗碳，锻打成钢。早期发现的以炒钢为原料制成的器具主要有在山东临沂出土的东汉环首钢刀、江苏徐州出土的东汉钢剑等。通过金相分析，这批炒钢产品都是含有同一种类型的夹杂，主要是由硅酸盐构成，且变形量较大，且含有少量钾、镁等元素，其中徐州狮子山楚王陵出土的铁器中包含5件炒钢产品，其时间要早于广州南越王和高邮天山广陵王的墓葬内出土的炒钢制品。因此，在狮子山的铁器里，人们发现了一种炒钢制品，又一次为炒钢技术提供了新的例证，并且它们是迄今为止最早的炒钢制品，表明西汉早期（公元前2世纪中叶）我国已经发明了炒钢技术。

公元前2世纪，人们利用炒钢发明了大量的优质铁兵器，也可以用来生产百炼钢，所以，为了适应新的战术要求，高品质的格斗兵器，如长剑、环手刀等逐步取代了铜兵器。目前，从不同地区发掘的铁器来看，用炒钢制作的钢铁器具，其金相组织中的碳的质量分数较均匀，细长的硅酸盐夹杂物沿加工方向排列成行，与块炼渗碳钢的夹杂物差异显著；炒钢制品的夹杂，为单相硅酸盐夹杂，成分中硅高铁低，铝、镁、钾、锰较高，锰、磷在夹杂中较均匀，夹杂物细薄分散，变形量较大，陕西后川西汉剑、江苏南京汉刀、广州南越王墓、徐州五十炼钢剑、北京顺义东汉铁器、山东临沂三十炼环首刀、洛阳西晋徐美人刀，巩县铁生沟，南阳瓦房庄冶铸遗址，以及西安汉长安武库遗址中，均鉴定出不少炒钢制品。

专业知识

一、炒钢制品中碳的质量分数

炒钢制品中碳的质量分数范围很广，巩县铁生沟西汉中晚期冶铸遗址出土、原称“海绵铁”其碳的质量分数为1.28%，属于过共析高碳钢；原称“优质铁”的碳的质量分数为0.048%，是为熟铁。长安城西汉武库出土铁镞、铁矛的碳的质量分数均介于0.45%～0.60%，属于中碳钢；碳的质量分数为0.7%～0.9%，属于高碳钢；铁刀碳的质量分数约为0.9%，属于过共析高碳钢；铁戟为熟铁，组织为铁素体。山东临沂出土的东汉永初六年“卅谏”环首大刀，碳的质量分数在0.6%～0.7%，属于亚共析高碳钢。今人分析过的汉代炒炼产品还有一些，不再一一列出，可见其成分范围很宽。所以，炒钢应包括现代意义的钢和熟铁；从性能上看，应泛指所有具有柔性，可以锻打的铁碳合金。古代“熟铁”之“熟”，应是可锻之意，与现代熟铁是两个不完全一样的概念。因炒炼过程可适当控制，人们便可根据不同的需要冶炼出不同成分的产品。作为百炼钢原料的“熟铁”，原是一种含碳的质量分数较高的铁碳合金；百炼的主要内容是反复锻打，而不是渗碳；锻打的主要目的是去除夹杂。

古代钢与古代“熟铁”的区别是指使用性能不同。古代的人没有碳的质量分数概念，也不会用化学成分来区别钢与铁。《说文解字》云：“钢铁，可以刻镂”。“刻镂”便是使用性能。在古人心目中，唯有强度较好、硬度较高、具有刚性的铁碳合金才能叫“钢铁”，否则不管碳的质量分数如何，都应称之为“铁”“熟铁”。一般炒炼产品夹杂较多，《天工开物》卷十“锤锻铁”条云：“凡出炉熟铁，名曰毛铁。受锻之时，十耗其三。”

这“毛铁”之名，以及“十耗其三”之数，都说明了一般炒钢所含夹杂的情况。显然，这材料即使含碳的质量分子较高，也很难说它具有了“刚性”；若遇含碳的质量分子较低时，便更无刚性可言了。这就是古人把炒炼产品称为“熟铁”，而不叫“钢”的主要原因。我们今天所说的“炒钢”一词，是1958年以后才开始流行的，且仅限于学术界，目前民间仍然是把这种工艺叫作“炒铁”“炒熟铁”，而不叫作“炒钢”。

二、组织、夹杂物与性能

炒钢基体组织均匀或分层，各层中碳的质量分数均匀，夹杂物主要是细长硅酸盐夹杂，数量较多，细小分散，变形量较大且分布比较均匀，夹杂物排成一列，并含有变形量较小的氧化铁夹杂，每一层的碳的质量分数都很均匀。

在林永昌等人的研究中，发现炒钢金相组织中，碳的质量分数分布比较均匀，细长的硅酸盐夹杂物沿加工方向排列成行，与块炼渗碳钢夹杂物相比有显著差异；炒钢产品夹杂，是一种单相硅酸盐夹杂，其成分中硅高铁低，铝、镁、钾、锰较高，锰、磷在夹杂中较均匀，夹杂物细薄分散，变形量较大。另外，与块炼铁相比，夹杂物的显微组织存在差异。块炼铁是指在固体下还原铁矿石从而获得的铁，其金相结构是铁素体组织，有大块的氧化亚铁——铁橄榄石型硅酸盐共晶夹杂，且变形小。夹杂物中铁高硅低，各种元素含量不均匀，尤其是磷、钙、锰等元素的变化幅度很大，几乎没有或含少量的不兼容成分，如钾、铝和镁。成分中铁高硅低，磷钙比例高且波动大，铝、镁、钾、锰等比例低。

炒钢是由生铁经过半熔融态氧化脱碳而得到的。因为制得的熟铁具有较高的熔点，所以在炒钢工艺得到的成品也是固态并包裹着大量炉渣，需要经过进一步锻打排渣，才能生产出最终的产品，技术流程又与块炼铁制品相似。但块炼铁的生产过程是以还原反应为基本条件，然而炒钢工艺则是以氧化反应为主，所以某些对氧化还原反应条件比较敏感的元素都会从中分离出来，特别是磷元素，因为磷氧化物的还原条件与氧化亚铁相近，所以在块炼铁冶炼较弱的还原气氛下，只有少量磷元素被还原到了金属铁中；而在生铁冶炼中，由于还原气氛较强，温度较高，磷将会被还原到生铁中，在后期的炒炼过程中又会被氧化到夹杂物中。

铁矿石中通常含有磷，而在生铁冶炼过程中添加的石灰溶剂往往带有磷酸钙，所以，在块炼铁和生铁中，都会含有一定的磷。在古代钢铁制品中，磷的含量越高，就会出现与铁形成固溶体、出现磷共晶等形式存在于基体组织中，同时还会由于热处理等而导致磷偏析，从而出现浮凸现象。以上现象是在块炼铁锻打、生铁固态脱碳和锻打过程中发生的。但是，在炒炼生铁时，磷也会存在着被氧化脱除的过程，进而在炒炼的产物中留下的含有独特的磷非金属夹杂物。

在生铁冶炼过程中，矿物和其他原料中的磷全部通过合金元素的形式进入生铁中，因此，有的情况下，生铁中磷的质量分数可达2%。磷的质量分数较高的生铁，在炒炼的相对氧化气氛下会被氧化，与铁、钙氧化物形成磷酸盐，进入炉内。在炒炼过程中，由于搅拌操作，会将含磷酸盐的炉渣掺和到炒钢中。随后的锻打可以在切割方向上对非金属夹杂物产生力学变形，而不能改变其磷的质量分数。因为在炒炼过程会有大量的氧化亚铁以及生铁中硅的氧化、炉壁中石英等耐火材料等脱落，炒钢中也含有氧化亚铁、铁橄榄石、石英、三氧化二铝等非金属夹杂物。这一系列夹杂物与磷酸盐（磷因氧化所生成）不同比例随机混合，会使炒钢中的非金属夹杂物的组成成分出现波动，其组成成分上体现为磷等元素的质量分数不均。

生铁冶炼在没有高锰铁矿石的情况下，生铁的渣系都是由硅钙系构成，所以，从理论上讲，原料生铁中会有残留硅钙构成的非金属夹杂，但是，它的数量极少。出土铁器所检出的非金属夹杂物的高钙含量表明，与这些炒钢所对应的炒钢渣含有大量的钙，这种高的钙质绝不是炒制的生铁中所含的少量硅钙夹杂所能提供的，一定还有其他的钙来源。

磷是一种对钢材有害的元素，因此，在进行含磷生铁的炼钢工程中，要在脱碳的同时使磷得到最大限度去除。在近现代炼钢的实际生产中，钙被用作炼钢时的脱磷剂而加入其中。其具体操作是将生石灰也就是氧化钙添加到材料中，与磷的氧化物反应形成磷酸盐，从而达到高效去除磷的目的。同时，添加钙对降低铁的氧化、降低炉渣的浓度等都是有益于分离所炼制的钢与渣。在没有添加脱磷剂如钙的情况下，被氧化的磷仅会与铁氧化物生成磷酸盐，而铁的磷酸盐的稳定性远远比不上钙的磷酸盐，且容易在炒炼或吹炼后期再次被还原到钢中，造成“回磷”现象。所以，成熟的炒钢工艺，特别是用含磷生铁的炒钢过程中，必须添加钙，以起到脱磷的作用。炒钢工艺从发明到成熟，有一个发展的过程，在早期或炒炼不含磷生铁的时候，没有加入钙，只有铁硅系炒炼渣（这是一种含有大量铁的废渣，类似于块炼铁渣，可以用作冶炼生铁的原料之后再加以利用），在炼铁的后期，加入钙，生成铁钙硅系炒炼渣。文献中有炒钢过程中添加含钙物质的记载，在宋应星的《天工开物》卷十四中，“污潮泥”应该是一种含有钙的矿物，“污潮泥”是一种含有丰富的贝壳碎屑的泥料，在加热时加入了大量的石灰石（碳酸钙），可以起到脱磷的作用。

思考题

1. 概括炒钢法的工艺特点，体会炒钢法的历史意义及我国古代先进的冶铁技术对生产力的促进作用。

2. 从炒钢法的发明过程体会我国古代劳动人民不断改进冶铁技术，勇于探索的工匠精神。

3. 利用我们掌握的专业知识分析如果要进一步提高钢铁材料的性能，可以在炒钢法的基础上作出哪些优化和改进？

巧夺天工的唐三彩

引　言

唐三彩是唐代流行的一种低温釉质陶瓷。唐三彩的容器数量很少，主要是家畜、家禽等，但都有很高的艺术造诣，尤其是形态各异的陶像和神像最有艺术价值，所以，唐三彩被列为世界艺术遗产。唐代以三彩明器为陪葬品，所以现代出土的三彩器多是唐代各种现实生活的物品，它们将当时的社会生活形式完整地展现在人们面前，具有很高的考古价值。清朝后期以来，在洛阳北郊邙山等地的唐朝墓中，出土了大量的三彩器和陶俑。在我国漫长的陶器历史中，出现了诸多优秀的陶瓷表现形式，而唐三彩能够在其中脱颖而出，享誉世界，其特点是什么？唐三彩属于陶器还是瓷器，其制造工艺有哪些步骤？带着这些问题，我们一起来认识唐三彩。

背景知识

1899年，在修建河南汴洛铁路洛阳段的路基时人们无意间挖掘到唐代墓葬，在墓葬中出土了许多或深或浅的由黄、绿、白、蓝等颜色交相构成的陶器，形制包括各种俑类、建筑模型及器皿。在王国维、罗振玉等学者的鉴定下，确认其为唐代釉彩陶器，因为其釉色主要以黄、绿、白三色为主，便命名为唐三彩。唐三彩因其丰富艳丽的釉色，独具一格的形制及较大的出土数量在唐代出土的陶瓷器中占有重要地位，其不仅是唐代陶器的代表，在中国古代陶瓷技艺史上也熠熠生辉。

唐三彩产生的背景之一便是唐朝稳定的社会局面、昌盛发展的经济和博采众长、开放包容的文化自信。政治上，唐朝初期统治者励精图治，大力发展农业、手工业。经济上，新农具的发明、水利工程的兴建、优化的耕作制度使生产技术、生产力有了很大的提高。文化上，唐代持续建立友好邦交，扩展丝绸之路，对其他民族文化采取兼容并蓄的态度，吸收各民族文化元素。在这样的社会大背景下出现了100多年的盛世局面。唐代诗人杜甫在《忆昔》中描写了当时民户丰实、社会繁荣昌盛的景象。制瓷工业也随着社会发展不断进步，同时纺织、绘画等工艺的进步也推进了陶瓷业的工艺创新。这样欣欣向荣、稳定发展的局面便使以随葬为主要用途的唐三彩有了充分发展的条件。

唐三彩大致分为三期。第一期始于唐高宗显庆年间后期到永隆年间前期，是唐三彩早期阶段，出土的随葬品中器皿型器物较多，部分器物还可以看到南北朝双色铅釉彩陶的特征，如郑仁泰墓（664年）出土的周身挂白釉填蓝彩的盖钮。第二期为唐三彩盛期，从天授初年到开元年间前期，此时的唐三彩盛极一时，出土的数量多且形制丰富，从之前的器皿型器物变为专业用来陪葬的明器，各种人物、动物俑及建筑模型大量出现，釉色鲜艳，图案丰富，蓝彩、模仿纺织技法等制作工艺已运用其中，装饰更加精美、繁复。第三期为唐玄宗开元年间中后期（约730年）到唐朝末年。此时的唐三彩步入衰落期。与前期相比该阶段出土的唐三彩多为市民阶层或低阶层官吏的陪葬品，罐、壶等器皿型三彩陪葬数量较多，小型的动物模型玩具较多，俑的数量减少。这时候的三彩器主要以绿色和褐色为主，有少量黄釉器，蓝釉器极为少见。

唐三彩主要出土于陕西、河南一带的墓葬与窑址中。在陕西地区，唐三彩主要出土于古都西安附近，尤其集中于唐墓或涪陵中，西安城郊、乾县、礼泉县唐墓中发现了数量较多的唐三彩，如鲜于庭诲墓、章怀太子李贤墓等。除此之外在陕西的铜川黄堡窑遗址、西安醴泉坊遗址、凤翔、富平、长安县等地也出土不少唐三彩。高振西先生与叶茂林先生都认为除了已发现的三彩窑址之外，西安及周边地区还应该有其他三彩窑址尚未被发现。河南地区在洛阳市周边郊区（尤其南郊）、偃师县、孟津县、新安县、临汝县、淇县、焦作市郊区、安阳西郊及巩义市等地都出土了大量唐三彩。其中出土较多的唐墓有洛阳唐安菩夫妇中宗景龙三年合葬墓、洛阳关林59号唐墓、偃师县城东北武则天长安三年墓等，在古洛阳城遗址中也发现了大量三彩残片。此外山西长治、太原、大同，甘肃秦安县，扬州、河北沧县、邢台、岳城水库等地皆发现过唐三彩。

现今发现的唐三彩烧造窑口主要集中在河南巩义窑、陕西铜川黄堡窑及西安市的醴泉坊窑。巩义窑包括大、小黄冶窑和白河窑。黄冶窑窑址较大，在附近民居及黄冶河道台地周边，都发现了相关遗物。到2004年其“发掘面积2 429平方米，发现窑炉10座、作坊5处和淘洗池、澄泥池等遗迹。出土瓷器、三彩、白釉绿彩器皿和各类窑具等遗物3 000多件”。对陕西铜川黄堡唐三彩窑址的发掘中发现一处较为完好的唐三彩作坊和3个制备窑炉，并发现了许多三彩器物、低温单彩、陶范和陶器。在醴泉坊窑址发现4个唐代残窑炉，发现三彩残片达上万块。4座窑炉属于馒头窑的形式，在平地上建造而成。在河北内丘县的邢窑遗址及邢台的墓葬中也发现了少量唐三彩，出土了少量罐、碗、钵等器皿，小件三彩玩具及俑类三彩残片。

唐三彩的造型非常丰富，譬如在博物馆里常见的人物、动物等形象。陕西历史博物馆中的骆驼、马、人物等形象，在博物馆中占了很大比例。其中最著名的是骆驼载乐俑和三彩女俑，她们形象丰满，头发和服装的细节都恰到好处，能真实地呈现出当时人们的生活水平。而骆驼是丝绸之路上的主要运输工具，也是东西方文化交流与贸易的缩影。

专业知识

一、 釉料成分

釉是一种由若干种元素氧化物构成的低共熔性混合物在高温下熔融流动而生成的一种透明的或浑浊的玻璃状物质。制釉原料与制坯原料基本相似，都含黏土、石英、长石等矿物，其与坯料的差别一方面是釉需要更加纯净细腻、杂质颗粒需更小、更少，另一方面是釉料中的熔剂占比要更高，同时还会加入比重不小的助熔剂，使坯体在半熔融的情况下，釉料达到全部熔融。唐三彩是由铅的氧化物作为助熔剂，以铜、铁作为呈色剂的铅釉彩陶。唐三彩釉料化学组成见表1.4。

表1.4 唐三彩釉料化学组成

名称	氧化物的质量分数/%										氧化物总量/%
	SiO_2	Al_2O_3	Fe_2O_3	CaO	MgO	K_2O	Na_2O	PbO	CuO	P_2O_5	
巩县绿釉	30.66	6.56	0.56	0.88	0.25	0.79	0.36	49.77	3.81	0.29	93.93
巩县黄釉	28.65	8.05	4.09	1.65	0.42	0.72	0.45	54.59	—	0.32	98.94
陕西绿釉	—	6.71	—	1.28	0.38	0.81	0.28	59.51	5.24	0.06	74.27
陕西黄釉	30.54	6.93	4.87	1.20	2.10	0.20	微量	50.54	—	—	96.38
陕西白釉	31.89	5.83	2.10	2.20	1.38	0.20	0.10	52.66	—	—	96.36

从表1.4可以看出，唐三彩釉中含有大量铅的氧化物。铅作为强助熔剂，降低了釉的熔融温度，同时在良好完善的烧成下，铅会提高釉折射率，增加釉的流动性和密度，降低表面张力和高温黏度，这些性质使其具有较强的釉面光泽度，弹性好，釉层清澈透明，其在提升光泽度的同时还提升了釉的弹性，减小了釉面剥落的风险。但铅釉与石灰釉、长石釉相比其釉面硬度与强度较低，易受水分和酸的影响，抵御外界应力的能力较小。唐三彩釉料中含有大量的SiO_2，这是釉得以成为玻璃质的主要原因，SiO_2属于难熔物，可以提高釉的熔融温度及黏度，同时降低釉的膨胀系数。同时，釉中个别氧化物的质量分数对釉的力学性能也会产生很大的影响，CaO、Al_2O_3、MgO与釉的硬度呈正相关，而K_2O、Na_2O的增多会降低釉层的硬度。唐三彩MgO的质量分数大多偏高且质量分数相差较大，Al_2O_3与CaO的质量分数也相差较大，这些氧化物的质量分数反映出唐三彩釉硬度差异相对较大的特点。呈色的金属氧化物是在氧化气氛下烧成，在釉浆中添加铜的金属氧化物呈绿色，铁的氧化物呈黄褐色。

二、施釉方法

唐三彩经素烧后施釉，包括浇釉、点釉和填釉。同时因为铅釉的流动性较高，唐三彩外施釉器物会出现施半釉及釉不到底的现象。

浇釉，将釉水浇淋到器物上，多用于比较大型的器物，这样的方法使釉料交融的程度更高，釉面色块浓淡不一。在烧制时浇釉的釉面融合程度高，使得釉面厚度不完全一致且流畅自然，形成没有明显釉面交界的效果。点釉，即以某种色釉为底色，再在需要装饰的图案上点刷不同颜色的釉彩，笔锋有粗有细，釉痕有厚有薄。填釉主要用于印花、刻花胎体，在制好花纹的胎体上，用笔细腻地在坯体相应部位着色。

可以看出唐三彩釉彩熔融绚烂，交融程度很高的一个重要原因就是施釉手法。唐三彩浇釉、点釉手法相比填釉来说，其对釉流淌的限制更小，更易使釉交融绚烂、流畅自然、斑驳莹润。正因这样的施釉手法，唐朝工匠为更好地防止施釉时釉水的流淌及防止在烧制时釉的粘连，对壶、罐、瓶等外施釉器物，会施半釉，且多施釉于器物的口、肩、腹等位置，外施釉的位置大多偏高。

唐三彩人物俑头部不上釉，使用开相工艺。唐三彩开相是为避免流釉，影响人物面部美感，不在人物俑面部施釉，在釉烧之后脸部施以白粉，运用彩绘的手法，对人物的眉、眼、嘴、发、须等用墨进行装饰。

三、 烧制工艺

1. 烧成流程

唐三彩为二次烧造的低温铅釉彩陶，第一次为温度较高的素烧，第二次为温度较低的釉烧。素烧即在没有上釉前先烧制泥坯，泥坯在素烧时成型，其物理性质及化学性质达到稳定。唐三彩素烧时不涉及釉，所以装窑时叠烧可能不用匣钵，但还需要支具将坯体抬高，以避免出现生烧等问题。唐三彩在完全降温后再上釉，进行釉烧。釉烧时，装窑支具、间隔具、匣钵都要使用到。

2. 烧制工艺参数

烧成温度。唐三彩素烧时温度在1 100 ℃左右，唐三彩釉烧温度，河南黄冶窑为950 ℃左右，陕西乾陵在850 ℃左右，三彩釉的熔剂均为低温的铅釉，其熔点较低，所以釉烧温度较低，铅釉在700 ℃便可熔融，850 ℃左右便可烧成。釉烧温度过高反而会产生釉面不平整、气泡、釉强度及致密度下降等过烧缺陷。

唐三彩坯体均相对较厚，所以烧成速度较慢，保温时间也较长、保温温度偏高。由于唐三彩制品偏厚，在烧窑的初期阶段，如果坯体所含水分偏高，快速地升温会导致坯体内部水汽压力大量增加，极易引起开裂。在冷却时，降温太快，较厚的坯体也容易因内外散热不均而开裂。

需要指出的是，部分唐三彩是由含铝较高的高岭土制成的，其素烧时可以进一步提高烧造温度，接近烧结温度范围中的上限温度，来提高坏体的致密度、降低吸水率，改良坯体性能，但是其实际烧成温度只是超过了下限温度、没有完全烧结的原因：唐三彩是二次烧造工艺，如果素烧温度接近上限温度，坯体则会瓷化，其孔隙率降低，在后续的施釉及釉烧时便很难挂住釉，影响上釉效果。所以部分唐三彩的素烧是在坯体达到一定的强度和孔隙率后便终止热处理，其烧成温度并非真正意义上的烧结温度。

烧制气氛。烧制气氛按反应形式划分为氧化气氛以及还原气氛，唐三彩的烧制气氛均为氧化气氛。烧制气氛可以从坯件和釉的颜色上体现出来。素烧过程中，在氧化焰烧成时，Fe_2O_3在含碱质量分数较低的瓷器玻璃相中溶解度很低，冷却时即由其中析出胶态的Fe_2O_3，使瓷坯显黄色，还原焰烧成时，形成的FeO熔化在玻璃相中而成淡青色。

唐三彩的烧结是“坯体在温度较高的环境下，表面积下降、孔隙率减少，力学强度提高的过程”。

陶瓷坯体的烧结受多种因素的影响，主要分为两个方面：一是坯、釉自身的成分、纯度、颗粒大小、混合均匀性、绝对均匀性等；二是烧制时的工艺，包括温度、时间、气氛、升降温速度等。烧结程度的高低直观地体现为坯体的吸水率，釉陶“吸水率的值控制在9%～13%范围内时，釉面保存相对完好”。较大的吸水率不仅仅影响釉陶的密度，其对唐三彩制品后续的保存情况也产生了很大的影响。

四、唐三彩中的钴蓝彩

在中国陶瓷发展史上，钴蓝彩的应用是一种划时代的艺术进程。这是蓝色首次大规模、系统性地进入陶瓷美学系统。其中，钴蓝彩的发色纯正且稳定，具有一种特殊的美感，从此，它就成了我国陶瓷的一个重要组成部分。此后，唐青花继续使用钴蓝彩，采用白色底色，形成蓝彩绘的美学样式，可视为我国传统青花瓷器的先驱。

蓝彩的特性组成比较复杂，它的致色成分是CoO，但是，不同类型的钴矿材料，其特性组成会有很大的差别。通过与白釉及胎体的成分比较，蓝彩中Fe_2O_3和CuO的质量分数明显高于白釉和胎体，表明它们是从钴料中引入的。在主要成分上，蓝彩与其他釉料的差别不大。

唐三彩与唐青花之间的蓝彩装饰技法和钴料运用技术应当是一个继承与发展的过程。因此，对中国蓝彩瓷的研究，可以解决其起源问题，为进一步探讨其起源与发展打下基础。

思考题

1. 唐三彩的出现与盛唐时期的社会现状和文化艺术有什么内在联系?
2. 唐三彩的制作工艺流程及每一步的作用是什么?
3. 除了钴蓝彩外，其他色彩的表现与哪些元素与化合物有关?

天下第一剑——越王勾践剑

引　言

越王勾践剑被誉为“天下第一剑”。它完美地将历史价值、文化价值与实用价值融合为一体，代表着我国青铜剑的最高水准，无愧于“国家宝藏”的称号。越王勾践剑无论铸造工艺还是实战价值，均堪称我国宝剑铸造史上辉煌的巅峰，其高深的制造技艺给材料人很深的启示。越王勾践剑为何能千古不朽？越王勾践剑为何能如此锋利？今天我们能否复制出同样的宝剑？让我们带着这些问题走进越王勾践剑的世界。

背景知识

越王勾践剑（图1.9）通长55.7厘米，身宽45.6厘米。剑身主要是色菱形纹理，剑格则是用蓝色的琉璃和青色的松石做了特殊的装饰，剑与剑鞘浑然一体，没有一丝空隙。剑身的内侧，雕刻着许多同心圆，每一个都有着精细的纹路。剑柄是用丝线缠绕的，缠绕方式与同时代的铜剑有很大的区别。令人惊奇的是，这把剑没有半点锈迹，而且锋利无比，考古学家试验了一下，竟然能将20多张纸直接划破。

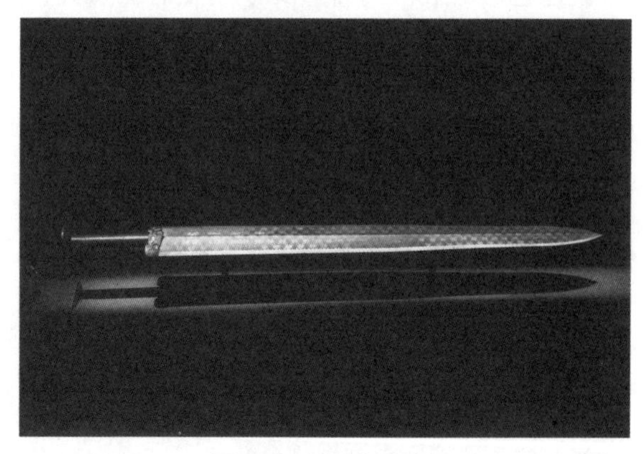

图1.9　越王勾践剑

专业知识

越王勾践剑出土时，已经有两千多年的历史了，如果是一柄普通的剑，早就锈蚀了，但奇怪的是，这柄剑出土之后，表面却是光洁无比，就像是刚刚铸造出来一般。为了解决这个疑问，上海复旦大学、中国科学院等多位专家于20世纪70年代对这柄剑进行了细致的测试与分析。为了防止对这柄剑造成永久性的损伤，他们采用了X荧光技术，通过X荧光技术，对这柄剑进行了材料成分分析，不仅可以确定这柄剑的材质，还可以计算出每一种金属的质量分数。越王勾践剑由多种金属组合而成，铜元素的质量分数最高，其比重高达80%，质量分数第二高的是锡元素，为16%～17%，除此以外还包含多种其他金属，如铝、铁、镍、硫等。铜作为这柄剑质量分数最多的金属成分，在于它是一种稳定性较高的金属，在室温下不易与氧气反应，因此它并不容易生锈。

另外，因为墓室中的氧质量分数很低，所以硫化铜能起到保护作用，而越王勾践剑的储存环境也能保护其免受腐蚀。

剑刃的精磨技艺水平也令研究人员啧啧称奇，其锋利程度比起现代高精技术生产出的产品毫不逊色。在春秋时期，剑是一种非常重要的武器之一，对宝剑各部分的功能需要是不一样的，所以铜锡的比例也各不相同。对剑脊的要求是有弹性的，可以进行弯曲，所以锡的质量分数很少；而且，剑身需要锋利，对敌时要有足够的力量，所以锡的质量分数很高。而剑身上的黑色菱形纹路则是经过了特殊的化学作用，加入了硫元素，历经数千年仍是精美绝伦。

越王勾践剑不仅在铸造技术上有独到之处，而且在艺术设计上也是我国春秋时期青铜艺术的巅峰。在它的剑身上，有着一种特殊的黑色菱形纹路，光滑如玉，闪烁着璀璨的光芒，给人一种异乎寻常的美感。研究发现，在金属表面镀上一层高锡粉，然后在镀层上刻上花纹，经过特殊的热处理，使其脱落，从而形成两种颜色的菱形花纹。经过几千年的风吹雨打，再加上这柄剑特殊的掩埋环境，黄白色的花纹演变成了黑白两色的花纹，这就是越王勾践剑带给现代人独特印象的缘故。

与中亚地区相比，我国的青铜文明起步较晚，但在春秋时期，青铜技术迅速发展，推动了全国的冶金水平，我国迅速走在世界前列，开启了我国古老灿烂的文化与艺术。我国古代的冶金技术，不仅注重“冶炼”，还注重“铸造”，两者密不可分。

我国青铜铸造技术是随着时代的发展而发展的。我国古代青铜以铜、锡为主要成分，战国时期著作《周礼·考工记》中就有“四分其金（铜），而锡居一，谓之戈戟之齐；三分其金而锡居一，谓之大刃之齐”的记载。“合范法”是商周时期最典型的铸造工艺，如著名的后母戊鼎、四羊方尊都采用这种方法制成，这种工艺要求极高，稍有差错就会影响到整个工件，因此通常用于制作大型器具。到了春秋时期，又有一种叫作“失蜡法”的新型铸法，这种铸法是在合范法的基础上加以改进，广泛用于制造精密仪器。战国时期，铸造技术进一步发展，不仅注重实用，而且注重器物的外形。因此，在器物的装饰中，也产生了许多镶嵌、婆金、错金等艺术。

我国的青铜文化在整个春秋、战国时期都有很深的历史意义。青铜具有精湛的铸造工艺，有雄浑而精美的外形，内容丰富、造型优美的铭文，无不显示出我国古代人的聪明才智和创造性。在那个物质和文化匮乏的年代，青铜制作者为后人留下了珍贵的传承，我们既感到荣幸，又为有这样的前辈而深感骄傲。

思考题

1. 从“金有六齐”这一人类最早有关合金成分和性能之间关系的论述，体会我国古代高超的冶金技术。

2. 越王勾践剑采用了哪种铸造工艺？其工艺有何特点？

3. 越王勾践剑为什么历经两千多年仍锋利无比，其表面处理采用了什么技术？

青花瓷的秘密

引　言

青花瓷是中华艺术中的瑰宝，人们对于青花瓷的热爱不仅在于瓷器本身，更在于其本身蕴藏的中华文明。它代表了我国瓷器文明的一个顶峰，是一种文化的象征。那么，青花瓷在我国的瓷器文明中居于什么地位？青花瓷的制作工艺有什么特点？这些色彩各异的青花又是用什么材料呈现的呢？

背景知识

一、什么是青花瓷?

青花瓷，又称白地青花瓷，简称青花，是我国瓷器的一个主流品种，属釉下彩瓷。青花瓷是以含有钴氧化物的钴矿为原料，在瓷坯表面涂上一层透明釉，然后经过高温还原火焰一次烧制而成。钴料烧制后呈蓝色，着色力强，发色鲜艳，烧成率高，颜色稳定。青花瓷器的主要特点：①以氧化钴为主要的颜料来表现其颜色；②要在彩绘后，在瓷胎表面均匀铺一层透明的釉料；③要在较高的温度下进行烘结，以使成品的色泽呈现出青色。需要知道，不是所有的青色瓷都是青花瓷，而是要通过以上三个步骤制造的才可以称作青花瓷。

二、青花瓷的起源

从现有的资料分析来看，我国的青花瓷早在1 300多年前就已经出现了。原始的青花瓷器早在唐宋时期就已经有了雏形，而到了元朝景德镇的湖田窑已经有了相当的发展。明代的青花在陶瓷中占据了主导地位。在康熙时期达到了鼎盛时期。明清两代，青花五彩、孔雀绿釉、青花红彩、黄地青花、哥釉青花等品种陆续出现。

三、青花瓷的制作

烧制精美青花彩瓷的第一步是选料。在高温下，可使其达到预期的着色效果。其次是青花料，要有合适的调色剂。因为需要在彩绘后的坯料上覆盖一层透明的釉面，因此，色彩的质量和釉料的质量也有很大的关系。因此，土质、颜料、瓷釉三者互相依存、互相影响，是一件好的青花瓷的先决条件。一个完整的青花瓷制造过程应包括：

揉泥。揉泥的目的是排掉泥料中的气泡，这样可以使泥料进一步紧致细密。若少了这一道工序，则容易在坯体中形成气泡。

做坯。景德镇传统圆器做坯，即依据最终的器型作出大致相应的坯体，来供后期制作印坯的时候使用。

印坯。做好的粗坯，在经过一定时间的自然阴干（必须在一定的湿度和温度条件下自然阴干，不可日晒。做坯成形的坯体，必须斜放在坯板上，不可直立放置。否则可能产生底部的坯裂），就可以进入印坯工序。印坯是要让圆形器物在烧成之后达到整体统一。在人工拉坯的坯料自然阴干后，把半干坯放在土模具上，用手按压，使坯料周正均匀。

利坯。利坯是将印好的坯精加工，使其进一步整齐润滑。

荡里釉。圆器制作，若是器内没有装饰的，则需要先上里釉。器物外面的釉则是后期第二次的浸釉。釉，是附着在陶瓷坯体表面的玻璃质薄层，与玻璃有着类似的物理和化学性质。釉一般以石英、长石、黏土等为原料。陶瓷施釉的方法有喷、吹、浸、浇、荡等方法。里釉（器物内部的釉面）和底釉（器物底足的釉面）通常采用的是传统的荡釉法，在制作圆器时，如果没有装饰品，就必须要上一层里釉。而瓷器外层的釉料是在晚些时候进行的二次浸釉。釉料，是一种黏合在陶瓷基材上的一种薄薄的玻璃质，其物理化学性能与玻璃相似。一般的釉料是石英、长石、黏土等。陶瓷施釉方法有喷、吹、浸、浇、荡。里釉（内釉）和底釉（底部的釉面），一般都是用传统的荡釉法。外釉多采用浸釉法。

画坯。荡好内釉的坯，就可以开始画坯了。青花的原料，都是经过漫长的研磨和配制的。

混水。青花瓷的魅力，就像中国国画中的水墨画一样，青花的美，并不是在于单纯的工笔，而是在于中国传统水墨画的皴法和染色手法，而这一切，都是源自混水这道工序。

施外釉。画好的瓷坯，要经过再一道施釉的过程。这时，杯的底部还没有成型。浸釉法要求师傅对坯体、釉料以及对瓷料的期望有充分的理解和掌握。瓷坯在釉水中浸泡的时间长短，对烧制后的外观有很大的影响。

挖底足。在釉面上釉后，当釉面自然干燥后，即可进行下一步的工艺。因为我们所做的是有足器，所以在挖底足时，要保留下足底最外侧的毛坯，并且要使外环保持大致相同，这就要求有很高的控制力和基本功。

写底款、施底釉。

装釉足。釉足，初始状态是在陶轮上手工制出的小圆泥饼。干燥后再次在陶轮上旋削出相应的造型，与每一个杯子一一对应。带有釉足的支烧工艺，始见于官窑烧造宫廷瓷器，使用釉足支烧的瓷器器皿足部为满釉，既美观又光滑而不至于划伤家具的表面，然而由于这种工艺的复杂程度和难度，现代陶瓷工业仅用这一工艺烧造贵重的高档瓷器。

满窑、烧窑。把待烧的瓷坯均匀地分布在窑体内，称之为满窑。满窑时需要依据窑体的结构大小以及所有待烧的坯体大小合理摆放，并留出合理的火道、烟道，否则会影响烧制时窑体内的气氛，导致烧制失败。

开窑。经过12～18小时的自然冷却，在窑体内温度降至常温时，就可以开窑了。这是整个制作过程中最激动人心的。

此外，还要对所烧出的瓷进行检查，并对其底部进行打磨。从揉泥到烧制，每一件瓷器都经过了几十道工艺，十几个工艺要点，每一个工艺都是匠人多年的工艺积累，每一件作品都经过了细致的雕琢，都是独一无二的。

从成形的坯体到青花装饰一道道工序完成，最后必须经过高温烧制。因此最为关键的问题是如何烧制。下面是烧制过程的几个操作方法:

焙烧期。此阶段应尽量增加窑体的透气性，逐步排除窑内的湿气，防止水分在彩绘部位积聚，形成气泡。

氧化期。这一阶段要严格控制温度，使窑内温度稳定。并将釉表面的全部有机盐和结晶水全部排出。这样可以确保产品在烧制后没有针孔，毛孔。

强还原期和弱还原期。此期是青花料发色的重要时期，温度不宜太高或太低。当窑内温度升高，一氧化碳含量升高时，应将残余一氧化碳燃烧掉，以达到釉色转白的目的。在燃烧过程中，将残存在花面上的一氧化碳全部去除，使蓝色更鲜艳。

四、 青花瓷的发展历史

1. 唐青花

唐代的青花瓷器是处于青花瓷的滥觞期。人们能见到的标本有20世纪七八十年代扬州出土的青花瓷残片二十余片；冯平山博物馆收藏的一件青花条纹复。

2. 宋青花

宋青花在起步阶段之后，并未快速发展，反而逐渐衰落。迄今，我们所见的宋青花仅在两座塔基遗址中发现了十多块瓷器残片。

3. 元青花

元代景德镇出现了一种完全成熟的青花瓷。元青花瓷胎体采用“瓷石＋高岭土”双元配方，使胎体中氧化铝含量增加，烧结温度升高，煅烧时形变率降低。

4. 明清青花

明清两代，是我国青花瓷的鼎盛时期，也是其没落的一个阶段。明代永乐、宣德两朝，是青花瓷发展的高峰，以精致的工艺而闻名；清代康熙时期的“五彩青花”是青花瓷器发展的顶峰。从现存的各个博物馆珍藏的青花瓷数量来看，清代时期的数量居多，而且保存得也足够完好。

专业知识

“南澳Ⅰ号”是目前我国仅存的明中、晚期商船，运载了大批的青花瓷器。如盘、碗、罐、杯、碟、盒、钵、瓶等。“南澳Ⅰ号”出土的民窑瓷器显示，该时期的瓷器已与民间生活融为一体，从元素分析的角度来看，这些瓷器大多来自景德镇窑和漳州窑。胎釉的化学成分是阐明陶瓷原料的最主要的研究内容，“南澳Ⅰ号”出水青花瓷片胎釉化学组成见表1.5。

表1.5　“南澳Ⅰ号”出水青花瓷片胎釉化学组成（氧化物以%计，单质以10^{-6}计）

样品名	测试部位	Na_2O	MgO	Al_2O_3	SiO_2	P_2O_5	K_2O	CaO	TiO_2	MnO	Fe_2O_3	CoO	Rb	Sr
青花-1	白釉	0.48	0.65	11.64	72.21	0.15	5.15	8.51	0.06	0.41	0.74	—	195	408
	青花料	0.00	0.94	12.27	71.60	0.15	5.02	7.46	0.08	1.33	1.16	0.06	185	331
	胎	1.67	0.18	19.04	73.40	0.00	4.08	0.42	0.09	0.02	1.10	—	234	75
青花-2	白釉	0.47	0.71	13.54	72.18	0.00	4.56	7.58	0.03	0.30	0.64	—	113	230
	青花料	0.55	0.24	13.51	72.02	0.00	4.51	7.91	0.06	0.42	0.78	0.01	115	237
	胎	6.66	0.67	20.29	66.54	0.02	3.98	0.06	0.23	0.06	1.48	—	130	41
青花-3	白釉	0.00	0.11	16.45	72.74	0.07	5.76	3.93	0.14	0.17	0.62	—	232	319
	青花料（淡）	0.88	0.48	16.59	71.15	0.11	5.48	3.91	0.11	0.52	0.78	0.02	203	274
	青花料（浓）	0.35	0.44	15.69	71.35	0.12	5.61	3.87	0.20	1.32	1.04	0.06	227	330
	胎	0.60	0.33	20.89	72.18	0.00	4.06	0.42	0.19	0.06	1.28	—	215	64
青花-4	白釉	1.25	0.49	14.32	70.44	0.00	5.43	6.81	0.07	0.27	0.91	—	239	396
	青花料（淡）	0.96	1.07	14.82	68.36	0.00	5.18	6.88	0.07	1.40	1.27	0.05	207	315
	青花料（浓）	1.21	0.77	14.16	67.05	0.11	4.52	8.10	0.12	2.59	1.39	0.09	163	368
	胎	0.33	0.50	20.62	72.72	0.02	3.89	0.41	0.20	0.09	1.23	—	225	60
青花-5	白釉	0.94	0.22	13.84	74.07	0.06	3.52	6.29	0.04	0.06	0.96	—	305	69
	青花料	0.00	1.11	14.66	72.57	0.08	3.37	4.27	0.07	2.55	1.32	0.15	207	58
	胎	0.62	0.41	23.97	70.93	0.00	2.33	0.86	0.07	0.04	0.78	—	299	40
青花-6	白釉	0.56	0.59	15.61	73.00	0.15	3.62	5.37	0.11	0.22	0.77	—	241	68
	青花料	1.52	0.73	14.08	73.10	008	3.41	4.47	0.08	1.33	1.19	0.08	249	68
	胎	0.23	0.63	24.39	70.95	0.00	2.40	0.43	0.02	0.04	0.92	0.00	341	35

通过对出水青花瓷片的化学组成分析，明确了6片青花瓷分别属于景德镇窑和漳州窑所产。

青花瓷器见证了中华的文化发展。青花瓷器融合了中华传统文化的精髓，是中国戏曲文化、中国宗教文化和中国民俗文化的载体。青花瓷器是中外文化交流的信使。元朝经由“海上丝绸之路”，中国大量的青花瓷器销往海外，给欧亚地区带来了很大的影响。如今，从青花瓷器中衍生出一个巨大的文化产业，以青花为元素的衣服和装饰品不断涌现，深受世人的青睐。

思考题

1. 从青花瓷的发展过程中领略中华文化源远流长的瓷器文明，思考为什么有学者把“瓷器”称为我国古代“第五大发明”？

2. 从青花瓷的制作过程中，体会古代劳动人民的工匠精神，培育敬业奉献、一丝不苟的专业素养。

3. 青花瓷的主要原料与烧制工艺有哪些？体现了陶瓷材料的哪些固有特点？

钢铁时代："泰坦尼克"号的悲剧与今日航母用钢

引　言

作为当时世界上最豪华的邮轮——"泰坦尼克"号，是当时体积最大、内部设施最先进的客运轮船。然而，"泰坦尼克"号的沉没不仅造成了巨大的人员伤亡，也给人类带来了启示，特别是刺激了钢铁材料的发展。如今，作为以舰载机为主要作战武器的大型水面舰艇——航空母舰，则是现代最高军事和科技水平的结晶。我国"辽宁"号和"山东"号相继服役以及"福建舰"的下水，证明了我国水面舰艇制造技术的巨大进步，其中航母用钢的国产化则为航母的建造奠定了重要基础。"泰坦尼克"号和今日国产航母用钢在材料成分、工艺以及性能上有什么不同？今昔对比，对我国钢铁行业的发展又有哪些启示？

背景知识

"泰坦尼克"号游轮排水量为46 328 t，舰长为269.1 m，最大宽度为28.2 m，从龙骨到烟囱总高为53 m，航速最高可达23节（43.4 km/h），号称"永不沉没"。1912年4月15日，"泰坦尼克"号横越大西洋从英国南安普敦出发，前往美国纽约，但不幸的是，在这次首航的途中船体右舷与冰山相撞，船体上的铆钉断裂，撕开了船体，海水大量涌入，船体迅速沉入冰冷的海洋，最后造成1 500多人遇难。

专业知识

一、"泰坦尼克"号沉没的原因

原因一：

对沉船的研究表明，船首板块的六条焊缝出现断裂现象，而固定这些焊缝的正是铆钉，铆钉无法承受巨大的剪切作用（图1.10）而断裂。研究团队还发现，"泰坦尼克"号上船首铆钉所用的材料是杂质含量高、强度差的铁料，而不是综合性能优良的钢材；仅在承受压力最大的中心船体使用钢质铆钉，船首和船尾使用的却是铁质铆钉，而冰山撞击的部位就是船首。因为在当时用于安装铆钉的液压机不能处理弯曲程度很大的船体，只能采用人工安装。为了便于人工操作，他们用锻铁铆钉代替钢制铆钉，但考虑到锻铁的强度不如钢，他们在熔铁中加入了矿渣，矿渣在铆钉中形成玻璃般的微小粒子，可以让铆钉更加坚固，但矿渣太多，就会让铆钉变得脆弱，无法承受撞击而被破坏，水就会从裂缝涌入。科学家利用电子显微镜分析模拟实验用的铆钉发现，矿渣清晰可见，是铁里面蕴含的暗色晶型，铁的强度从这里被破坏，周围细小的缝隙从这里开始蔓延，直到铆钉完全被破坏。通过分析两枚打捞上来的铆钉发现，其中的矿渣含量是现代锻铁的三倍，其更脆更容易破裂。

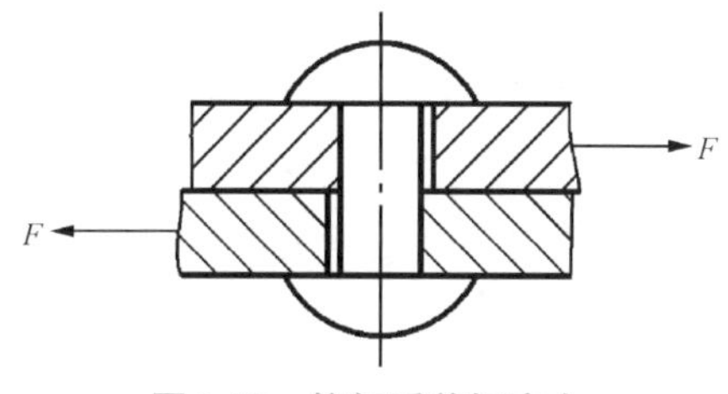

图1.10 铆钉受剪切应力

原因二：

“泰坦尼克”号虽然采用的是厚钢板，但由于铸造技术的局限，钢板材料存在低温脆性，导致在低温海域中航行时发生了脆性断裂，船体从中间断开，最后迅速沉没。1996年，从海底打捞出“泰坦尼克”号船身钢板，对其成分、组织和性能进行分析。为了分析比较，在实验中引入了美国材料与试验协会ASTM A36规定的同类材料。通过分析化学成分（表1.6）可知S和P的含量较高，S和P都是有害杂质，S使金属晶粒粗大变脆，P在钢中易生成低熔点共晶物，增加了钢的热脆性；或从熔体析出，使材料在焊接中开裂。同时又注意到，Mn/S比为6.8/1，比现代钢低得多。Si在钢中形成多种形态的脆性物质，Si-Fe合金硬而脆。这些都将导致该钢材的低温脆性。

表1.6 “泰坦尼克”号所采用钢材与ASTM A36钢化学成分对比

材料	C	Mn	P	S	Si	Cu	O	N	Mn/S比
“泰坦尼克”号所采用钢材	0.21	0.47	0.045	0.069	0.017	0.024	0.013	0.003 5	6.8/1
ASTM A36	0.20	0.55	0.012	0.037	0.007	0.01	0.079	0.003 2	14.9/1

对“泰坦尼克”号钢板沿纵向、横向分别取样，进行不同温度的摆锤式冲击试验，温度范围为−55 ℃~179 ℃，另一组试样取自ASTM A36钢材。观察其冲击能和剪切断裂的百分比与温度的关系，结果表明，若以冲击能20 J定为塑-脆转变温度，则A36钢为−27 ℃，“泰坦尼克”号船板纵向试样为32 ℃，横向试样为56 ℃，显然，这种钢板冲击韧性差，不适于低温使用。

观察“泰坦尼克”号钢板纵向与横向的金相组织，结果表明其纵向的纤维状组织应为热轧钢板所致，其平均晶粒直径为60.40 μm，较现代A36钢材的26.173 μm要大得多。晶体材料的脆性断裂,即原子间的结合键破断，材料沿结晶学平面分离。其显著特征是：破断表面为光亮平滑的解理面。破断一般发生在特定的晶面上，例如铁为{100}面。“泰坦尼克”号钢板在0 ℃冲击试验后的新鲜纵向断裂表面上铁素体内的（100）解理面十分明显。一些MnS质点呈突出物存在于表面上，这些突出物会从断裂表面被拉出。

二、航母用钢国产化

2012年9月25日，我国首艘航空母舰“辽宁”舰正式交付海军。“辽宁”舰的前身“瓦良格”号于2002年3月3日抵达大连港，当时还只是一个锈迹斑斑的钢铁空壳，该航空母舰于1993年因为苏联解体缺乏政府拨款而停建，停建时的完工率约为68%。后来由我国购入并停靠在大连造船厂，但当时没有立即对“瓦良格”号进行修复，因为当时的技术还不能生产合格的特种钢材。“瓦良格”号的特种钢材不仅抗腐蚀性能优越，从停工到停靠到大连港的这么多年中，表面状况依然良好，而且抗磁化的性能也非常出众，除去表面的锈迹，里面依旧锃亮如新，所以必须使用同等性能的特种钢进行修复、续建。

2019年12月17日下午，我国第一艘国产001A型航空母舰——“山东”舰在海南三亚某军港正式交付海军。这艘国产航母从设计到制造，全部由我国自主完成，并在“辽宁”舰使用的经验基础上进行了多项优化，性能全面提升。这也标志着我国自行研制的航母用钢在强度、韧性、耐腐蚀、焊接性等综合性能上达到了国际先进水平，解决了航母用钢的技术瓶颈，我国也因此成为继美国、俄罗斯之后第三个可以自主研制和生产航母全部用钢的国家。

要自建航母必须解决舰船制造、舰载机、动力系统、电子信息系统、高端材料等多个领域的问题，其中高端钢铁材料首当其冲。一艘巨型航母所需的钢材种类很多，一般钢种分船体用板、装甲用板及结构用板3大类，最大的问题是要解决耐海水腐蚀、防雷攻击的无磁镍铬钛合金钢和用于航母舰体结构关键部位的甲板钢供应问题。

船体用板采用高强度板，既可以减轻船体质量，又要防止鱼雷与潜艇导弹的轰击，通常钢板厚度可达203 mm，也会制成双层或三层船体，当外层板受到破损时，内层船体功能尚在，不会沉没或保持战斗力；装甲用板多用于防弹和核心部位，也是航空母舰用板最厚部分，最厚达330 mm的装甲板，性能类似于坦克板；结构用板主要用于飞机跑道、隔舱及船体结构等，用于舰载机的甲板对钢的性能要求很高，尤其是对材料的屈服强度有很高的要求，在质量20～30 t的情况下，飞机的起降有很大的冲击力和摩擦力，此外也需要承受喷气飞机带来的高温，而且板面越大越好。

建造一艘航母，对钢板进行焊接的过程可以占到工程的1/3。因此，拼焊的甲板数目越少，焊缝的数量就越少，还能缩短建设周期，提高甲板的整体质量。为了提高航空母舰的机动性能和速度，必须要减少舰体的质量和重心，同时还要保证舰体的稳定性，同时还要具备一定的抗弹性能，这就要求舰船必须采用高强韧的钢板来保证。飞行甲板用钢是当时最大的难题，生产这种特殊钢材不难，但是要生产这种大尺寸的钢板却难以实现。经过不断的改进，我国鞍钢设计出一台可以轧制宽度为5.5 m、轧制长度为40 m以上的超巨型钢板的十万吨级轧机，是全球目前最大的轧机。最终轧制出的钢板力学性能优异，保证了船头和船尾的屈服强度偏差小于10 MPa，在环境温度−84 ℃时的冲击韧性也满足一定要求。

我国海军舰船钢的发展可划分为三个历史阶段：20世纪50～60年代，我国成功仿制了水面舰船高强度船体钢系列，如屈服强度390 MPa级907A钢，屈服强度590 MPa级921、922、923系列钢种。20世纪70～80年代开始自行研制，生产出我国第一代锰系无镍铬钢和低镍铬钢，如901、902、903、904系列钢种。进入20世纪80年代，在第一代的基础上研制出综合性能更好的第二代用钢，如屈服强度440 MPa级耐蚀高韧性含镍铬的945钢、屈服强度590 MPa级的921 A系列钢、屈服强度785 MPa级的980钢等。

20世纪90年代后，尤其是2000年后，进入了快速发展阶段，通过先进冶金技术及多种技术途径，研制出的钢的屈服强度为400～1 000 MPa，且品种和规格都较齐全，如785 MPa级钢，采用电炉模铸工艺生产；Ni-Cr-Mo-V合金系，规格最大为80 mm，调质热处理；590 MPa级钢采用两种工艺生产，电炉模铸或转炉连铸工艺，Ni-Cr-Mo-V合金系，规格最大为32 mm，17～32 mm采用调质热处理，7～16 mm采用正火＋高温回火热处理，3～6 mm采用热轧。

“瓦良格”号的修理使用了一种特别的钢板，即对称球扁钢。球扁钢，由球形的头部和平坦的腹板构成的一种特种型材，通常用于制造大船的龙骨和加强筋。球扁钢具有独特的形状，尺寸、形状也各有不同，此外存在金属流动以及不同的孔型设计等问题，给其成型过程造成了很大的困难。为确保球头的金属填充，提高腹板宽度的精确度，减少工人的工作强度，防止腹板的波纹，鞍钢采用斜轧法进行轧制。具体轧制过程包括粗轧、中间轧、设置摩擦环、精轧、轧后进行强制冷却。除了球扁钢、甲板钢，在为国产航母供应钢材的任务中，鞍山钢铁集团的工作人员克服重重困难，顶着巨大压力，只用了一年多的时间就完成了过去需要十年的特种钢产量，国产航母所需要特种钢材的70％由鞍山钢铁集团生产的，而这也正是我国“山东”舰只用了短短数年时间就建成下水服役的重要原因。

思考题

1. 深入了解我国航母的建造历程，感受我国科技工作者和一线工人艰苦奋斗、奋发图强，建设海上强国的“家国情怀”。

2. 从“泰坦尼克”号的悲剧中学习、体会安全领域的“海恩法则”：任何不安全事故都是可以预防的，进一步树立安全意识，“见微知著”、预防安全事故。

3. 国产航母用钢的主要成分、工艺及性能特点是什么？

水泥材料与“基建狂魔”

引　言

如果未来的考古学家想要为我们现在的时代命名，他们会选择哪一种材料来定义21世纪？如果仅仅以规模作为评判的标准，那么只有一个答案：我们生活在水泥时代。

背景知识

几乎没有什么人造材料能像水泥一样在地球上无处不在。科学家通过计算得出：如果水泥的增长率持续提高，那么在约2040年它会超过地球生物量的总质量。如何理解这一规模？当我们遇到一块露出地表的花岗岩或石灰石时，它往往会暗示在它的下方存在更深更广的基岩。我们能用同样的方式去理解一幢混凝土建筑、墙或水泥板——每一个单独的实例都能被看作一种材料的局部表现，而这种材料有着看不见的、难以想象的地质影响。

水泥是一种水硬性的无机粉体。与水混合后形成的浆液，可以在空气中固化，也可以在水中固化，可以将沙子、石头等物质紧密地黏结在一起。早期的石灰和火山灰的混合体，类似于现在的石灰-火山灰水泥，用来黏合碎石块可以制备成混凝土，使之变得坚固，并能抵御淡水和盐水的腐蚀。作为关键的黏结材料，在土木建筑、水利、国防等领域都有着广泛的应用。

我国是水泥工业大国，对于材料领域的从业者，掌握水泥的品种、应用以及发展现状，更好地将节能、低碳的发展要求与水泥品种研发相结合，有助于将长期以生态环境为代价的经济建设过程中产生的工业垃圾变废为宝，为我国经济社会可持续发展作出贡献。

专业知识

一、 水泥按用途及性能分类

（1）通用水泥：一般土木建筑工程通常采用的水泥。通用水泥主要是指硅酸盐水泥、普通硅酸盐水泥、矿渣硅酸盐水泥、火山灰质硅酸盐水泥、粉煤灰硅酸盐水泥和复合硅酸盐水泥。

（2）特种水泥：具有特殊性能的水泥，如G级油井水泥、快硬硅酸盐水泥、道路硅酸盐水泥、铝酸盐水泥、硫铝酸盐水泥等。

普通硅酸盐类水泥的生产过程主要包括七个步骤：①破碎和原料预均化；②生料的制备；③生料均化；④生料分解；⑤生成熟料；⑥磨粉；⑦外包装。一般来说水泥分为袋装和散装两种形式，根据客户要求以及订单量进行包装形式的选择。

二、水泥凝结和硬化过程的化学反应

（1）$3CaO \cdot SiO_2 + H_2O \longrightarrow CaO \cdot SiO_2 \cdot YH_2O$（凝胶）$+ Ca(OH)_2$；

（2）$2CaO \cdot SiO_2 + H_2O \longrightarrow CaO \cdot SiO_2 \cdot YH_2O$（凝胶）$+ Ca(OH)_2$；

（3）$3CaO \cdot Al_2O_3 + 6H_2O \longrightarrow 3CaO \cdot Al_2O_3 \cdot 6H_2O$（水化铝酸钙，不稳定）；

$3CaO \cdot Al_2O_3 + 3CaSO_4 \cdot 2H_2O + 26H_2O \longrightarrow 3CaO \cdot Al_2O_3 \cdot 3CaSO_4 \cdot 32H_2O$（钙矾石，三硫型水化铝酸钙）；

（4）$4CaO \cdot Al_2O_3 \cdot Fe_2O_3 + 7H_2O \longrightarrow 3CaO \cdot Al_2O_3 \cdot 6H_2O + CaO \cdot Fe_2O_3 \cdot H_2O$。

三、水泥的应用

（1）硅酸盐水泥的适用范围：适用于地上、地下和水中重要结构的高强度混凝土和预应力混凝土工程；适用于早期强度要求高和冬期的混凝土工程；适于环境温度低、遭受反复冻融的混凝土工程；适宜于空气中二氧化碳含量较高的环境，如铸造车间；不适合受流动的和有压力的软水作用的混凝土工程；不适合受海水及其他腐蚀性物质作用的混凝土工程；不得用于大体积混凝土；不适合耐热混凝土工程；适合于干燥条件下的混凝土工程；适合于地面和道路工程。

（2）普通硅酸盐水泥的适用范围：适用于地上、地下和水中的不受侵蚀性水作用的混凝土工程；适用于配置高强度等级混凝土工程；不适用于大体积混凝土工程、冬期施工工程及高温环境的工程。

（3）矿渣硅酸盐水泥的适用范围：适用于受溶出性侵蚀，以及硫酸盐、镁盐腐蚀的混凝土工程；适用于大体积混凝土工程；适用于受热的混凝土工程，若掺入耐火砖粉等材料可制成耐更高温度的混凝土。不宜用于早期强度要求高的混凝土，如现浇混凝土、冬期施工混凝土等。

（4）火山灰质硅酸盐水泥的适用范围：适用于要求抗渗的水中混凝土；适用于大体积混凝土工程；适用于受溶出性侵蚀以及硫酸盐、镁盐腐蚀的混凝土工程；不适用于干燥或干湿交替环境下的混凝土以及对耐磨性有指标的混凝土；不宜用于早期强度要求高的混凝土，如现浇混凝土、冬期施工混凝土等；不适合温度较低环境水位升降范围内的混凝土工程及对耐磨性有指标的混凝土工程；不适合处于二氧化碳浓度高的环境（如铸造车间）中的混凝土工程。

（5）粉煤灰硅酸盐水泥的适用范围：适用于受溶出性侵蚀以及硫酸盐、镁盐腐蚀的混凝土工程；适用于大体积混凝土工程；不宜用于早期强度要求高的混凝土，如现浇混凝土、冬期施工混凝土等；不适合温度较低环境水位升降范围内的混凝土工程及对耐磨性有指标的混凝土工程；不适合处于二氧化碳浓度高的环境（如铸造车间）中的混凝土工程。

（6）白色及彩色硅酸盐水泥的适用范围：主要用于建筑装修的砂浆、混凝土，如人造大理石、水磨石、斩假石等。

(7) 快硬硅酸盐水泥的适用范围：适用于早期强度要求高的混凝土工程以及紧急抢修工程和冬期施工等工程；不得用于大体积混凝土工程和与腐蚀介质接触的混凝土工程。

四、“基建狂魔”——中国

近些年，中国凭借一系列大规模基础建设和超级工程，被冠以“基建狂魔”的称号。一条条公路、铁路，一座座桥梁翻山越岭，横空出世，惊艳世界。截至2020年底，中国高铁的总里程达到了3.79万千米，相比2015年的1.98万千米差不多是翻倍增长，稳居世界第一。全球最高的100座桥梁中超过80%的桥梁在中国，包括世界“桥面最高桥”——北盘江第一桥。

美国地质调查局（United States Geological Survey,USGS）统计数据显示，近几年，我国的水泥产量约为世界60%，成为世界上真正意义上的生产水泥大国，而水泥产量是衡量一个国家基建水平的一个重要指标。中商产业研究院数据库显示，2020年12月全国水泥产量为213 33.1万吨，同比增长6.3%。

1. 港珠澳大桥

港珠澳大桥地处珠三角伶仃洋和珠江交界处，处于海流、航道、海床、气候等自然条件十分复杂的区域。海洋环境的温度高、湿度高、盐含量高，对水泥混凝土的耐海水渗透能力和耐腐蚀性要求很苛刻，而海底隧道的沉管则要求大体积、大方量的混凝土构件一次性浇筑，因此水泥质量保障是一个需要解决的大问题。

港珠澳大桥混凝土结构的耐久性设计和实施有三个方面内容，一是根据类似环境下的长期暴露实验和工程实测资料，采用菲克定律对混凝土结构的耐久性进行了分析，包括氯离子扩散系数、保护层厚度等；二是混凝土质量控制技术：包含混凝土配合比设计、原材料质量控制、混凝土生产质量控制、浇筑养护质量控制等；三是运行维护：提前设置观测站，定期观测，定期进行耐久性评价，并采取适合的维修措施，形成耐久性维护。

为了保证管节的预制质量，施工单位严格规定了水泥的工艺参数要求，如：碱含量低于0.60%，氯离子含量低于0.03%，水泥使用温度不大于55 ℃，性能稳定性强，等等。

2. 北京大兴国际机场

北京大兴国际机场的建设，要做到百年工程的要求，就要具备百年耐久性的混凝土，为此我国开展了P•O42.5级高抗裂性硅酸盐优化水泥（以下简称为P•O42.5级高抗裂优化水泥）的研究。

2016年9月14日，在北京大兴新机场建设指挥部、监理、试验和施工等专业技术人员的协同指导下，在北京大兴新机场一条长约6千米的临时道路上，采用琉璃河水泥厂生产的P•O42.5级普通水泥，与P•O42.5级高抗裂优化水泥进行道路破坏的比较试验。控制配比和施工技术一致，进行混凝土路面的同时浇筑；养护结束后，经过长达8个月的重型车辆（200 t）反复碾压，然后再进行道路路面的状态比较，试验结果充分显示了P•O42.5级高抗裂优化水泥性能和强度的独特优势。

在可预见的将来，我国经济还将保持高速增长，各类工程建设也将越来越多，同时由于水泥生产原料的相对充裕性，水泥工业还将会有长足的发展。而且随着科技的进步和发展，各类工程对水泥质量和多样性要求也会越来越高。如何在这样的背景下，顺应市场前进方向，为国家建设以及经济发展提供可靠的技术保证，将是水泥自主创新的一个主要方向。

中国曾为“世界上没有道路，我们来开辟一条新的道路”提供了答案。中国在未来的发展中，一定会利用科技的力量，建设更加智能、环保、集约、实用方便、质量优良、互联互通的现代化交通基础设施。

思考题

1.我国水泥材料的发展经历了哪几个阶段？

2.了解我国新型基础设施建设主要内容并体会其内涵，如何继续发展水泥材料以满足更高标准、更高规格的发展需要？

3.通用水泥的主要化学成分是什么？水泥的凝结和硬化过程发生的主要化学反应有哪些？

一粒沙子的魔幻之旅
——从沙子到芯片

引　言

芯片是指内含集成电路的硅片。芯片是半导体元件产品的统称，是集成电路的载体，由晶圆分割而成。在当今社会，智能手机、个人计算机、汽车、高铁、电网、电脑、机器人、无人机等生活和工业必备品都离不开芯片。芯片工业是我国现代工业体系中的基础性、战略性和先导产业，对我国工业结构的转变和升级起着举足轻重的作用。作为电子信息产业的基石和核心，以科技高端、资本庞大、集中度强为特色，与航空领域的发动机共同成为“工业之冠上的明珠”。如果将CPU比作计算机的核心心脏，那么，主板上的芯片就是人体的主干。芯片组的性能直接关系到主板的性能，也关系到计算机系统的整体性能。芯片是半导体行业的核心器件，作为信息产业的基石，芯片必然是大国博弈的焦点。没有芯片，很多产品只能是空中楼阁，纸上谈兵。那么，芯片是怎么造出来的？当前我国的芯片制造技术处于什么水平？芯片领域我们面临哪些“卡脖子”技术？

背景知识

“新材料是制造业和武器装备高质量发展的前提。近几年来，我国材料科技发展迅速，但高水平材料产业化有待进一步发展，高端材料的技术壁垒日趋呈现。”中国工程院院士干勇在谈到“卡脖子”的时候，也是慷慨激昂。干勇表示，目前国内最大的困难是集成电路生产的能力和缺乏关键技术问题。在未来的发展中，硅基材料、光电子设备与集成、宽带通信等都是值得重视的方向。2017年，国内市场服务器的销量达到255万台，X86服务器占98%之多，虽然华为和曙光等国内企业占据了大部分市场整机部分，但85%成本的硬件原料都是从国外采购的。一方面是因为技术上的限制，另一方面是因为整机的毛利很低，所以处理器和内存供应商的利润最高。国产CPU技术正不断发展和追赶世界脚步，但工艺与世界先进水平相比仍有很大的差距。当前，我国已进入工业化中后期，面对高质量发展需求，材料基础支撑功能欠缺的困难正逐步出现，没有材料核心技术就好比于在他人的基础上建造房屋，无论多大，都会被轻易摧毁。

专业知识

如果问及芯片的原料是什么，大家都会轻而易举地给出答案——硅。这是不假，但硅又来自哪里呢？其实就是那些最不起眼的沙子。难以想象吧，价格昂贵、结构复杂、功能强大、充满神秘感的芯片竟然来自那根本一文不值的沙子。当然这中间必然要经历一个复杂的制造过程才行。就让我们跟随芯片的制造流程，了解一下从“沙子”到“黄金”的过程。

简单说，芯片的制造主要经过5个工序：①石英砂通过硅提纯、切割得到单晶硅片；②光刻和刻蚀；③薄膜沉积；④隔离和接触；⑤封装。（图1.11）

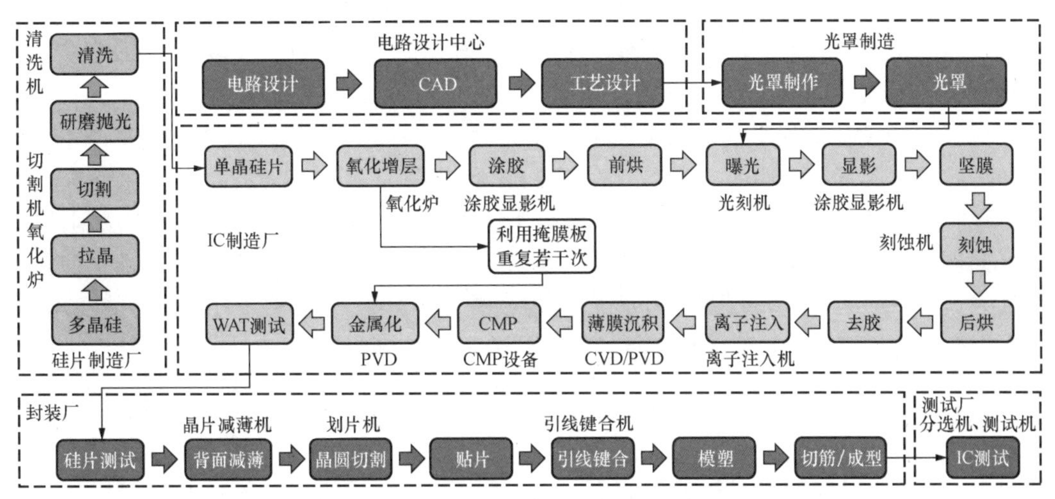

图1.11　芯片制造的工艺流程图解

一、制造单晶硅片

硅是地壳内第二丰富的元素，而脱氧后的沙子（尤其是石英）最多包含25%的硅元素，并以二氧化硅（SiO_2）的形式存在。首先，在纯硅时，把原料硅融化，然后放到一个大型的石英炉里。再将一块晶种放进熔炉中，让它围绕着晶种不断地生长，直至形成一块近乎完美的单晶硅，再通过旋转拉伸，获得一块圆柱形的硅锭。晶体生长有多种方式，不同的晶体可以按工艺条件选择一种或多种生长方式，主要有提拉法、Bridgman法等。

经过上述方法生产出的晶棒经过滚圆达到所要求的直径后横向切割成厚度为0.2～0.8 mm的单个圆形硅片，也就是我们常说的晶圆。再经过研磨、抛光、包装等多个步骤，以实现单晶硅片满足芯片加工的工艺需要。

二、光刻和刻蚀

光刻是微电子加工中最复杂、成本最高、也最重要的工序。光刻是一种用感光的抗腐蚀涂料（光刻胶）进行化学刻蚀的一种技术，将掩模版（光刻版）上的图形转换到晶片上的过程。光刻工艺的基本流程：①在晶片的上方，形成一层SiO_2绝缘膜，可以对芯片本身起保护作用，并提供一种可以沉积其他材料并形成图形的绝缘层；②在SiO_2上涂饰一层光刻胶；③将光掩膜涂在光刻胶上，然后以一定的波长对光刻胶进行照射，使其与掩模片结合，从而形成光刻图案。常用的光源包括可见光、紫外光、深紫光、极紫外光等多个种类。光刻技术以廉价和技术完善为特征，但是分辨率低。

现在发展的光学光刻技术主要包括相位掩膜和193ArF准分子激光光刻。采用光学光刻已经刻蚀出0.12 μm 的线宽，对0.1 μm 和0.088 μm 的线宽也已有报道。电子束光刻是目前已知的高分辨率曝光技术，它具有以下特点：①高分辨率；②可以省略掩膜的过程；③没有局限于场大小；④无污染的真空暴晒。其不足之处在于，其制作速度较慢，不宜制作大尺寸晶片。离子束光刻是利用离子源进行曝光的，因为光刻胶对离子的敏感性是电子的几百倍，所以它在制作光刻仪器时要优于电子束。其不足之处在于，没有电子束的聚焦细。ALG1000型离子光刻机可达0.18 μm，曝光深度大于1.5 μm 。

刻蚀是为了使基板上的集成电路图案和光刻胶一样。光刻与刻蚀工艺是影响 IC 制图精度的重要因素。常用的方法有干法刻蚀和湿法刻蚀。其中，干法刻蚀是用等离子体进行薄膜刻蚀的技术。借助辉光放电用等离子体中产生的粒子轰击刻蚀区。干法刻蚀属于各向同性刻蚀法，简单方便、效率高，但存在横向腐蚀问题湿法刻蚀常用稀释的HF溶液溶解 SiO_2。其不足在于精度不高，均匀性差，不环保，等等。此外，目前还出现了深层刻蚀（DEM）、软刻蚀和亚微米干法刻蚀等先进技术。

三、 薄膜沉积

微晶片的制造是一种平面处理工艺，该工艺包括在硅片的表面形成各种薄膜。利用薄膜淀积技术，可以在硅片上实现薄膜的生长。在硅基片上，能否成功地制造出一种半导体器件，其关键是导电膜与绝缘膜。薄膜淀积技术是一种应用于电路的工艺，它是将绝缘介质层间的金属导电层与各种 IC 元件相连接起来。

薄膜是指一种在衬底上生长的薄固体物质。其表面距离衬底非常近，所以它对半导体器件的物理、机械、化学、电学等特性有重要的影响。在半导体生产中，薄膜沉积是一种在硅基板上物理沉积一层膜的过程。这种薄膜可以是导体，绝缘体，也可以是半导体。淀积膜可以是二氧化硅、氮化硅、多晶硅（具有多晶结构的硅）以及金属，比如铜和难熔金属（如钨）。

四、 隔离和接触

隔离：隔离技术是集成电路生产技术的基础之一。每一晶体管的发射区都会被自动隔离，并在两个基极区域间形成一个高能量的阻挡层。PN 节隔离技术是一种很容易实现的技术。它的成品率较高，但准确度较低。硅片表面的氧化隔离技术已经成为半导体集成电路的标准技术，可以有效地解决器件隔离和产生寄生元件的问题。沟槽隔离技术是将绝缘材料填充到刻蚀基板的基板上，然后在深宽比较小的浅槽工艺中填充 SiO_2。深槽隔离技术是采用固定宽度的深槽，在进行硅各向异性刻蚀同时沉积 SiO_2。

接触：为了使半导体装置能有效地连接到外界，半导体与金属连线之间的接触是必要的。常用的接触是欧姆触点和肖特基触点。欧姆触点具有较低的电阻，因此要将更多的电流从装置传送到各个电容器，因此，接触电阻在装置的电阻中所占的比重要小。肖特基触点的导电电压是决定的，并且可以很好地重复。它具有比 PN 结二极管更快的接通和截止。金属化接触法是 GaAs 及其他化合物半导体的常用方法。金属化是一种工艺，在晶片生产工艺中，沉积在绝缘介质膜上并将图案蚀刻，从而形成一种互连的金属线与集成电路，金属线被夹在两个介质绝缘层中间形成电整体。其中高性能的微处理器用金属线在一个芯片上连接几千万甚至更多个器件。

五、封装

封装是指一种半导体集成电路芯片壳体的制作，其性能的好坏直接关系到IC元件的电气、光学、热学等性能，进而影响到元件的质量、价格，关系到整机的尺寸、质量、功能。对所有的晶片而言，IC封装具有四大功能：①防止晶片因环境或传输而受到损害；②提供用于芯片的信号输入与输出的互联；③为晶片提供物理结构；④散热。

封装可以分成三个层次：第一层（晶片级）包装，以适当的方式包装一块或几块晶片，以达到实际用途；第二层（板层）包装是把第一层包装的产品与附加组件一起装在印制板上，形成一个零件或整体。第三层（系统）包装是指通过选层、互连插座或软线路板将二级产品与主板相连，形成一个整体的封装体系。

评价芯片封装技术的优劣，最重要的是晶片面积与封装面积之比，该比率距离1近则技术越好。目前，最先进的封装技术有球形栅阵列封装、CSP封装等。BGA封装具有以下优势：①良好的电特性；②高密度；③节距适合于现有的包装等。CSP包装具有以下优势：①增加装配密度和减少包装后的厚度；②采用现有的仪器和原料；③加固包装。

思考题

1. 决定材料品质的关键因素有哪些？单晶硅为什么会被选为芯片的基础材料？
2. 芯片制造中有哪些关键材料和技术是亟须解决的“卡脖子”问题？
3. 要解决当前的“缺芯”问题，我国制造业面临哪些挑战和机遇？

“芯片之争”就是材料之争
——芯片中的材料问题

引　言

芯片又称集成电路，是电子学中一种将电路小型化的方式，并时常制造在半导体晶圆表面上。芯片作为新世纪发展的重要科技产品，已经不仅仅是科技本身的问题，甚至已经上升到国家层面。芯片已经是我国最大的进口品，甚至远远超过石油和铁矿的支出。然而近年来随着美国对中兴、华为等企业的制裁，芯片行业的发展更是迫在眉睫，生产属于自己的芯片，是多少科技工作者的毕生梦想。而作为材料专业的学生，有必要对芯片制造与发展历程有所了解。此外，芯片之争，事实上更多的是材料之争，也就是半导体材料的发展。与美国、日本、德国等发达国家的材料制造相比，我国处于总体上的弱势地位，我们的材料研究并没有支撑起相应体量的工业应用，这正是需要材料学子大展身手的领域。作为材料专业的学生，在关注科技争端、行业焦点的同时，更要了解其背后的基础学科的重要性。

背景知识

美国商务部在2019年5月16日把华为和70个关联企业列为监管“实体名单”，理由是为了国家安全，美国公司不得将有关技术和产品卖给华为。美国商业部于2020年5月15日发表声明，对华为在美国以外地区利用美国技术及软件进行设计与生产的禁令进行了严厉的限制。美国政府于2020年8月17日又颁布了一项新的禁止令，对华为的打击持续加剧。这项禁令的中心内容是，凡是利用美国的软件或者美国的设备来生产华为的产品，都必须取得许可。美国政府于2020年9月15日开始实施新的针对华为的禁令。此后，台积电、高通、三星、SK海力士、美光等电子元件制造商将不再向华为提供芯片。这就表明华为将无法使用美国技术生产的芯片，内存。

芯片作为“基石”，代表着一个国家的先进制造水平，代表着一个国家在国际上的技术竞争能力。当前，我国集成电路产业发展面临的最大问题是缺乏核心技术。国产CPU技术与世界先进水平相比仍有很大的发展空间。一方面，技术受到制约，被“卡脖子”多年；另一方面，芯片制造商的毛利非常低，处理器、内存等供应商在赚取巨额利润。而新材料则是高品质制造、高品质发展的先决条件。在核心原料供应方面，日本、美国、德国、韩国，以及中国的台湾等国家和地区存在众多生产芯片的知名企业，产品包括高纯硅片、光刻胶、超高纯化学试剂、特殊气体等。

虽然芯片本身很小，但制作起来非常麻烦。就拿手机的核心处理器来说，用显微镜观察一下，就能看到指甲盖那么大的一块芯片，里面有几十亿个晶体管，简直就像是一个微观的世界。芯片包括基带、处理器、协处理器、触摸屏控制器芯片、Memory、处理器、无线IC和电源管理IC等。芯片是智能家电的重要组成部分，相当于人体中的大脑。而半导体公司，则是以台积电16 nm制程为基础，整合了1.2兆个晶体管和400 000个AI内核。16 nm制程，意味着芯片的最小尺寸可以达到16 nm，可以将更多的晶体管塞进更小的芯片，从而提高芯片的综合性能。

专业知识

事实上，芯片的核心在于半导体材料的发展。半导体材料（semiconductor material）是一类具有半导体性能、可用来制造半导体器件和集成电路的电子材料。根据导电性能的不同，自然界物质和材料可分为三种类型：导体、半导体和绝缘材料。半导体的电阻率为1 mΩ•cm～1 GΩ•cm。在通常的条件下，随着温度的增加，半导体的导电率会增加，这正好与金属导体的表现相反。

半导体材料的本质特性是由多种外部因素如光、热、磁、电等作用于半导体而产生的物理效果和现象，也被称为半导体性质。组成固体电子装置的基质主要是半导体，它们各种形式的半导体性质使各种不同种类的半导体装置具有不同的功能和作用。在半导体中，原子之间有一个饱和的共价键，这是其最根本的化学特点。典型的共价键特性是四面体的点阵结构，因此通常的半导体材料都是金刚石或闪锌矿（ZnS）的结构。自然界大部分矿物都是化合物，因此最初使用的半导体材料主要是化合物，比如早期使用的方铅（PbS），作为固态整流器的亚铜（Cu_2O），以及更早期使用的是碳化硅（SiC）。Se是第一个被发现和应用的元素半导体，它曾经是固态整流器和光电器件的主要原料。探索出元素半导体锗的放大效应，开创了半导体发展史上的一个新篇章，从此，电子器件就有了晶体管。中国在1957年研制出高纯度锗（99.999 999 %～99.999 999 9 %）的锗。采用硅元素，不但增加了晶体管的种类和功能，提高了材料性能，也带来了大规模、超大规模集成电路的发展。砷化镓等Ⅲ至Ⅴ族化合物的研究推动了微波设备和光电子设备的快速进步。

不同的半导体器件，其形貌的要求也不尽相同，如切片、磨片、抛光片、薄膜等。不同形貌的半导体材料需要相应的处理方法。目前，半导体材料的主要生产方法有：纯化、单晶制作、薄膜外延等。大部分的半导体装置都是在一块或一块基板的外延上制造的。大量的半导体单晶采用了熔体成长技术。直拉法是目前应用最广泛的一种方法，硅单晶、锗单晶、锑化铟单晶80%都采用这种方法制备，硅单晶的最大直径已经达到300 mm。采用直接拉伸方法并且将磁场引入熔体中，称为磁控拉晶法。将液态包覆剂添加到坩埚熔体的表面，称为液封直拉法，利用这种方法可以将高分解压力的单晶体如砷化镓、磷化镓、铟等拉制。采用悬浮区熔化方法，使熔液不与容器发生接触，从而使高纯度的硅晶体生长。采用水平区熔化技术制备锗单晶。在此基础上，采用了横向取向结晶的方法来制作GaAs的单晶，而采用纵向取向的方法可以得到碲化镉和砷化镓。通过不同的工艺制造出的体单晶，经过晶体定向、滚磨、作参考面、切片、磨片、倒角、抛光、腐蚀、清洗、检测、封装等全部或部分工艺，以形成相适应的晶片。

思考题

1. “华为”芯片断供事件给我们带来了哪些重要启示？

2. 芯片发展的摩尔定律与半导体材料发展之间的联系有哪些？如何理解半导体材料、电子封装等专业在芯片发展中的重要性。

3. 为什么说“芯片之争”就是“材料之争”？

一代飞机，一代材料

引　言

研制材料、发展材料、使用材料的能力是人类社会进步的最基础、最原始、最本质的驱动力。一部人类文明史从某种意义上说就是一部使用和发展材料的历史。作为高技术最集中的领域，航空工业对先进材料的依赖也最直接、最敏感，可以说，航空材料的发展水平直接影响到飞行器的设计性能。“一代材料，一代飞机”是对飞机与航空材料相互依存、相互促进紧密关系的真实写照。飞机更高性能的需求对材料提出了哪些新的挑战？材料的发展又对飞机的更新换代起了什么作用？每一代飞机所使用的材料主要是什么？

背景知识

飞机使用材料的发展

100多年来，飞机使用主要材料经历了四个发展阶段，正在跨入第五阶段，见表1.7。

表1.7　各发展阶段机体材料的变化

发展阶段	年代	机体材料
第一阶段	1903年~20世纪10年代	木、布
第二阶段	20世纪20年代~20世纪40年代	铝、钢
第三阶段	20世纪50年代~20世纪70年代	铝、钛、钢
第四阶段	20世纪80年代~21世纪初	铝、钛、钢、复合材料（以铝为主）
第五阶段	21世纪初至今	复合材料、铝、钛、钢（以复合材料为主）

显然，机体材料的变化准确地反映了这一趋势，并在选材等方面充分体现了“一代材料，一代飞机”的辩证关系。

第一阶段（1903年~20世纪10年代：木、布结构）

1903年12月17日，莱特兄弟驾驶“飞行者一号”试飞成功，人类从此开始了征服蓝天的旅程。

“飞行者一号”是人类历史上第一架能够自由飞行，并且完全可以操纵的动力飞机，其采用木材来做飞机骨架和大梁，采用亚麻布做机翼翼面，这就是所谓的木布结构飞机。

“飞行者一号”采用的木材为北美云杉，在世界上所有的树种中，其具有最高的比强度，以及良好的弹性变形能力和减振性能，能够承受突加载荷，因此被用于制造飞机和船舶的船桅杆、吊杆、横杆和结构龙骨等。在吊杆和夹层之间，一般用螺栓固定。机翼被涂上了一层漆料的亚麻布覆盖，中间用一种缝合的方法与肋骨结构相连，漆料能满足机翼表面具有一定的力学强度和形状。这种材料结构直到第一次世界大战末期都一直使用，只是在空气动力学和内部构造上逐步完善和进步。

木制的飞机具有质量轻、工艺简单、造价低等特点。由于发动机功率低，飞行动能低，所以机翼的翼面承受较小的负荷，木材的力学强度可以达到要求。但木材也有其不足之处：强度低，刚性低，易燃，易腐蚀，吸水性强。

第二阶段（20世纪20年代~20世纪40年代：铝、钢结构）

1906年，德国科学家Alfred Wilm在铝中加入了少许铜和微量的镁，发明了硬度极高的铝合金，这使得后来制造全金属结构的飞机成为可能。在第一次世界大战后期德国率先研制出全金属结构的战斗机——容克J.I攻击机，这种飞机第一次使用铝波纹钢板金属蒙皮材料制成机身，沿气流方向的波浪状纹路，降低了气流阻力，并可解决金属的热胀冷缩现象，提高了结构强度，改善了气动外形，提高了飞机性能。

第一次世界大战结束后，各国都没有停止对全金属结构战斗机的探索，随着发动机技术的进步，飞机的推重比得到巨大的提升，这一时期不锈钢骨架铝合金蒙皮的全金属飞机已经成为主流。

1937年，日本三菱应军方的要求，以堀越二郎为总设计师，研制设计新型战斗机。堀越二郎对飞机主桁梁材料进行了大幅度创新，采用由日本住友金属公司五十岚博士研制的含有微量铬和锰的超级铝合金，日本称之为“50岚金属”。相比于其他飞机上用的硬铝的抗拉强度只有45 kg/mm^2，而这种材料的抗拉强度可达66 kg/mm^2，其强度甚至比钢还高，而质量只有钢的几分之一。因此，设计师可以采用很细的飞机框架，并且敢于在上面钻孔，以进一步减轻质量。设计制造的零式战机，其质量轻，转弯半径小，机动性强，进攻性好，航程较远，可以称得上世界当之无愧的优质战机，这是日本战机的一个重大设计。

铝及铝合金是当前用途十分广泛的、最经济适用的材料之一。铝密度很小，约为2.7 g/cm^3，与钢相比轻约1/3。虽然纯铝很软，但根据合金元素含量不同可以制成各种铝合金，其强度能够接近甚至超过优质钢，因此比强度较高。而且铝合金塑性好，工艺性强，具有优良的导热性和抗蚀性，是航空工业的重要材料之一。铝锂合金是含锂元素的多元铝合金。锂是最轻的金属元素，铝合金中每增加1%锂元素，密度就可减少3%，模量就可增加5%。铝锂合金具有低密度，高比强度和比刚度，用其代替常规的高强铝合金可使构件质量减轻10%～20%，作为一种新的航空领域结构材料，美国、英国、法国、俄罗斯等国家都在进行着激烈的竞争和开发 。

在现代飞机结构中，钢材用量稳定在5%～10%的水平。飞机整体质量不能太高，但飞机的部分承力构件要满足力学强度需要、耐高温、抗腐蚀性能，如梁、支臂、接头、对接螺栓等。此外，在以焊接作为最终工序的焊接结构件中，钢材是不可替代的材料。在这种情况下，具有高比强度、高比模量的超高强度钢，受到较多的重视和使用。表1.8为常用超高强度钢的性能和在飞机上的应用情况。

表 1.8　常用超高强度钢的性能和在飞机上的应用情况

材料牌号	强度/MPa	比强度/$(\sigma_b \cdot \rho^{-1})$	应用部位
30CrMnSiNiA	1 570	0.204	起落架、机翼主梁、对合接头、接头螺栓等
40CrNi2Si2MoVA	1 860	0.251	起落架
16Co14Ni10Cr2MoE	1 620	0.203	平尾大轴

其中，40CrNi2Si2MoVA钢是我国于20世纪80年代中期按美国宇航材料标准仿制300M钢，而生产的一种新型低合金超高强度钢，具有高淬透性、高抗回火能力、超高强度，并兼有优良的横向塑性、断裂韧度、抗疲劳性能和抗应力腐蚀性能，是目前低合金超高强度钢中强韧性匹配最高的钢种。

第三阶段（20世纪50年代~20世纪70年代：铝、钛、钢结构）

进入20世纪50年代后，人类进入超音速时代。伴随超音速飞行而来的是因空气摩擦产生高热所导致的机体结构强度退化问题。铝合金耐高温性能差，在200 ℃时强度会下降到常温时的1/2左右，人类开始探索新型的高强度耐热材料。所以，有了一种特殊的航空材料使用的高强度，耐热性好的钛合金和不锈钢。其中，钛合金的成功开发与应用，对于解决翼面蒙皮热障问题具有重要意义。

专业知识

钛是继铁和铝之后的新兴金属，被称为“第三金属”。钛合金是一种由钛和其他元素结合而成的一种合金。它具有高强度、高耐腐蚀性、高耐热性等优点，在各种行业中得到了广泛的应用。

钛合金具有如下特性：

强度高：钛合金的密度一般在钢的60%左右，纯钛的强度接近普通钢材，一些高强钛合金超过了许多合金钢的强度。因此钛合金的比强度远大于其他金属结构材料，可制出单位强度高、刚性好、质量轻的零部件。

耐热性好：钛合金的使用温度比铝合金高几百摄氏度，在中等温度下仍能保持所要求的强度，可在450～500 ℃下长期工作，而铝合金在150 ℃时强度会明显下降。

耐蚀性好：钛合金在潮湿的大气和海水介质中的耐蚀性远优于不锈钢；对点蚀、酸蚀、应力腐蚀的抵抗力特别强；对碱、氯化物、氯的有机物、硝酸、硫酸等具有优良的抗腐蚀能力。

低温性能好：钛合金在低温和超低温下仍能保持其力学性能，是一种重要的低温结构材料。

导热系数小：钛的导热系数约为铁的1/5，铝的1/14，而各种钛合金的导热系数比钛的导热系数下降约50%。

钛合金的强度和使用温度上限与钢相近，密度却只有钢的60%左右，以钛代钢的减重效果显而易见。铝合金的密度虽小，但强度显著低于钛合金，其比强度仍不及钛合金，尤其当零部件工作温度较高时，使用温度上限较低的铝合金更是不得不给钛合金让位。

1953年美国道格拉斯公司首次将钛合金用于DC-7运输飞机的发动机舱和隔热板的设计中，此后大型飞机上钛合金用量与日俱增，波音787上15%的钛用量则打破了客机历史最高纪录。

第四阶段 [（20世纪80年代~21世纪初：铝、钛、钢、复合材料结构（以铝为主）]

由于军机结构减重的需要，以及20世纪60年代以硼/环氧为代表的先进复合材料的问世，复合材料逐渐得到了航空工业的认可。复合材料是指由两种或两种以上不同材料以不同方式组合而成的新材料，它可以发挥各种材料的优点，克服单一材料的缺陷，扩大材料的应用范围。其基体材料分为金属和非金属两大类。金属基体常用的有铝、镁、铜、钛及其合金。非金属基体主要有合成树脂、橡胶、陶瓷、石墨、碳等。增强材料主要有玻璃纤维、碳纤维、硼纤维、芳纶纤维、碳化硅纤维、石棉纤维、晶须、金属等。

复合材料具有比强度高、刚度高、质量轻的特点，并具有抗疲劳、减振、耐高温、耐腐蚀、功能性强、成型工艺简单、可设计等一系列优点。表1.9显示了复合材料高比强度的突出优势。

表1.9　常用航空材料性能对比

材料	强度σ_b/MPa	密度ρ/(kg·m^{-3})	比强度/($\sigma_b\cdot\rho^{-1}$)
铝	460	2 700	0.170
钢	1 200	7 800	0.154
钛	950	4 400	0.216
硼/环氧	1 770	2 000	0.885
碳T300/环氧	1 800	1 600	1.125

可以看出，复合材料的比强度极高，可达到钢、铝合金的5～6倍。同铝合金相比，用复合材料制造的飞机结构减重可达40%。此外，复合材料的疲劳寿命较传统的铝合金也显著提升。为了提升飞机的性能，延长飞机寿命，选用抗疲劳性能更好的新型复合材料是必然趋势。

这一阶段用于飞机的主要有树脂基复合材料、碳纤维复合材料等。其中应用于航天领域的树脂基复合材料主要有“环氧”“双马来酰亚胺”和其他高性能树脂等。环氧树脂指分子中含有两个或两个以上环氧基团的有机高分子化合物。它具有很强的内聚力，分子结构致密，力学性能很高；对金属、陶瓷、玻璃、混凝土、木材等基材的附着能力强；具有优良的耐热性和电绝缘性；稳定性和工艺性强。通常用于一些工作温度较低的进气管道和框架以及各种基材之间的黏接。

另一种被广泛应用的树脂基材料是双马来酰亚胺，它是以马来酰亚胺为活性端基的双官能团化合物，有与环氧树脂相近的性能，同时克服了环氧树脂耐热性相对较低的缺点，因此在雷达罩、进气道、机翼及机身蒙皮等方面有广泛应用。

在这一阶段的代表性机型为空客A380，虽然A380大部分机身采用新型可焊接铝合金，其铝合金用量占整个飞机材料的61%，但复合材料在机身上也得到了广泛使用（占比22%）。空客A380是首个使用碳纤维增强塑料制成中央翼盒的商用飞机。该中央翼盒重8.8 t，用复合材料5.3 t，较金属翼盒可减重1.5 t。此外垂直尾翼、水平尾翼、地板梁、后承压框及机翼后缘处的襟、副翼同样采用碳纤维复合材料制成。固定机翼前缘使用热塑性复合材料，混合纤维金属铺层材料用在机身上部和尾翼的前缘。这种玻璃纤维复合材料比航空中常用的铝合金更轻，耐腐蚀性和抗冲击性能更好。

在这一阶段，复合材料依然无法完全替代传统的铝系金属材料，大多还是用于非主要承力件上，如舵面蒙皮、设备口盖、小飞机的机身和机翼蒙皮等。

第五阶段 [21世纪初至今：复合材料、铝、钛、钢结构（以复合材料为主）]

进入21世纪，随着航空技术的进步，复合材料从当初只应用于口盖和舱门等非承力构件，逐步扩大应用到减速板和尾翼等次承力构件，而且正向用于机翼甚至前机身等主承力构件的方向发展，目前采用复合材料取代金属和非金属等常规材料制造结构件已经成为世界民机制造业的主流。

波音B787飞机是波音公司最新研制的一款大型民用飞机，其复合材料使用量第一次达到了50%，是第一款以复合材料为主体材料的民用喷气式客机。波音B787的机身蒙皮、框、长桁、地板梁、龙骨梁、机翼前后、机翼蒙皮及翼肋等主要结构件全部采用碳纤维复合材料，其中机身、尾翼采用了碳纤维层合板结构；升降舵、方向舵等活动面采用了碳纤维层合板夹层结构；整流罩部位采用了玻璃纤维层合板夹层结构。

与金属材料比较，复合材料更适于制造整体构件。B787飞机采用多节复合式大型整体构件，减少1 500个部件和4万多个接头，大大降低了结构的质量，增加了安全性，降低了制造、装配、油耗和维修费用。

自787客机之后，50%的复合材料使用成为飞机的基本构成，也就意味着，复合材料飞机的阶段已经到来。在波音787飞机之后，A350XWB的复合材料使用比例由37%增加到52%，787飞机和A320飞机的复合材料使用率将达到约50%，甚至接近60%。因此，在一定程度上，复合材料的质量比例是衡量飞机技术水平和市场竞争能力的一个重要评估手段。

复合材料结构既可降低飞机的结构质量，又可提高其耐蚀性、抗疲劳特性，并减少维修成本，使其经济性、舒适性、环保性得到极大的提高，是现代化大型飞机技术尖端、成熟的主要标志。而且伴随着科技的发展，智能结构将是今后飞机发展的一大趋势、智能材料也成为当前研究的新热点。科研工作者正在开发一种智能材料，它的作用是：当飞机在空中遭遇涡流天气或强烈的迎风时，它会快速地变形，并带动它的外形发生合适变化，以抵消气流和迎风的干扰，让飞机平稳地飞行。虽然目前智能材料仍处于早期开发阶段，但正孕育着新的突破和大的发展。

“一代材料，一代飞机”，是这一百多年来世界航空发展史的真实写照，也是对飞机与航空材料相互依存、相互促进关系的真实反映。根据飞机不同位置对材料的不同要求，使用不同的材料以达到最大化减轻飞机质量并提高飞行速度，是航空制造业持续追求的永恒目标！

思考题

1. 我国的C919、C929系列飞机能否与Airbus和Boeing共同形成A、B、C三足鼎立的局面？大飞机制造中我国还有哪些关键技术需要突破？

2. 不同时期的飞机用材各有什么特点：木材、钢铁、铝合金、钛材料、复合材料？总结不同材料之间共同遵循的经典“四面体结构”。

3. 当前我国新材料产业发展面临的机遇和挑战是什么？

参考文献

[1] 邱京春.周口店遗址石器鉴选与研究[J].史前研究，2013(00): 302-305.

[2] 賈蘭坡.对中国猿人石器的新看法[J].考古通讯，1956(06): 1-8.

[3] 张忠培.关于二里头文化和夏代考古学遗存的几点认识[J].中国历史文物，2009(1): 4-8, 93.

[4] 杨硕，郭姣姣，张东峰.考古遗址博物馆的探索与实践——以二里头夏都遗址博物馆为例[J].洛阳考古，2022(02): 89-95.

[5] 王震中.论二里头乃夏朝后期王都及“夏”与“中国”[J].中国社会科学院大学学报，2022, 42(01): 59-89.

[6] 谭德睿.商晚期的青铜尊——《中国古代艺术铸造系列图说》之十[J].特种铸造及有色合金，2007, (10): 819-820.

[7] 周文丽，吴世磊，袁鑫，等.四羊方尊口沿和羊角残片科学研究[J].湖南省博物馆馆刊，2017(00): 583-591.

[8] 吴坤仪.中国古代铸造技术史略[J].哈尔滨工业大学学报(社会科学版), 2001(04): 39-42.

[9] 北京科技大学冶金与材料史研究所.铸铁中国古代钢铁技术发明创造巡礼[M].北京：冶金工业出版社，2011.

[10] 陈建立，张周瑜.基于炉渣分析的古代炒钢技术判定问题[J].南方文物，2016(01): 115-121.

[11] 杨菊，李延祥，赵福生，等.北京昌平马刨泉长城戍所遗址出土铁器的实验研究——兼论炒钢工艺的一种判据[J].中国科技史杂志，2014, 35(02): 177-187.

[12] 黑丽娜.唐三彩与辽三彩制作工艺比较研究[D].内蒙古师范大学，2019.

[13] 洛阳博物馆.洛阳唐三彩[M].北京：文物出版社，1980.

[14] 李天宇.越王勾践剑：冠绝天下的铸造术[J].智慧中国，2016(10): 70-72.

[15] 乔爱梅.从越王勾践剑铸造工艺看春秋时期青铜冶炼技术[J].文物鉴定与鉴赏，2015(02):88-89.

[16] 赵中良，彭良泉，于希.探究青花瓷的起源和发展过程[J].美术文献，2019(8): 28-29.

[17] 熊樱菲，王恩元，吴婧玮，等.“南澳Ⅰ号”出水青花瓷的制作技术分析[J].文物保护与考古科学，2019, 31(04): 116-122.

[18] 张谷.“泰坦尼克”号的沉没——从材料科学的观点来看[J].河南冶金，1999(01): 46-48.

[19] 邵军.舰船用钢研究现状与发展[J].鞍钢技术，2013(04): 1-4.

[20] 陈琪，杨文科.高抗裂性水泥在北京大兴机场建设中的应用[J].新型建筑材料，2021, 48(04): 106-110.

[21] 李向果，马振兴，马勇.硅酸盐水泥的工艺流程[J].化学工程与装备，2021(05): 21-22.

[22] 本刊编辑部.创新让“基建狂魔”更“狂”[J].中国公路，2021(13):1.

[23] 解振华，黄蕊慰.芯片的制造过程[J].机电工程技术.2004(11):69-72.

[24] 薛华虎.一种IGBT芯片的剖析[D].哈尔滨工业大学，2009.

[25] 张猛，尹其其.从华为中兴事件看我国芯片产业安全发展的问题与建议[J].网络空间安全，2020, 11(11): 57-60.

[26] 李晓红. 一代材料一代装备——浅谈航空新材料与飞机、发动机的发展[J]. 中国军转民，2008(10) 4-11.
[27] 叶蕾. 一代材料，一代飞机——访中国科学院院士曹春晓[J]. 中国科技奖励，2011(10): 35-36.
[28] 马立敏，张嘉振，岳广全，等. 复合材料在新一代大型民用飞机中的应用[J]. 复合材料学报，2015，32(2): 317-322.

第二篇　大国工匠

导　言

新中国成立之初，内忧外患，百废待兴。既面临着世界列强的军事包围、经济封锁和物资禁运等外部局势，同时也经历着国家财政经济和社会发展困难的内部环境。此时，我国科技事业更是面临着众多问题。为了建设祖国，推动我国科技事业快速发展，分布在世界各地的知名专家学者，放弃了国外优越的生活和科研条件，回到祖国开展研究工作，为我国的经济和社会发展作出了巨大贡献。

本篇以“大国工匠”为题，收集了中华人民共和国成立初期至今的16位材料领域的知名专家学者或技术领航人，涉及金属材料、高分子材料、无机非金属材料、材料制备和加工、材料组织分析和评价等多个专业。他们有从国外学成归国的专家学者，也有我们自己培养的科技精英和技能专家。李薰、师昌绪、葛庭燧、柯俊、郭可信、王华明等多位院士，放弃了西方国家优异的生活和工作环境，在极端恶劣的自然条件和简陋的科研条件中取得了众多科研成果。徐祖耀、金展鹏、邱竹贤、李依依、崔崑、涂铭旌等科学家无论是受到病痛的折磨还是经济生活条件所迫，依然凭借着坚定的意志力和乐观的精神匠心筑梦。改革开放后，我国进入了经济社会快速发展时期，涌现了如高凤林、李万君等大国工匠，蹇锡高、李贺军院士等专家学者，他们身怀绝技，却甘于平凡，凭着传承和钻研的精神为国家经济建设和科技发展培养了大量人才。

编者希望以上一系列鲜活的案例，可以为材料专业教师的教学过程添上一笔重彩，使枯燥无味的专业知识与人文精神和情怀相融合，使学生感受到科学家以赤子之心艰苦奋斗、报效祖国的决心，培养学生的爱国情怀、奉献精神及为国家建设和发展努力奋斗的意识。

生命在冶金事业中永恒
——李薰

简　介

李薰（1913年11月—1983年3月），著名物理冶金学家，我国最早从事冶金科技事业的开拓者。1936年毕业于湖南大学；1940年获得英国谢菲尔德大学冶金学院哲学博士学位，毕业后留校工作；1950年获得谢菲尔德大学冶金学博士学位；1950年8月李薰应郭沫若院长邀请回国，与一众科研人员一起筹建金属研究所；1955年当选为中国科学院院士；1961年加入中国共产党；1978年5月，中国科学院设立沈阳分院，任命李薰为院长；1983年3月，在考察中国新建的冶金工业途中逝世。(图2.1)

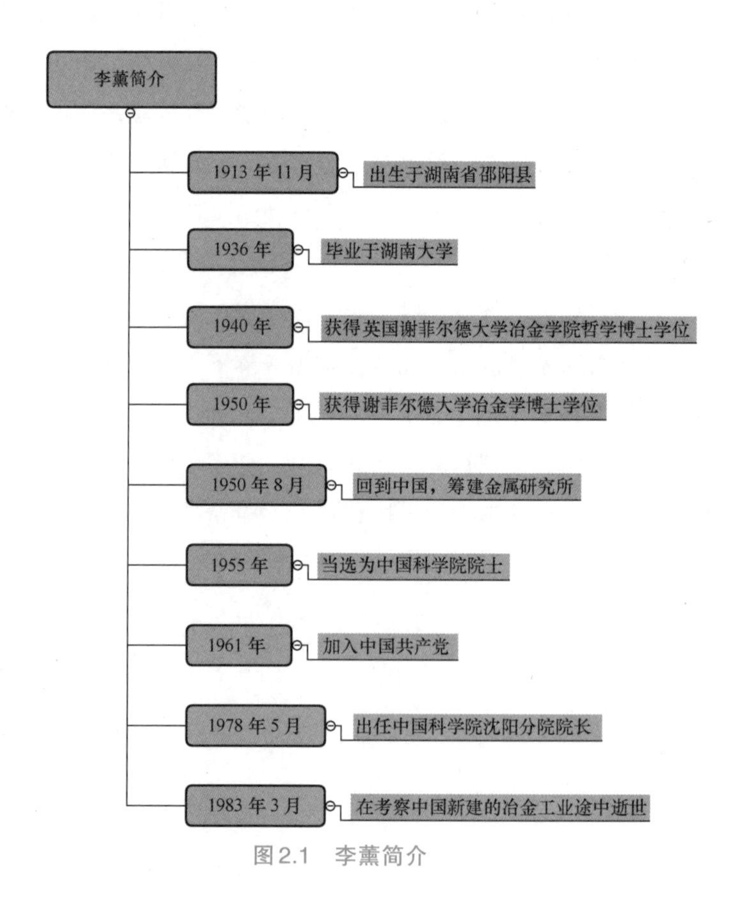

图2.1　李薰简介

专业成就

李薰先生早年主要进行钢中氢的研究。他们团队在研究飞机引擎主轴断裂的原因中，发现钢中氢脆的规律。氢脆是指溶于钢中的氢聚合为氢分子，造成应力集中。当应力超过钢的强度极限时会在钢的内部形成细小的裂纹，称为发裂。李薰先生通过扩散、溶解度等理论，结合钢的结构，阐明了钢中裂纹生成的理论及与钢中氢含量的关系。这一研究结果对世界钢铁技术的发展有着重大影响，而李薰先生也成为钢中氢脆相关科学基础研究的先驱者。（图 2.2）

图2.2　李薰和他的助手在研究钢中氢气

李薰先生发明的定氢仪设备解决了长期以来无法精确定量获得钢中氢含量的问题，推动了钢中氢脆现象的研究。研究结果表明，钢中氢含量只有大于或等于 3 mL/100 g 时，才会发生氢脆现象。此外，钢中氢含量达到了一定的浓度值后不会立即脆裂，而是经过一定时间后才产生发裂现象，这种滞后现象称为“氢脆孕育期”。

当时的学术界对氢脆的机理还存在争议。李薰在研究氢脆现象和扩散的规律后，提出高温进入钢缺陷处的氢原子可结合为氢分子并不断聚集。氢分子不能迁移扩散，聚集在缺陷处会产生巨大的内压力，当达到钢的断裂强度时便萌生微裂纹，裂纹扩散最终导致氢脆的发生，从而提出了高压氢脆理论。他的这一解释得到了同行的认可。近年来，发展的金属间化合物基合金的氢脆仍然遵守高压氢脆机制。

成长与选择

1913年11月，李薰出生在湖南省邵阳县（今属邵东市）。他少时求学之路比较坎坷，12岁时先后辗转4所学校。1927年，李薰由长郡中学初中毕业考入岳云中学开始高中的学习。长郡中学重视文史课程，而岳云中学以数理见长，在家境困难和新学校新环境的双重压力下，李薰更加努力学习，在高中阶段取得了优异的学习成绩。1932年，李薰获得免试保送资格，在四年全学费奖学金的资助下进入湖南大学矿冶工程系学习。1937年李薰参加湖南省公费留学考试，赢得了主考官的青睐，被选送到英国谢菲尔德大学冶金学院深造。1940年获得了该校哲学博士学位后留校从事科研工作。1950年，鉴于李薰在冶金领域取得的突出学术成就，谢菲尔德大学授予他冶金学博士学位。谢菲尔德大学冶金学院是当时英国唯一能以冶金学博士命名其高级博士学位的学府，而李薰是我国获得此殊荣的首位学者，是1923年该学位设立到1950年期间获得这一学位的第二人。

在英国工作期间，李薰多次拒绝老师和朋友让他加入英国国籍的邀请，他心中始终挂念着祖国。1950年，中国科学院院长郭沫若亲笔致信，代表中国科学院诚恳邀请李薰回国筹建金属研究所。收到邀请，李熏非常高兴，离开祖国十四个春秋后，他终于盼来了回国的这一天。1950年李熏辞去了谢菲尔德大学的职务，克服了英方的百般阻挠，1951年6月李薰和几位留英的科学家以去香港旅游为借口，踏上了归国的旅程。

中国科学院金属研究所开始筹备，李薰担任筹备处主任。他带领一众科学家，立志要将金属研究所建设成为综合性研究所、建设成为中国科学院成立后的第一大所。中国科学院最初将金属研究所的位置选定在北京。此时，东北人民政府重工业部部长王鹤寿邀请李薰主任前往东北考察。经过此次考察之后，中国科学院金属研究所筹备处将金属研究所的选址改在了辽宁沈阳。这主要是考虑到沈阳地处鞍钢、抚钢、本钢和大连钢厂的中心地带，具有了解冶金企业生产工艺的问题和实际情况的便利条件。研究成果也能为钢铁企业的发展提供支撑。1951年冬天，李薰一行人来到东北勘址，在沈阳市郊外的一片菜地和晒粪场上，李薰兴奋地和同行人员规划着宏伟蓝图，他说："我们的事业就从这里开始!"在东北人民政府的支持下，仅用了不到两年的时间，中国科学院金属研究所的实验大楼就建成完工。

新中国成立之初，国内冶金工业生产技术远远落后于英国等西方国家，产品存在严重的质量问题，迅速提升冶金技术水平是当务之急。而金属研究所成立之初，设立了六个研究室，当李薰了解到新中国的技术所需后，放弃了他的物理冶金专业，交给张沛霖负责物理冶金研究室，而他却新组建了冶炼物理化学研究室并兼任主任。李薰设计制造了我国第一台定氢仪，并提出了夹杂物测定技术，为提高钢质量提供了有力的技术与手段保障。在后续的研究工作中，李薰完成了多项钢中气体与钢质量等研究课题，并在金属研究所举办了全国各大钢铁企业技术人员培训班。为我国各大钢铁企业培养了一批业务骨干。在这些业务骨干的努力下，我国的钢产品质量快速提升。

李薰（图2.3）为了国家的科研事业不计个人得失的精神和人格魅力是值得我们崇敬的，他的爱国之心和对科技事业的执着追求更是值得我们新时代的年轻人学习的好榜样。

图2.3　李薰

攻坚克难

除了科学成就，李熏的个人品质也是值得我们认真学习。他不卑不亢的做人原则和科学严谨的做事态度，在他的科研生涯中从未改变。

李薰耿直和嫉恶如仇的脾气秉性使得他即便在逆境中也从不趋炎附势、随波逐流。1972年，李薰参加在法国召开的“氢在金属中的作用”国际会议，通过会议交流，他深刻地感受到了我国科学技术落后的现状，回国后参加在沈阳市举行的汇报会时，这种状况再也不能继续下去了!”。在当时的形势下敢于表达这种言论是需要莫大的勇气的。

李薰曾写过一首打油诗：“没有经验硬创造，写出文章也好笑。做好工作有一条，实事求是是法宝。”

李薰一贯以严谨的学风要求中国科学院金属研究所里的每一个人。作为中国科学院金属研究所的所长，他以身作则，审阅过的论文必定反复讨论修改才可以发表，他发表的文章、所作报告的讲稿均由他自己完成。而对于所里的研究人员，他同样要求严格。

为了探讨中国科学院金属研究所如何参与中国冶金工业建设的问题，1983年初，70岁高龄的李薰在患肺炎初愈不久，便动身前往攀枝花钢铁公司参与考察工作。在考察途中，行经昆明时不幸逝世，倒在了为祖国冶金事业发展奔走的途中。2002年，中国科学院金属研究所设立了“李薰成就奖”和“李薰讲座奖”，纪念他留下的科学成果与科学精神，缅怀先辈，致敬英雄。

思考题

1. 在优越的工作和生活条件与报效祖国的理想信念之间作出选择时，李薰的选择说明他的什么品质？

2. 请分析严谨的科研态度作为科研工作者基本素养的重要性。

“一心为国，兢兢业业”的材料先驱
——师昌绪

简　介

师昌绪（1920年11月—2014年11月），材料科学家，中国科学院院士、中国工程院院士。1945年毕业于国立西北工学院。1949年，获得美国密苏里大学矿冶学院硕士学位。1952年在美国欧特丹大学毕业并获得冶金学博士学位，后在麻省理工学院工作了3年。1955年经辗转，师昌绪回到祖国，在中国科学院金属研究所开展科研工作。1957年师昌绪被任命为金属研究所高温合金研究方向的负责人，兼任合金钢研究室主任。1980年当选为中国科学院院士，1994年当选为中国工程院院士，1995年当选为第三世界科学院院士，2010年获得国家最高科学技术奖。（图2.4）

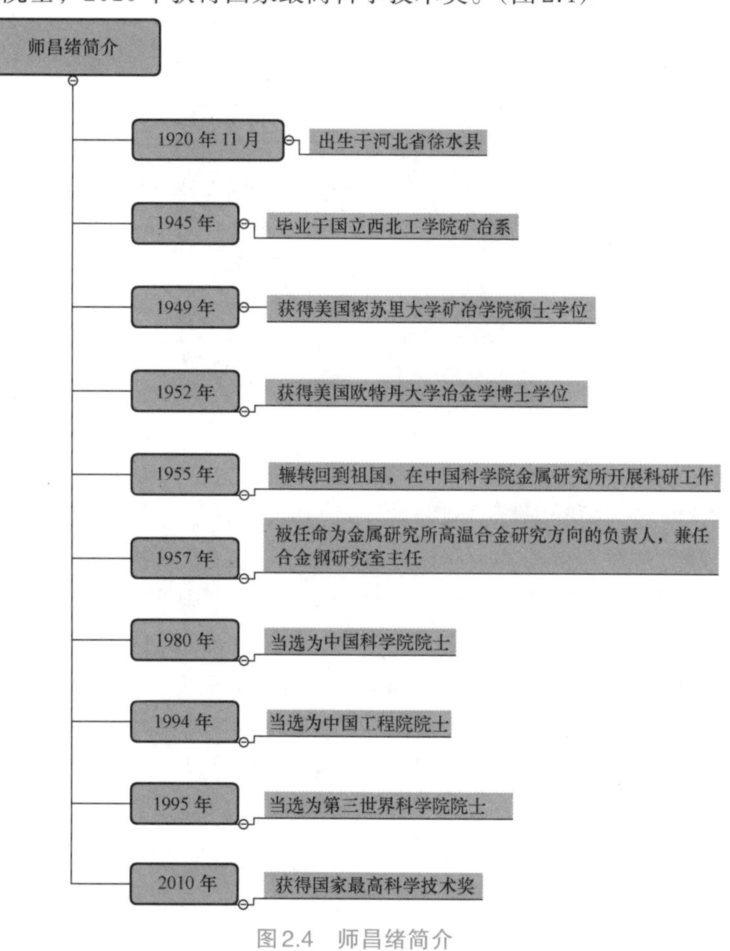

图2.4　师昌绪简介

专业成就

师昌绪（图2.5）在钢材料、高温合金材料等多个领域取得了重要的科研成果，为我国的冶金及材料科学发展奠定了重要的基础。1948年师昌绪利用真空蒸气压的原理，从炼铅过程的锌熔渣中分离银，得到产物的纯度可以达到90%。这是他攻读硕士期间就崭露头角所获得的研究成果。20世纪60年代至20世纪80年代，师昌绪研究了钢中硅、碳对残留奥氏体、回火工艺及二次硬化的影响。在此基础上开发出来的300 M超高强度钢，成为世界上最常用的飞机起落架用钢。传统使用的起落架材料断裂韧性差、冲击韧性低，300 M超高强度钢可有效解决上述问题。此外，他研究开发的FeMnAl系和CrMnN系无镍不锈钢等材料被应用于化工部门，解决了国家的燃眉之急，改善了国家当时镍资源短缺所带来的问题，此项工作2010年获得国家最高科学技术奖。

图2.5　师昌绪

师昌绪是中国最早从事高温合金研究工作的学者之一。20世纪60年代初，我国资源存在缺镍少铬并受到国际限制的问题。针对当时的情况，师昌绪提出用铁基合金代替镍基合金，并研究开发了中国第一种铁基高温合金。通过真空冶炼技术，制备出了一种可用于喷气发动涡轮盘的铁基合金。1964年，为了提高国产歼-7飞机的档次，师昌绪组织了100余人，建立了一支覆盖设计、材料、制造等研究领域的攻关队伍，在大家的通力合作下，中国第一代空心气冷铸造镍基高温合金涡轮叶片在不到一年的时间内就研制成功。此项科研成果从锻造到铸造手段，从实心结构到空心结构，使我国喷气发动机涡轮叶片制备技术达到了新的水平。彼时，中国成为全世界可制备使用此种叶片的第二个国家（图2.6）。

图2.6　师昌绪与空心涡轮叶片

成长与选择

1948年8月，师昌绪前往美国留学，在密苏里大学矿冶学院获得硕士学位，之后又在欧特丹大学冶金系获得博士学位。中华人民共和国成立后，北洋大学聘请师昌绪回国任教。当时正值抗美援朝时期，师昌绪和钱学森等35人被美国政府列入不许离开美国的名单中。如果他们一意孤行，选择离开，等待他们的将是巨额罚金甚至刑罚。师昌绪只好进入麻省理工学院，在著名金属学家科恩教授的指导下从事博士后科研工作。1954年，师昌绪只身前往华盛顿，携带着中国留学生签名要求回国的信件，请求印度驻美国大使馆的工作人员转交给当时正在日内瓦开会的周恩来总理。了解到情况后，中国政府对美国的无理行径提出抗议，最终以美军战俘交换中国留学生回国。1955年，师昌绪告别了科恩教授，启程回国。临行前，科恩教授询问他回国原因，师昌绪说："我是中国人，在你们美国像我这样的人多得很，在中国，我这样的人却很少，很需要。"

回国后的条件非常艰苦，师昌绪与李薰接受了组建中国科学院金属研究所的任务，担任高温合金研究方向的负责人。1957年起开始负责原冶金工业部负责的航空发动机关键材料——高温合金——攻关研究。他承担了AB-1铸造空心涡轮叶片、808铁基高温合金涡轮盘、Cr-Mn-N无镍不锈钢等重大国家任务，金属研究所当时有八大任务，而师昌绪参与了其中的一半任务攻关。三年困难时期师昌绪始终坚持奋战在工厂，义无反顾地试制高温合金。他还参与了金属研究所开办的技术人员培训班，为其撰写金属学授课资料。资料涵盖了大量金属基础知识，同时介绍了国内外最新研究动态，70余万字的资料内容丰富，对技术人员的培训起到了极大的帮助作用，受到了学生的一致好评。

"十五"计划之初，师昌绪提出他有两个"心病"，一个是国产芯片，一个就是碳纤维。中国生产碳纤维的研究始于1962年，经过几十年的努力，结果差强人意，碳纤维制备产业没有建立，技术也未能突破。2000年，师昌绪联系了时任国家自然科学基金委工程与材料科学部常务副主任李克健，提出想要一起攻关碳纤维的研究工作。李克健很清楚当时的情况，碳纤维的相关研发已经沉寂10年之久，是一项复杂的系统工程，技术开发难度很大。而师昌绪已年近80岁，长期从事金属材料研究，并不熟悉碳纤维相关领域。李克健力劝师昌绪不要组织这项研究工作。但是师昌绪态度坚决，他认为碳纤维产业关系到我国的国防事业，不能总是依靠进口，受制于其他国家。师昌绪的态度深深感动了李克健，他帮助师昌绪组织队伍开展碳纤维的相关研究。2000—2002年，师昌绪召集了两次"通气会"，科技部、总装备部、基金委、国防部门负责人和相关单位参加了会议。这两次会议对“十五”研究方向产生了重要影响。在国家各部门的大力支持下，我国碳纤维技术研究开始快速发展。在碳纤维制备产业化起步后，师昌绪又瞄准了国产碳纤维的应用，争取专项经费支持开展应用研究。在中国碳纤维事业发展的路程上，师昌绪是当之无愧的灵魂人物。

攻坚克难

在航空发动机中，最核心、难度最大的部件是涡轮叶片，涡轮叶片工作环境极其恶劣，它需要能够长时间在高温、高压的环境下保持数万转的高速运动。需要材料性能和冷却技术的同时提升，当时仅有美国掌握这项技术。1964年初，我国自行设计的歼-8方案中，有人提出采用两台经过改进设计的涡喷7发动机作为动力的双发方案。那么为了提高涡喷7发动机的推力，需要提高涡轮进口温度。时任航空研究院材料与工艺的总工程师荣科提出将实心涡轮叶片改进为空心涡轮叶片，并通过强制冷却的方式提高涡轮的进口温度。当天晚上，荣科找到师昌绪，希望他来承担制造空心涡轮叶片的工作。师昌绪在一篇回忆文章中写道：“我当时就愣住了，什么铸造空心叶片，我从来没见过，也没听说过！”但师昌绪并未过多考虑就接下了任务，“我当时就想，美国人能做出来，我们怎么做不出来？只要努力，肯定能做出来！”很快，师昌绪便组织了攻关队伍，和大家一起日夜奋战。在多方的通力协作下，不到一年的时间，就攻克了难关，研究出中国第一代空心气冷铸造镍基高温合金涡轮叶片，此项科研成果实现了从锻造到铸造的工艺改进和从实心到空心的结构改进，使我国涡轮叶片制备技术得到大幅度提高，而且我国此种涡轮叶片的制造工艺更精巧。

思考题

1. 师昌绪在碳纤维领域作出的贡献及行业专家对其评价说明了什么？

2. 在没有基础的情况下，师昌绪接受制备空心涡轮叶片的工作任务，从中你感受到了什么？

中国铝材之父——邱竹贤

简　介

邱竹贤（1921年4月—2006年7月），有色金属冶金专家，东北大学教授、博士生导师，中国工程院院士、挪威科学院和挪威技术科学院外籍院士。1943年从唐山工程学院矿冶系毕业，先后在四川电化冶炼厂、台湾高雄铝厂从事技术工作，1950年进入抚顺铝厂，承担修复铝厂和培训相关技术人员的工作；1955年调入东北工学院任教。1987年当选为挪威技术科学院外籍院士，1989年当选为挪威科学院外籍院士，1995年当选为中国工程院院士。邱竹贤在融盐理论研究上取得了突出成就，长期从事铝电解工业生产和融盐相关基础理论及应用技术的研究。他的炼铝节电节能技术、降低冶金工业中耗电量的相关研究产生了重要的社会效益和经济效益，被誉为“中国铝材之父”。（图2.7、图2.8）

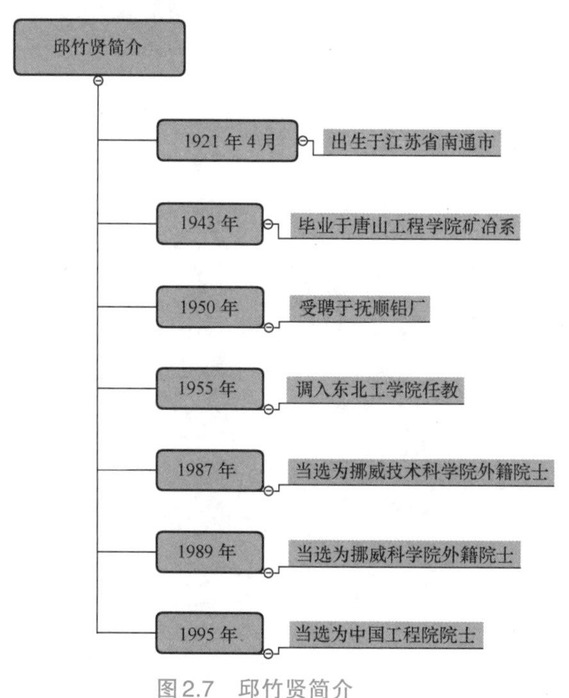

图2.7　邱竹贤简介

我一生中最有意义的事情莫过于炼铝。现在培养炼铝人才开展融盐电化学以及低温铝电解，自当永不停步，勉力以赴。

邱竹贤

1998.5.21

图2.8　邱竹贤及其手迹

专业成就

邱竹贤主要从事铝冶金及熔盐电化学的基础和应用研究工作，在熔盐湿润和渗透、金属雾生成和阳极效应等方面均有研究成果。

冶金工业上铝镁等多种金属常采用熔盐电解工艺制备。邱竹贤提出了熔盐电解理论。熔盐是一种高温离子溶液，高温下具有很强的腐蚀性，导致理论研究工作很难开展。因此很多基本理论在科研领域至今仍未达成共识。邱竹贤与其同事共同努力，形成了熔盐界面现象及界面反应的新学科。在熔盐润湿性方面，揭示了阳极排斥电解液和阴极吸引电解液的基本规律，并运用这一规律解释阳极效应和阴极渗透的机理，这一机理的揭示，可以帮助工业应用领域节省电能和物料消耗，并延长电解槽的使用寿命。

铝工业是个高耗能的行业，因此开发节省电能的冶炼技术是一项有意义的研究任务。邱竹贤研究成功多项节电、节能技术，研究结果产生了巨大的社会效益和经济效益；1988年邱竹贤撰写的论文《铝电解中节能》在美国矿冶工程师年会上发表。这是他的多年研究结果，论文中他分析了世界上24台具有不同型号和不同电流强度的电解槽，从能量平衡计算入手，获得了保持能量平衡、减少电解槽的热损失系数和提高电流效率三条节电的基本规律。

最初的电解铝工艺中，电解槽的电流强度只有2.7万安培，而现在大型电解槽的电流强度可以达到28万～30万安培的电流强度，这使得热损失系数减小1.3伏特，通过邱竹贤的计算方法，每吨铝的电能消耗量可减少4 300千瓦时。邱竹贤的节电理论得到了普遍认可，也适用于其他金属或合金的冶炼。

此外，在低温度铝电解、大型电解槽、惰性电极材料及熔盐应用技术等方面，邱竹贤也取得了创造性的成果；在融盐湿润、渗透、阳极效应和金属雾生成等四种界面现象，均有新的创建。

成长与选择

邱竹贤一生对于炼铝工作情有独钟。在初中时他就有把铝从泥土中提取出来的想法。1935年邱竹贤初中毕业后考上了海门中学，在学校半工半读期间，他借助在校内图书馆做出纳工作的方便条件潜心读书。也是在这样的条件下，邱竹贤有机会接触很多与铝有关的书籍，为炼铝技术的研发奠定了重要的基础。

1938年邱竹贤高中毕业，哥哥鼓励他报考大学。同年秋天他考取了上海国立暨南大学，进入化学系攻读学位，获得公费求学的资格。读书时，他过着清贫的学生生活，由于没有宿舍，他只能和几位同学一起合租一个校外的亭子居住。彼时上海沦陷，学校即将搬迁。他重新参加高考，1939年进入交通大学唐山工程学院（今西南交通大学）矿冶系学习。1937年“七七事变”后学校多次搬迁，1939年学校在贵州省平越古城（今福泉市）复课。也正是在这一年的冬天，邱竹贤和两位同学长途跋涉，从海陆经香港至越南，由滇越铁路到达云南省昆明市，最后从滇黔公路到达学校所在地求学。这个选择对邱竹贤一生产生了重大的影响。贵州省的自然条件对邱竹贤有莫大的吸引力，典型的岩溶地质环境、丰富的铝矿和煤矿资源为邱竹贤的研究探索提供了条件。他在大学生涯中勤奋努力。学校中有茅以升、罗忠忱、何杰、王钧豪、王绍瀛教授等多位名师，他们的高尚品德、渊博的学识和言传身教，对邱竹贤的一生影响很大。在四年的学习生活中，他锻炼了强健的体力，增长了学识，同时树立了发展中国铝熔炼事业的雄心壮志。

1943年，邱竹贤大学毕业后进入电化冶炼厂工作，在锌铜熔炼车间担任技术员。1945年开始从事炼铝研究工作。当时的研究条件简陋，炼铝的原材料冰晶石和氧化铝都是从南京带来的，电解槽同厂房内的铜电解池串联，熔炼的辅助热源只能使用柴火和木炭火加热。又因为原料数量有限，所以只能保持很低的极距来熔炼。由于电流效率很低，所以经过多天的电解实验之后也只得到了少量铝球。在这样简陋的条件下，邱竹贤始终坚持铝冶炼的研究工作。1946年他被调到台湾省高雄市的铝厂，在铝电解车间任工程师。直到1949年上海解放前夕，邱竹贤才返回大陆。1949年12月，原重工业部召开了全国有色金属会议，决定建设和完善中国铝工业，建设山东氧化铝厂、抚顺电解铝厂和吉林碳素厂，并将其列为第一个五年计划的重点工程。在苏联的援助下，1950年新中国第一个电解铝厂——抚顺铝厂——开始筹建，邱竹贤担任计划科科长，主要担任铝厂修复相关工作，同时培训技术人员。当时厂里有很多苏联专家，而邱竹贤作为有炼铝相关经验的唯一的国内工程师，为铝厂的建设工作作出了重要贡献。

在发展炼铝事业的过程中，邱竹贤认识到人才培养的重要性，他开始长期从事冶金教育工作，为国家培养了大批金属冶炼专业人才。1950年，抚顺铝厂举办了铝冶炼训练班，邱竹贤兼职任课，开设了中国最早的铝电解课程。这批学员毕业后都成为铝冶炼行业的专业人才。1955年春，邱竹贤进入东北工学院任教，在轻金属冶炼专业担任轻金属冶炼教研室主任，1966年邱竹贤开始培养研究生，1981年邱竹贤成为全国首批有色冶金专业博士生导师。多年来，邱竹贤在教学过程中精心授课，他的授课内容紧密联系生产实际，有助于提高学生分析问题和解决实际问题的能力，取得了非常好的教学成绩。同时培养了一批硕士研究生和博士研究生，为我国金属冶炼提供了大量专业人才。邱竹贤还重视教材的编写工作。他和研究生一起长期在实验室内开展科研工作，同时又深入全国各地的铝厂了解生产实际，并与国外的企业和研究所开展学术交流，吸取他们的经验。从事科研工作的40多年来，邱竹贤在轻金属冶金方面发表论文150余篇，撰写了《铝冶金物理化学》和《预焙槽炼铝》两本专著，撰写《铝电解》等教材三本，合作翻译了《冶金热化学》等七本书籍。

攻坚克难

1964年我国开始进行熔盐湿润行为研究，但是由于融盐的高温和强腐蚀性，对这个现象的理论研究工作很难进行。研究条件的限制使得此项工作直到1978—1980年才得到恢复。邱竹贤和他的同事一起搭建了一台高温透明电解槽，用于观测铝电解、镁电解以及各种碱金属电解实验，从而分析金属在熔盐界面上的溶解现象，通过摄影机记录金属雾颜色和特征。研究结果发现不同的金属雾呈不同的颜色，得出金属雾由微小的粒子组成，同时具有还原性的结论。由此从量子化学研究出发提出了生成胶体溶液与真溶液的混合溶液观点。

通过这台设备，邱竹贤等人获得了大量实验结果，分析了熔盐的湿润行为。归纳总结了阴极吸引和阳极排斥电解液的基本规律，并通过其解释了熔盐电解中的阳极效应以及阴极渗透机理。这一原理的提出，可以指导炼铝等相关电解工业，延长电解槽使用寿命，达到节能省电和减少原材料损耗的目的。在我国熔盐理论研究方面，邱竹贤是总体学术思想和重要创新点的提出者，依据此他的研究团队先后获得国家教委科技进步奖二等奖、国家教委科技进步奖一等奖、国家自然科学奖三等奖等多个重要科学奖项。

思考题

1. 了解了邱竹贤对中国铝冶金的贡献，你认为我们应该如何树立正确的科学态度？
2. 体会老一辈科学家对我们的寄愿，思考我们有着怎样的时代责任？

大爱无私的钢铁院士——崔崑

简　介

崔崑（1925年7月出生），金属材料专家，华中科技大学教授，中国工程院院士。1948年毕业于武汉大学机械系，1951年进入哈尔滨工业大学金属学及热处理专业学习，1960年担任华中工学院机械工程系金属材料教研室主任，1992年担任华中理工大学国家重点实验室学术委员会筹备组组长，1997年当选为中国工程院院士。他一生矢志于中国的钢铁材料事业。20世纪60年代，崔崑组织起模具钢科研组，解决了无切削工艺所需要的模具钢，20世纪80年代初，崔崑与钢厂合作生产了一种易切削模具钢，钢的成分也有特色，可做多种用途。崔崑的一生为中国特殊钢的发展作出了突出贡献，因此也被人称为“钢铁院士”。（图2.9、图2.10）

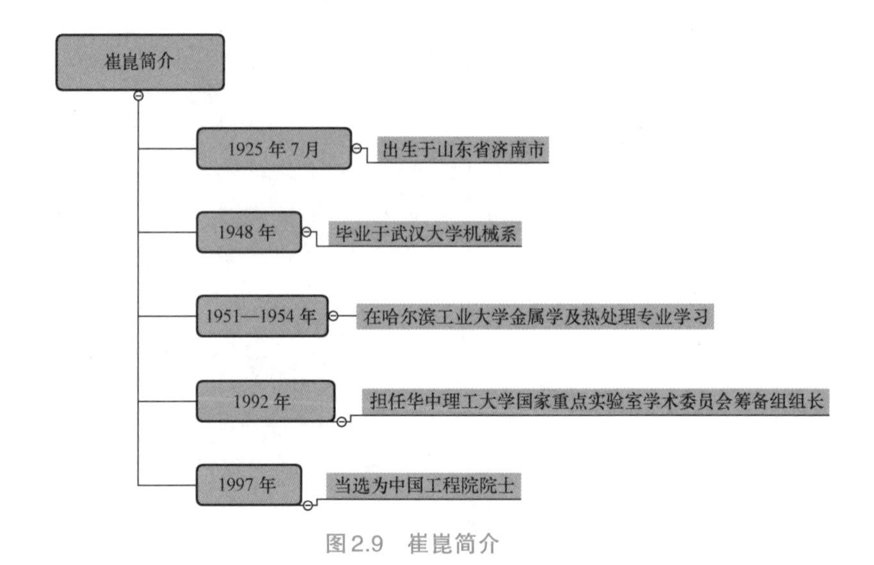

图2.9　崔崑简介

科学技术是不断发展的，必须注意从国家工业发展的需要出发，及时提出新的研究任务和下一步奋斗的目标，敢于创新，才能不断取得新的研究成果。

崔崑
2001年2月28日

图2.10 崔崑及其手迹

专业成就

崔崑50多年来潜心于高性能新型模具钢、钢的合金化、夹杂物工程等多方面的研究，在模具钢领域作出了卓越贡献。他着力解决生产实际问题，针对国民经济发展需要，理论联系实际，开发了多款性能出色的新型模具钢。20世纪60年代，崔崑组织模具钢科研组开展硫系易切削钢中夹杂物的系统研究。研究在硫系易切削钢中单独或者复合引入Ca、RE等元素时钢中易切削相的组成、分布、形貌和变形行为。分析了其对钢的抛光性、易切削性等性能的影响，获得了夹杂物形成的热力学机理。通过模拟技术，研究易切削钢中夹杂物的分类和热变形行为，为研发易切削性奠定了重要基础。

崔崑开发了一系列新钢种，其中含铌基体钢65Cr4W3Mo2VNb性能优异，在韧性等性能方面优于后来的基体钢，此项研究成果在1981年获得国家技术发明奖三等奖；发明的易切削精密模具钢8Cr2MnWMoVS是国内首项易切削模具钢；发明的5NiSCa是一种具有高韧性的易切削塑料模具钢，性能和使用寿命比国际上通用的P20钢和瑞典的718钢要好；开发的热作模具钢HD获得湖北省科技进步二等奖、热作模具钢HDB获得兵器工业总公司科技进步三等奖；研发的高耐磨冷作模具钢GM经过热处理后硬度可以达到64~66HRC，且仍保持很好的韧性，适用于高强螺栓滚丝轮、切边模、高速冲床冲模等。此外，崔崑还开发了时效硬化型精密塑料模具钢、耐磨冷模具钢等钢种。

崔崑高度重视金属材料学等学科的教学工作，推动了我国金属材料学的发展。1987年主编的高等学校试用教材《钢铁材料及有色金属材料》获全国高等学校优秀教材二等奖。2012年完成著作《钢的成分、组织与性能》，至今发表学术论文250余篇。

成长与选择

抗日战争爆发时，崔崑正读初中二年级。毕业于燕京大学、在洋行工作的崔崑父亲毅然辞去“金饭碗”，举家搬迁回到老家济宁。父亲的爱国守节让崔崑一辈子都难以忘记。此时，辍学在家的崔崑没有学上，父亲就当他的老师，教他英语、数学，并且要求十分严格。崔崑在家中边劳动边学习，两年内学完了中学课程。高中毕业后，父亲支持崔崑离开沦陷区，去四川考大学，他要让自己的儿子学业有成、科学救国。经历了当时国家的支离破碎，崔崑也树立了为中华之崛起而读书的信念。1944年早春，崔崑带着家人的殷殷期望，告别亲人，踏上了求学之路。崔崑步行了80多天，从济南走到成都，其间种种磨难都没能打倒他。穿过位于河南商丘附近的封锁线，踏过“雷区”，兵荒马乱中逃到洛阳；饥寒交迫中，冒着生命危险扒上火车头，沿线火车头冒出的黑烟把他熏成了黑人。从西安到达成都的时候崔崑已经身无分文，他只好白天到成都附近的空军基地做临时工，晚上继续苦读准备报考大学，到了各大学张榜公布录取成绩的时候，崔崑被三所名牌大学同时录取。最终他选择了在抗战时期搬迁到四川乐山的武汉大学机械系。进入大学后，崔崑依然坚持认真学习，保持机械系第一名的好成绩，毕业后留校任教。

1958年，崔崑开始攻读金属学及热处理专业，进入苏联著名的莫斯科钢铁学院学习。在异国他乡，他学习愈加勤奋。他的心中只有一个想法：学好技术，回国造出我们自己的模具钢。当时中国的工业技术水平落后，高性能模具钢领域一片空白，只能通过高价进口昂贵的模具来保证生产加工。1960年崔崑学成回国，在条件极度艰苦的条件下开展高性能模具钢的相关研究。实现了从无到有，从小到大的过程。在崔崑和研究人员的长期努力下，多种新钢种冶炼方案技术被开发，成功获得了一系列特殊钢，如含铌基体钢、易切削精密模具钢、高耐磨冷作模具钢等，均属于国内外首创。在此期间，崔崑主持承担了国家和省部级科研项目20项，开发了10种新型模具钢，1981年至1991年连获3项国家发明奖，获得省部级以上奖励15项。这些钢种的发现还产生了很大的经济效益，在我国数百家工厂应用后，解决了许多生产难题。

攻坚克难

中华人民共和国成立初期，高效能、高寿命的模具钢在国防、国民经济中占有十分重要的位置，国内在这方面的研究属于空白，国家不得不用大量外汇进口比普通钢贵10倍的模具钢。1960年，崔崑从苏联学成归来，雄心勃勃的他向全世界高呼：“中国一定要有自己的特殊钢，一定要赶超世界水平!”

要开展特殊钢的研究并不是一件容易的事情，更何况是在当时的中国——没有设备和资料，缺少科研工作人员。但是这些并没有将崔崑吓倒，他坚信奇迹是可以创造出来的。1963年开始，他带着教研室的老师们建熔炼炉、盐浴炉，搭建热处理实验室。在当时的条件下，控制盐浴炉的温度只能靠人工监控。崔崑带头坐在1 200 ℃的浴炉旁，眼睛盯着毫伏示仪表，手指按着控温开关，控制温差不能超过3~5 ℃，一次熔炼经常是几天几夜。崔崑经常和工人一起干活，被他们亲切地称呼为“我们工人的教授”。一次武汉下暴雨，洪水漫进实验室，崔崑第一个跳进洪水中抢险，这让现场的工人们非常感动，困难远不止出现在实验室中。20 世纪 80 年代，交通远没有现在便捷，没有飞机，高铁等交通工具，每次有新钢种出产，年过六旬的崔崑便背着沉重的新钢种，乘坐火车硬座，甚至有时候买不到座票只能买站票，赶往北京、哈尔滨、洛阳等地的工厂试用。在火车上为了减少频繁上厕所带来的不便，崔崑便尽量让自己不喝水。在研究过程中，崔崑和他的团队永远坚定“创新为上”这一科学态度。经过十余年的努力奋斗，崔崑和同事们克服困难，攀登技术高峰，终于在科学的春天里实现了自己的诺言，获得了一系列特殊钢，并迅速在汽车、手表、航天、电子、轻工等行业推广应用（图 2.11）。

图2.11　崔崑带领学生学习

思考题

1. 针对崔崑提出的“中国一定要有自己的特殊钢，一定要赶超世界水平！”，我们有什么感悟？

2. 了解了崔崑的求学经历，我们是不是更应珍惜大学的学习时光，不让韶华虚度？

传奇“钢铁工长”——李依依

简　介

李依依（1933年10月出生），金属材料与冶金科学家，中国低温及核结构材料领域的主要学术带头人，中国科学院金属研究所研究员，中国科学院院士。1957年毕业于北京钢铁学院（今北京科技大学），毕业后进入辽宁本溪钢铁厂工作。1983年受聘为国际深冷材料学会理事，1993年当选为中国科学院院士，1990年到1998年任中国科学院金属研究所所长，1999年入选第三世界科学院院士。2016年获得中国金属学会冶金科技终身成就奖。李依依先后从事过新材料研究、大型铸锻件可视化制备技术研究、抗氢合金研制和材料的制备与显微组织之间交互关系等相关研究。开发了六种抗氢钢及合金系列，为我国低温高压和抗氢脆合金的研究作出了突出贡献。（图2.12）

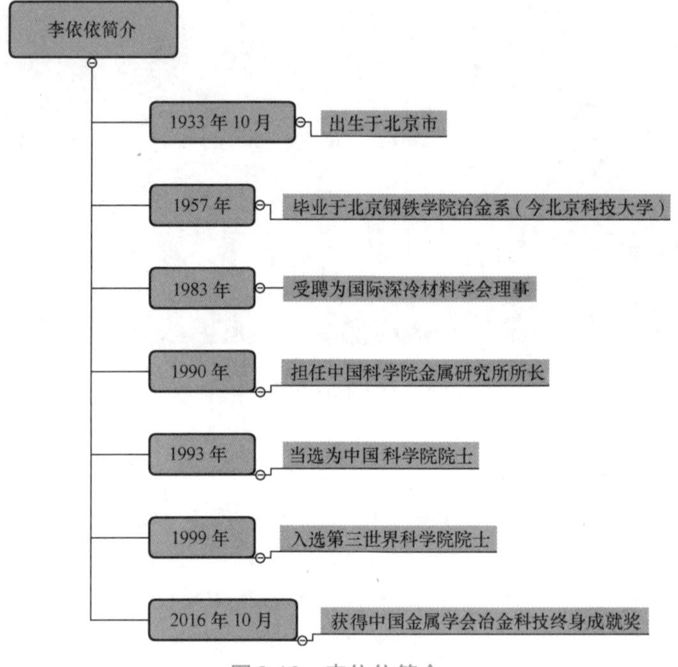

图2.12　李依依简介

专业成就

李依依在人生的黄金时期最大限度地释放着能量，支持和参与了多项国家重点攻关项目，完成了六种强度级别的抗氢钢系列，推动我国在低温抗氢材料研究领域跻身世界先进行列，在新材料开发和理论研究领域作出了突出的贡献。

（一）研究了金属中氢的扩散与渗透行为，提出高压气相热充氢的技术路线，探究氢和低温对马氏体相变的影响，分析微重力下的合金相变行为等规律，在基础理论和工程应用研究中提出了许多创新的学术观点。

（二） Fe-Mn合金中ε相和α′马氏体的金相鉴定研究工作。用低温电镜实验观测到马氏体形核长大的层错重叠过程的极轴机制，这是国际上首次实现这一实验观察。与同事合作研究获得了12个等温截面的铁锰铝相图，此项工作获得1982年国家自然科学三等奖。

（三） 金属材料冶炼加工过程中引入氢会产生氢脆现象，研究抗氢脆的金属材料一直是国内外的研究焦点。李依依作为组长，承担了“六五”国家重点攻关项目“抗氢压力容器用钢”，自行设计研制了高压高纯热充氢、气相氢渗透等氢测试的6种仪器，提出了氢损伤评价方法，确定了抗氢钢中的冶炼加工工艺。1986年获中国科学院科技进步奖一等奖，1987年获国家科技进步奖二等奖。“七五”期间，李依依承担了国家重点攻关项目“高强度抗氢脆钢”的研究，以Fe-Cr-Ni-Mn-N钢为主攻对象，提出以高氮含量控制冶炼工艺，解决了试样中的流线及异常断裂问题，确定了氮化铬导致样品钢韧性不足。该成果获得1991年国家科技进步二等奖。

成长与选择

李依依出身于一个知识分子家庭，是一个面容清秀、身材娇小玲珑的女性。然而正是这样一个女性，却和钢铁打了一辈子交道，这与她坚韧不拔，永不服输的性格有关。1953年，中华人民共和国正处于社会主义建设恢复发展时期，此时李依依即将从北京师范大学附属中学毕业。正值青春年华的李依依受到社会感染，在选择大学报考志愿时，她向往着能像男同志一样从事光荣艰苦的工作，能够用自己的实际行动为国家的繁荣作出贡献。

她第一志愿报考了北京钢铁学院冶金系并被录取。经过四年的学习后，李依依进入了本溪钢铁公司第一钢铁厂实习，开始从事她心目中认为是最壮丽的高炉冶炼工作。在与工人师傅共同劳动学习的时间里，她们建立了深厚的感情。毕业后她带着梦想留在了本钢，成为中国第一批高炉女工长，从此每天都是一身工作服，头戴工作帽，三班倒地在高炉前工作。她时常利用上班前的时间为工人们讲授文化知识和炼铁技术理论，具有丰富学识的李依依青春且充满活力，她为单调辛苦的冶炼工作增添了鲜活的色彩，得到工人师傅的热烈欢迎。

1960年，被充实理论知识和丰富实践经验武装的李依依服从工作安排，进入了中国科学院金属研究所工作。离开火红的高炉，步入知识的海洋，李依依凭借智慧和毅力，创造了一个又一个奇迹。连续主持和参与了多个国家五年计划科技攻关课题，完成了六种强度级别的抗氢钢系列研究。在合金成分设计、热处理工艺及相确定等工作上提出了大量的科学思想和技术路线，并组织人员开展实施，开发了Fe-Ni-Cr、Ti-Al、Fe-Mn-Al、Ti-Ni等十余种合金，为我国抗氢脆合金的研究作出了巨大贡献。

1990年李依依担任中国科学院金属研究所所长，中国科学院的女所长屈指可数。中国科学院金属研究所是中华人民共和国成立后创建的首批研究所之一，在国内外有着重大影响。李依依觉得之前的几届所长工作都做得很好，她这一届不能落后。就是怀揣这一朴实的想法，李依依带领金属研究所的成员学习摸索，立志要将金属研究所建成具有国际一流水平的材料科学研究基地。1992年，中国科学院金属研究所贷款了6 000万元在沈阳开发区和南湖科技开发区购地4.7万平方米建造高科技企业群。这是李依依和所里的领导班子一起充分论证、大胆决策的，体现了她的勇气和打破陈规的创新意识。

攻坚克难

1982年，李依依主持承担了“抗氢压力容器用钢”的国家攻关课题，召集了所内外三个单位的80多位科技人员组成联合攻关小组开展相关研究工作。这一研究内容对实验条件的要求极为苛刻，但是当时金属研究所的条件远达不到要求。课题组既没有实验设备，又缺少实验资料，这使科研工作的开展面对重重难关。李依依没有被吓倒，她事事亲力亲为，白天调研和设计研究方案，晚上查阅资料，经常睡觉做梦都是实验相关的内容。实验用到的高压高纯氢是易燃易爆气体，危险性很大，在最开始没有实验条件的情况下，她和大家一起完成摸索实验，严格把关，建立了高压氢防爆实验室，提出了全新的分析技术路线，自行设计制备了6种仪器装置。实验涉及一种需要从国外进口的设备，设备昂贵且需要较长的购买安装周期，为了节约成本和时间，李依依和课题组的同志们经过努力，提出了研制高压高纯热充氢装置的实验方案，自己动手制作设备，仅用8个月时间就获得了第一批研究测试数据，为抗氢压力容器用钢的研究工作奠定了实验基础。这套装置经专家鉴定为是一项具有国际先进水平的设备。

三峡工程700兆瓦水轮机组所用的不锈钢水轮机转轮直径达到了10.8米，质量约为430吨，而其所用的不锈钢铸件上冠、下环、叶片在当时主要依赖于进口，限制了我国大型水电机组装备的国产化进程。李依依了解到情况后主动承担重任，加强产学研结合，与鞍钢重型机械有限公司、大连重工华锐集团有限公司联合开展大型铸件研究工作。系统研究了转轮上冠、下环和叶片各个铸件所用材料及其铸造、热处理及焊接工艺等。中国科学院金属研究所起草了《三峡700兆瓦级水轮机转轮马氏体不锈钢铸件技术规范及其说明》，经各有关单位多次讨论修改及协调后上报。目前我国700兆瓦以上的水轮机用材的订货技术条件已采用该规范。

2007年李依依作为项目顾问，领衔了CRH5型高速列车转向架材料国产化项目。经过对国外相关标准及材料的剖析，掌握了关键零部件的加工工艺及铸造工艺，达到了国际同类材料的先进水平。特别是能够满足我国气候的地域要求，实现了CRH5型高速列车转向架材料国产化，为时速300~350千米高速列车提供材料和技术储备工作。2019年，李依依又主持研发、由伊莱特能源装备股份有限公司制造的中国核电用巨型不锈钢环形锻件，成功地解决了大型金属锻造母材成分偏析问题，此时的李依依已是依稀白发。然而作为一名学科带头人，一名科研工作者，李依依仍然精力充沛、热情洋溢，孜孜不倦探索着真理，书写着她辉煌的人生。

思考题

1. 李依依身上有什么值得我们学习的品质和精神？

2. 李依依从中国第一批高炉女工长成为中国科学院院士，你如何看待这一身份的变化？

到祖国最需要的地方去
——涂铭旌

简　介

涂铭旌（1928年11月—2019年1月），材料学家，四川大学教授，中国工程院院士。1951年毕业于同济大学机械系，1955年获北京钢铁学院金属材料系硕士学位。1958—1988年在西安交通大学任教；1988年8月任成都科技大学高新技术研究院院长；1995年当选为中国工程院院士；1999年任四川大学教授和稀土及纳米材料研究所所长；2008年，受聘为重庆文理学院教授、学校发展战略顾问。（图2.13）

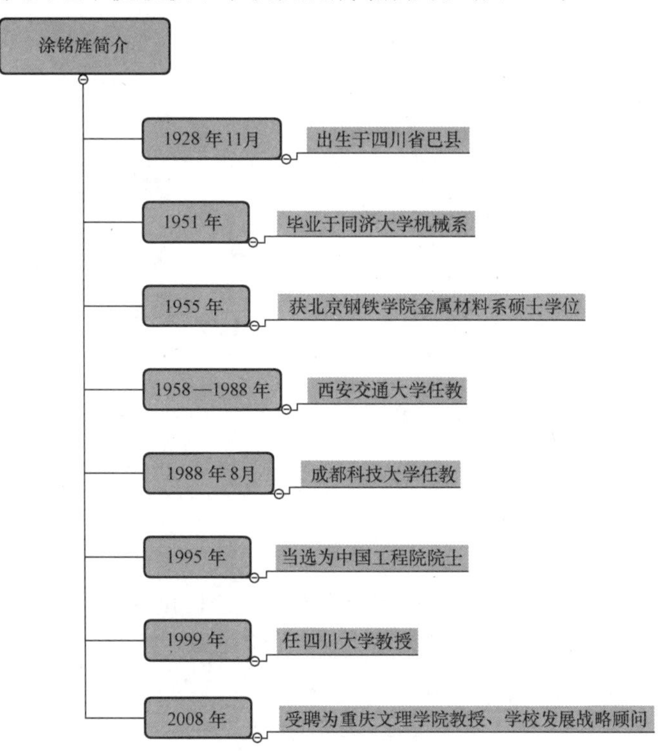

图2.13　涂铭旌简介

专业成就

涂铭旌主要从事金属材料强度与断裂、稀土钒钛功能材料及纳米材料等的科学研究和人才培养工作，在以下工作方面上作出了重要的贡献。

（一）涂铭旌前期主要从事金属材料及热处理，材料强度与断裂等领域的研究工作，参与了低碳马氏体的应用研究、铁素体和耐热钢的高温强度研究及液体金属对钢及耐热合金的强度和塑性影响研究等相关工作。与中国科学院院士周惠久一起开创的金属材料强度理论主要强调“从服役条件出发”的核心内容。与20世纪60年代初国际学术界评价极高的美国知名教授Cohen提出的“四面体”理论有着异曲同工之处。在金属材料强度潜力应用等多个研究领域，涂铭旌获得了多项国家和省部级奖励。

（二）1988年二次创业的涂铭旌开始研究功能材料及纳米材料。主要包括稀土发光，稀土永磁等材料、稀土贮氢合金、电磁波屏蔽复合涂料的相关研究。开展了混合稀土在机械和冶金行业中的应用等多项研究工作。针对四川经济发展提出了一系列的合理化建议，产生了经济效益和社会效益。

（三）2008年涂铭旌开始第三次创业，在重庆文理学院建设新材料交叉学科集群。（图2.14）

图2.14　涂铭旌及其手迹

成长与选择

1928年，涂铭旌出生于四川省重庆市巴县（今巴南区）。涂家是清贫之家，涂铭旌承载着母亲的殷切期望，勤学奋进，他在家人的全力支持下，苦学不辍，考入了同济大学附属中学。最初的涂铭旌只想做一名教书先生。1938年，“重庆大轰炸”惨案的发生，更加激起了涂铭旌内心深处深深的爱国热情。他立志要做工程师或者科学家，1947年涂铭旌考入同济大学机械系，开启了他六十余载的材料人生。

1958年，而立之年的涂铭旌响应国家号召前往西安交通大学开展金属材料学科建设，这是他材料人生中的第一次创业。1988年8月，60岁的涂铭旌，再度西迁，出任成都科技大学高新技术研究院院长，在功能材料方向开展研究。在他的带领下，成都科技大学金属材料学科披荆斩棘，闯出了一条光明大道，这是涂铭旌的第二次创业。初到成都科技大学时，学校的金属材料学科相比西安交通大学基础差很多。没有实验室，没有科研项目，缺少科研经费。涂铭旌为了学科发展，四处联系企业和科研单位开展项目合作，为学校磁性材料领域的发展打下了坚实的基础。2008年，已是耄耋之年的涂铭旌开始了第三次创业，前往重庆文理学院出任发展战略顾问。面对只有4个人，设备短缺、资金匮乏的实验室，涂铭旌义无反顾。从规划蓝图到指定研究方向，从设备的选型购买到安装调试，从项目的申请到执行，他总体设计，积极推动。在他的努力下，重庆市高校微纳米材料工程与技术重点实验室、微纳米光电器件协同创新中心和重庆文理学院新材料技术研究院都顺利建成。（图2.15）

图2.15 涂铭旌（左）指导学生开展研究

涂铭旌科研突出且富有韬略，被大家誉为“国学院士”。他喜爱读书，在同济大学读书时被同学称为“读书匠”。他喜好思辨哲学，喜欢钻研纵横捭阖和儒道经典，熟读《孙子兵法》，喜欢“知彼知己，百战不殆”这句名言，并将其应用于科研领域，认为掌握科技必须要了解对手，了解最新学科的进展，了解自己的特长，这样才能促进科研的发展。“科技需要七分技术，三分艺术。”涂铭旌喜欢结合科学和哲学的思维方法，将其用于突破科研难关、拓宽科研领域等工作上；涂铭旌在西安交通大学工作期间，自学了科学学、科技哲学、科学方法论、自然辩证法和突变论、耗散结构论等内容。涂铭旌总结出了“人无我有、人有我新、人有我精、人有我廉、人多我走”的科学创新四字经，他突破性将传统文化与创新科技融合，得出“竞争艺术来自智慧、来自科学的计谋”等观点，并归纳出科技辩证思想、创造发明思维和科技竞争谋略等理论。

思考题

1. 马克思主义世界观和方法论在科技发展领域有哪些作用？
2. 结合涂铭旌的“三次创业”经历，谈谈你的体会。

悠悠赤子心，殷殷报国情——葛庭燧

简　介

葛庭燧（1913年5月—2000年4月），金属物理学家，国际滞弹性内耗研究创始人之一，中国科学院院士。1937年从清华大学毕业，1940年在燕京大学获得物理学系硕士学位，1943年在美国加利福尼亚大学伯克利分校获得物理学博士学位，1946年葛庭燧创制了扭摆仪，用于研究“内耗”，国际命名为“葛式扭摆”。1947年用该仪器发现了晶粒间界内耗峰，由此葛庭燧阐明了晶粒间的黏滞性质，这项研究奠定了滞弹性内耗的理论基础。1949年11月葛庭燧回到中国，1951年加入九三学社。1955年被评为中国科学院院士，1979年加入中国共产党。葛庭燧在晶界弛豫、非线性滞弹性内耗、位错阻尼等领域取得了突出的研究成果。先后获得内耗与超声衰减领域的甄纳奖，桥口隆吉材料科学奖，TMS学会的罗伯特·富兰克林·梅尔奖和“何梁何利”基金科学与技术进步奖等多项奖励。（图2.16、图2.17）

图2.16　葛庭燧简介

图2.17 葛庭燧

专业成就

葛庭燧主要从事固体内耗、晶体缺陷和金属力学性质研究，是国际上滞弹性内耗研究领域创始人之一，取得了众多的专业成就。

（一）“葛氏扭摆”仪的发明：用声频测量金属晶界的力学性质。因为晶界弛豫出现在很高的温度，所以获得晶界弛豫的全貌是一个很难实现的问题。葛庭燧用赫兹的扭摆代替传统的用弹簧片振动的测量。其装置结构如下：利用一个带摆锤的摆杆，上面固定一个小镜子，当摆锤来回扭动时，摆就震动；又利用一个光点源，将光射到小镜子上，由于小镜子随摆振动，其反射的光也来回振动，而反射光点则通过一个带刻度的尺接受下来。这种扭摆振动频率不高，每秒一赫兹，可以十分准确地测定振动次数及振幅衰减。就这样他发明了现在国际上广泛应用的低频扭摆内耗仪——“葛氏扭摆”。“葛氏扭摆”可用来方便地测量内耗与温度的函数关系，从而获得与众多物理化学过程联系的激活能，通过内耗的宏观测量获得试样的内部结构信息。在此基础上，葛庭燧发明了许多内耗测量仪器。

（二）金属晶界、点缺陷、非线性位错等内耗研究：1947年葛庭燧用“葛式扭摆”仪，在多晶铝中观察到由晶界应力弛豫所引起的内耗峰，这是首次观察到此峰，因此被命名为“葛式内耗峰”，葛先生的研究工作证实了晶界黏滞滑移弛豫强度与Zener滞弹性理论推导结果完全一致，并且将晶界黏滞系数外推至金属熔点时，与在该温度下实测黏滞系数一致。1964年他和他的学生一起，提出并解释了溶质原子气团与位错弯结“跟、曳、甩”的模型。葛先生是第一个证实晶界滑移的基本过程是原子扩散过程的学者，并提出了“无序原子群”模型。他的这些研究成果奠定了“滞弹性”这个领域的理论基础。

成长与选择

1913年葛庭燧在山东省烟台市出生，葛庭燧的父亲从小对葛庭燧讲述义和团如何英勇奋战的故事。这对幼小的葛庭燧产生了深刻的影响，爱国的种子在他的心中生根发芽。进入清华大学物理系学习的葛庭燧积极参加各项爱国学生运动。尤其受胡乔木等人爱国热情的影响，1935年他参加了“一二·九”运动，加入中华民族解放先锋队。这是由中国共产党创办的一个组织，葛庭燧在其中任中队长。1938年，葛庭燧进入燕京大学物理系攻读研究生，并担任助教工作，在此期间他隐秘地为前线的抗日战士提供宝贵的物资和先进的科学资料。之后，葛庭燧从冀中回到北平，一边读书研究，一边继续通过秘密渠道为抗日游击队服务，直至1941年8月赴美国加利福尼亚大学伯克利分校攻读博士学位。

在美国求学和工作期间，葛庭燧也念念不忘苦难中的中国。1949年2月，留美中国科学工作者协会芝加哥分会建立，葛庭燧担任理事会主席，为推动留美学生回到祖国做了大量工作。

1949年，留美科协在芝加哥举行庆祝中华人民共和国成立大会，有打手在会上捣乱，葛庭燧冒着生命危险，在会场举起了一面鲜艳的五星红旗，让许多留美同胞第一次看到了祖国的国旗。随后葛庭燧放弃了优越的工作和生活环境准备回国。1949年11月，葛庭燧偕夫人及子女辗转回到祖国。(图2.18)

图2.18　葛庭燧与叶笃正在美国芝加哥

攻坚克难

1952年10月，葛庭燧举家离开北京前往沈阳，参加中国科学院金属研究所的筹建工作。

1980年7月，67岁的葛庭燧再次服从组织决定，到合肥负责筹建固体物理研究所。刚开始研究所的科研条件很差，葛庭燧带领老中青三代科研人员，以“摸爬滚打、勤俭建所”为口号，从无到有，打通了中国固体内耗研究事业走上通往国际学术舞台的道路。无数个日夜的辛苦付出，不分黑白，无论节假日。他对学生们说，只要我们有吃大苦、耐大劳的精神，就一定能建起一个很好的固体物理研究所。

除了令人瞩目的科学成就外，葛庭燧在科研人才的培养方面也做了大量的工作。“在现代科学书籍里，能找到几个中国人的名字?”这是20世纪40年代初葛庭燧在美国工作时常听到的言论，每次听到这样的讥讽，他都感觉到自尊心受辱，立志要改变这种状况。因此他刻苦努力，奋发进取，在他的研究领域为中国人争得了一片天地。1980年，他再次回到美国时见到了许多老朋友，又听到大家议论说，当时国际科学界著名的中国科学家都是在外国培养的，成果也出在外国。听到此，他深深地认识到了本土科研人才培养的重要性。于是葛庭燧把人才培养工作当成了他的主要任务之一。为祖国的建设和发展培养出一流的研究人才成为他的奋斗目标。在1989年举办的第九届国际固体内耗与超声衰减学术会议收录的论文中，有超过三分之一的论文都是葛庭燧和他的学生们的成果。

思考题

1. 如何理解在留美科协举行的庆祝大会上，葛庭燧冒着生命危险，在会场举起了一面鲜艳的五星红旗的行为?

2. 年近七十的葛庭燧再次服从组织安排，前往合肥筹建固体物理研究所。从这个决定中，你能体会到葛庭燧的什么品质?

为科学奋斗一生的院士
——郭可信

简　介

郭可信（1923年8月—2006年12月），物理冶金学家、晶体学家，中国科学院物理研究所研究员，中国科学院院士。1946年毕业于浙江大学化工系，1947年赴瑞典公费留学，先后在瑞典皇家工学院物理冶金系、乌普萨拉大学、荷兰皇家工学院物理化学系学习。1956年回国进入中国科学院金属研究所工作。曾任中国科学院金属研究所副所长，中国科学院沈阳分院院长，辽宁省科协主席，中国科学院北京电子显微镜开放实验室主任。1980年当选为中国科学院院士，同年获得瑞典皇家理工学院荣誉博士学位。主要从事晶体结构、准晶及晶体缺陷方面的工作。与他人合著《电子衍射图》和《晶体对称》著作，编著了《高分辨电子显微学》。1987年因五次对称准晶的发现工作获得国家自然科学奖一等奖。此外，在1992年获得“国家教委自然科学”一等奖，1993年获“第三世界科学院物理奖”，1994年获“何梁何利”基金科学与技术进步奖。（图2.19、图2.20）

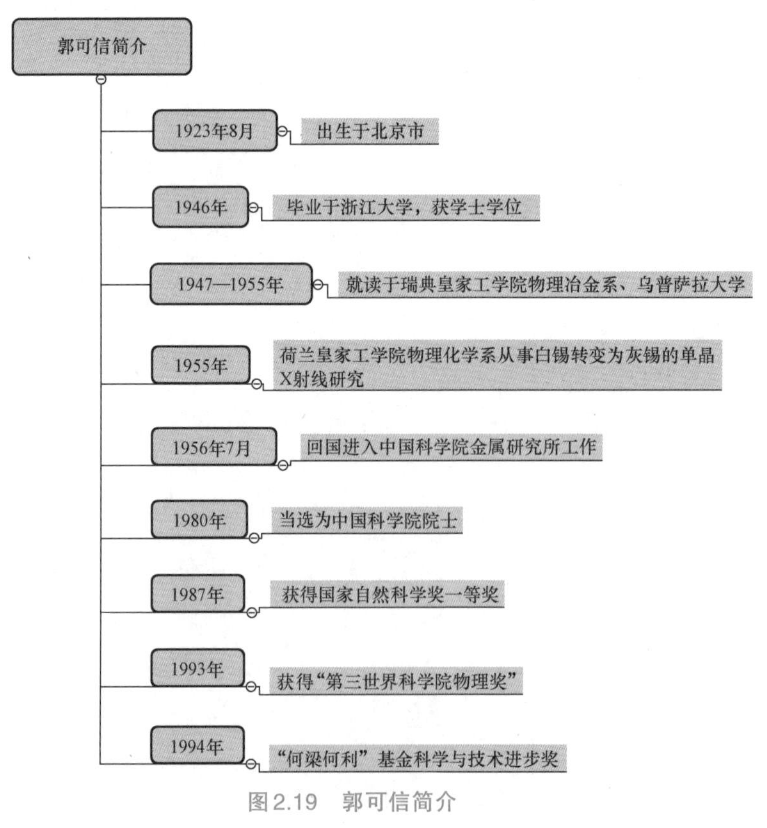

图2.19　郭可信简介

图2.20　郭可信

专业成就

郭可信主要通过电子显微镜技术，开展晶体结构、晶体缺陷及准晶方面的研究。建立了α铁素体的金相学，分析了合金钢中碳化物的析出及α铁素体的转变过程。在国内较早开展了电子显微镜衍射与高分辨像的研究，并在位错观察方面获得新成果。运用高分辨像发现了一系列的晶体结构，并观察到位错、层错等晶体缺陷的原子像。

1984年，郭可信团队发现了一个新四面体密堆相——C相。该相的电子衍射花样中间是正常的二维衍射点列，外围有10个旋转对称的强斑点，考虑到电子衍射花样本身具有对称中心，这属于五次旋转对称花样，这种旋转对称属于“反常衍射现象”，违反经典晶体学的对称定律。对于这个实验观察上的突破，郭可信团队认真推敲，认为这是合金相中二十面体团簇取向相同导致的，并进一步计算了单个二十面体团簇的傅里叶变换图谱，完美地对应了实验观察到的10个旋转对称的强衍射斑点。1984年底，郭可信团队又获得了$(Ti_{0.9}V_{0.1})_2Ni$及Ti_2Ni的五重旋转非周期电子衍射图。到1985年初，郭可信团队在做大角度倾转电子衍射实验时，又发现了三重及二重对称电子衍射图，轴夹角关系也符合二十面体对称，这一结果在国际学术界产生重要影响，被称为“中国相”。

成长与选择

提到郭可信，就不难联想到我们国家的科学家与诺贝尔奖的一次失之交臂。2011年的诺贝尔化学奖得主是以色列科学家达尼埃尔·谢赫特曼，奖励其在准晶发现过程中的贡献。1984年11月，谢赫特曼及合作者在《物理评论快报》杂志上发表的论文，题目为《一个具有长程取向有序而无平移对称的金属相》，这篇文章通过电子显微镜获得了铝锰合金的一系列电子衍射图，并发现了具有五次对称的准晶体结构。而几乎同时，郭可信先生的学生张泽，在过渡族金属合金中单独找到五次对称电子衍射图。长期以来这件事情一直是国内外科学界研究领域的一个话题。郭可信曾公开表态，他说：“显然，谢赫特曼等与我们做的是同一类实验，他们用的是铝锰合金，我们用的是钛镍合金。他们的论文发表在前，我们发表在后。事后我才知道，谢赫特曼在1982年为了发展高强度铝合金，采用急冷凝固的工艺迫使更多的锰固溶在铝中。那时他就偶然得到了五重对称电子衍射图，为此，他请教了冶金学权威Cahn教授，得到的答复为：这是五重孪晶的复合电子衍射图。谢赫特曼没有被说服，继续做细致的电镜实验，才终于在1984年肯定它是二十面体准晶。当然，我们的镍钛二十面体准晶是独立的发现，并且也是在发展高温合金过程中的偶然发现。”郭可信对待科学、对待荣誉的态度一直都是科学容不得半点虚假。

郭可信非常重视人才培养，特别是青年人才的培养工作。郭可信桃李满天下，为我国的材料科学、晶体学和电子显微学的发展培养了一批优秀人才。恢复研究生制度以来，他培养了100余名研究生，其中叶恒强、张泽两人也当选为中国科学院院士。作为郭可信的大弟子，叶恒强回忆起自己的导师他说，在外人看来郭老师很严格，但是在他眼中恩师对学生总是充满爱意，亲自督促指导学生学习。

郭可信不但关心青年一代，更是一直心系中国电子显微镜事业的发展，很早就意识到了提高我国电子显微镜水平的一大关键是进行国际交流，在郭可信先生任中国电子显微镜学会理事长的十余年中，开展了各种学术活动，让电子显微镜学工作者拥有学习知识、提高实验水平、沟通科学思想、探讨新问题的机会。除了在国内组织学术会议，郭可信先生还尽力帮助大家走出去，到国外参加重要的学术会议。

国际研讨会会议后大多都会出版论文集，郭可信先生也常常担任主编兼编辑，当时绝大多数的参会者第一外语并非英语，论文出现不少的拼写或者格式错误。郭可信先生会细细研读每篇论文，亲自作出细致的修改。郭可信先生说文集中的每篇中国人写的论文都代表着中国，不能丢脸。他出版和参与编辑的论文集有十多卷，可想而知需要付出多么大的心血。他为发展我国电子显微学事业发展作出的卓越贡献都是有目共睹的，他对这份事业的热爱和他的精神也将永远激励着后人。

攻坚克难

郭可信先生1946年从浙江大学化工系毕业后参加公费留学考试，1947年秋前往斯德哥尔摩瑞典皇家理工学院求学，师从冶金系的赫特格林教授。赫特格林教授是美国金属学会荣誉会员，主要从事钢锭凝固过程中气泡的形成、逸出及由此造成的偏析行为。所采用的研究手段主要是金相观察法对其宏观组织结构进行观察。郭可信对这种简单的研究手段并不感兴趣，他开始学习X射线晶体学，并对合金碳化物进行X射线衍射分析。由此，他和指导老师之间的分歧越来越深。1950年，郭可信放弃了3年多的研究成果、在读学位和经济收入，离开了瑞典皇家理工学院。转到了乌普萨拉大学无机化学系，开始X射线衍射技术研究合金结构的工作。“吾爱吾师，吾更爱真理”，面对作为金相学权威的导师，郭可信勇敢表达了“我不相信你那一套方法”，坚定了自己的科研想法，这是需要极大的勇气的。1952年的《自然》杂志刊出了郭可信与黑格教授合写的论文，一段时间里，他的主要科研工作集中在高速钢中的碳化物和红硬性方面，研究了一系列合金碳化物的析出过程和结构，发表了论文20多篇。1980年，瑞典皇家理工学院授予郭可信技术科学荣誉博士学位，这表明郭可信取得的科学成就得到了世界公认，也可能是他们对郭可信的一个补偿，当时全世界冶金界获此殊荣的仅有3人。

1956年响应党的“向科学进军”的号召，身在异国他乡的郭可信先生毅然回国，投身到社会主义建设中。回国后他首先来到了中国科学院金属研究所工作。20世纪50年代中期，电镜研究手段被广泛用于晶体缺陷和相变的研究。受到晶体平移周期性的限制，传统的晶体学理论认为五次旋转对称是不存在的。20世纪80年代初期，郭可信团队在合金钢精细结构的研究中观察到的实验现象，与块体晶体不存在五重旋转对称的观点相悖。1982年，中国科学院金属研究所引进了一台高分辨电镜，这台电镜为郭可信高分辨研究工作提供了条件。1984年郭可信团队发现了准晶。这一观点的提出遭到了国际知名学术权威鲍林的反对，他认为五次对称不是准晶而是孪晶。鲍林是诺贝尔化学奖与诺贝尔和平奖的获得者、被称为“20世纪最伟大的化学家”。他在《自然》杂志发表通讯，批评准晶的发现是“胡说八道”，并在美国科学院院刊上接连发表文章，坚持孪晶之说。面对自己非常尊敬的科学家的质疑，郭可信坚持了真理。用大量准晶的发现及其高分辨象的非周期性特征，以及在急冷锆镍合金中所获得五次孪晶的高分辨象证明了五次对称准晶不是孪晶，并发表论文“是准晶，还是孪晶?”郭可信敢于向权威挑战的胆识是可贵的。(图2.21)

图2.21　郭可信与其著作《准晶研究》

思考题

1. 体会郭可信对科研的精神，你认为我们应该通过什么样的方式树立正确的科学态度？

2. 体会老一辈科学家对我们的寄愿，思考我们有着怎样的时代责任？

立志报国的钢铁大师
——柯俊

简　介

柯俊（1917年6月—2017年8月），材料物理学家、科学技术史学家，中国金属物理、冶金史学科奠基人，中国科学院院士，1938年获得武汉大学学士学位，1948年获得英国伯明翰大学自然哲学博士毕业，1953年离开英国回到祖国的怀抱，1954年，在北京钢铁学院（今北京科技大学）任教。1980年当选为中国科学院院士。1984年和1988年分别获得加拿大麦克麻斯特大学和英国萨瑞大学荣誉博士学位。柯俊坚持钻研金属材料的基础和理论研究，独特性地开创贝茵体相变切变理论，发展马氏体相变动力学，开辟了冶金材料的新篇章，令定量考古冶金学向前迈进了一大步。因为他首次发现贝茵体切变机制，是贝茵体切变理论的创始人。（图2.22、图2.23）

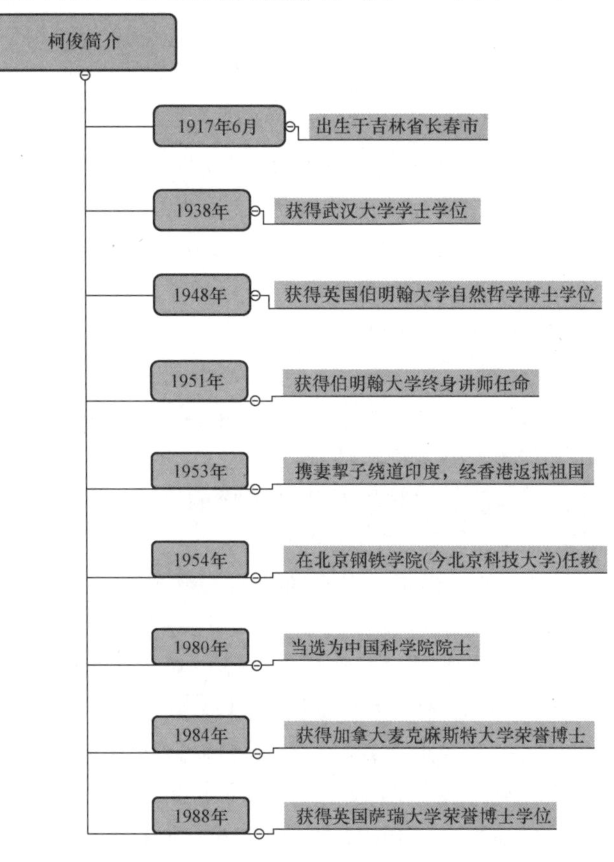

图2.22　柯俊简介

图2.23　柯俊

专业成就

柯俊主要从事合金中的相变研究。在钢中首次发现了贝茵体切变机理。具体成就包括：

（一）提出贝氏体切变理论：20世纪50年代以前，国际金属学界都认为贝氏体转变是由钢中的原子扩散控制的。1951年，柯俊首次发现并明确提出：钢在固溶体分解发生相变时，贝氏体受溶质变化控制，进行切变位移运动。这一重要研究成果一经发表便在国际上引起巨大轰动，相应地形成了研究该现象的主要学派——切变学派。1956年柯俊先生关于钢中奥氏体中温转变机理的研究工作获得国家自然科学奖三等奖。这是北京钢铁工业学院建校以来的第一个国家级科研奖。

（二）研究发展马氏体相变动力学：20世纪50年代，柯俊首次观察到钢中马氏体形成时金属基体的形变及其对马氏体长大的阻碍作用，提出假说：奥氏体中不均匀性和原子簇的形成和存在将会影响马氏体的形核和长大。20世纪80年代，柯俊带领团队又系统研究了Fe-Ni合金中原子簇团对蝶状马氏体形成的影响，发展了马氏体相变动力学，得到国际学术界的广泛认同。

（三）半导体方面的贡献：柯俊在加速推进半导体硅缺陷结构的研究方面同样作出了重要的学术贡献。20世纪70年代后期，直拉硅单晶的氢脆现象是一个重点难题，柯俊与其他科学家密切合作，深入探讨了直拉硅单晶中氧化物沉淀及其反应诱出的晶格缺陷，系统解释了H在Si中析出与脆化的位错机制。研究表明：选择恰当的硅片热处理程序、时间、温度和气氛可有效地调控硅片内部热生微缺陷的类型、分布、密度及表面完整层厚度。实验证明：硅片在低温退火中形成了β方石英片状沉淀，该沉淀物界面可提供新施主。柯俊的研究结果，对解决硅晶体中早期氧化物沉淀的性质、形成机制以及新施主来源等问题具有重要意义。

成长与选择

1917年6月23日，柯俊出生于吉林省长春市。1932年9月在河北工业学院进行高中预科学习，1934年考入河北工业学院（今河北工业大学）化工系，开始了大一到大三的大学生活。1935年，华北事变爆发，时任河北工业学院学生会主席的柯俊，积极响应北京的“一二·九”抗日救亡运动，投身抗日救国的高潮。“七七”事变后，柯俊离开天津，辗转来到武汉大学，继续大四的学习。1938年，柯俊从武汉大学正式毕业，前往国民经济部工矿调整处任职，负责民营工业工厂的迁转。

柯俊几经辗转，1944年12月，被推荐到英国伯明翰大学，从事理论金属学的研习，师从著名的金属学家D.汉森（D.Hanson）教授，1948年12月获得英国伯明翰大学自然哲学博士学位，并因其优秀的表现被聘为理论金属系终身讲师。柯俊在伯明翰大学的近十年间，完成了两桩举世瞩目的工作：一是解释了钢的过热现象与硫化物的关联；二是提出贝氏体转变的切变位移机制。柯俊在科研方面举世瞩目的成果，使得诸如美国芝加哥大学金属研究所、印度国家冶金研究所、德国马普钢铁研究所等世界著名的研究机构与企业集团纷纷向他抛出橄榄枝，但他全部婉言谢绝。1953年8月，柯俊携妻儿离开英国，绕道印度经香港返抵广州，回到了祖国的怀抱。回国后，柯俊按照计划到中国科学院沈阳金属研究所报到，又应国家所需，在1954年2月到北京钢铁学院（今北京科技大学）任教。

攻坚克难

科学工作者在开展工作前，需要广泛阅读该领域方面的文献，来了解研究方向的最新成果和进展。凭借中学和大学时期过硬的英文功底，柯俊阅读了大量文献，为进行科学研究打下了坚实的基础。但真正开始实验后，困难接踵而至。实验初期，柯俊由于缺少经验，即使每天辛苦实验到很晚，日复一日地泡在实验设备、材料和数据中，但是仍不能获得期待的实验结果。他的导师D.汉森教授教导他要反复斟酌实验数据，这深深地启发了柯俊：开展实验是否有其诀窍呢？通过一次次重复与探索，柯俊最终熟练并知晓了实验的规律，总结出一套自己的实验规范。首先做好前期知识储备和材料准备，制订详细的实验计划，避免实验中出现小错误。其次用交流和记录的方法，全程掌控整个实验过程。之后细致地做好后期环境的清理，保障实验室的实验环境。最后科学研究要脚踏实地、静心致思，耐心细致是最基本的科学要求。在一次次尝试与探索中，柯俊总结失败经验，一次次地从头再来最终极具创造性地采用金相方法，史无前例地指出了钢材锻造加工过程中因高温加热而产生过热过烧现象的本质缘由，即升温时溶解在钢中的MnS冷却时会在晶界或某个晶面上析出，导致晶体脆化。他整理实验资料，发表了《钢在过热过烧后的晶粒间界现象》一文，解决了长期以来一直令冶金界头疼的重要难题。同时，第一次发现贝茵体形成时表面所生成浮凸，创立了基于贝茵体相变扩散控制的切变理论。

思考题

1. 柯俊身上有什么值得我们学习的品质和精神？
2. 作为社会主义的接班人和建设者应如何报效祖国？

“精勤不倦怀大爱”的院士
——徐祖耀

简　介

徐祖耀（1921年3月—2017年3月），材料科学家、教育家，上海交通大学材料科学与工程学院教授，中国科学院院士。1942年毕业于云南大学矿冶系；1989年任比利时鲁汶天主教大学冶金与材料系客座教授。1983年当选马氏体相变国际顾问委员会委员。1995年当选为中国科学院院士。徐祖耀长期从事材料科学、相变理论和材料热力学的教学与科研。他开展纳米材料相变实验，是我国开创形变记忆材料(Ni-Ti基、Ni-Al基、Cu基、Fe-Mn-Si基合金和ZrO_2基陶瓷)的领军人物之一，为我国材料热力学基础研究和相关教材编撰作出了突出的贡献。“马氏体相变”方面的研究成果获得1987年国家自然科学奖三等奖，其专著《相变原理》于1999年获得国家科技进步奖（著作类）三等奖。他对我国科学和技术的发展作出了突出的贡献，2000年获“何梁何利”基金科学与技术进步奖。(图2.24、图2.25)

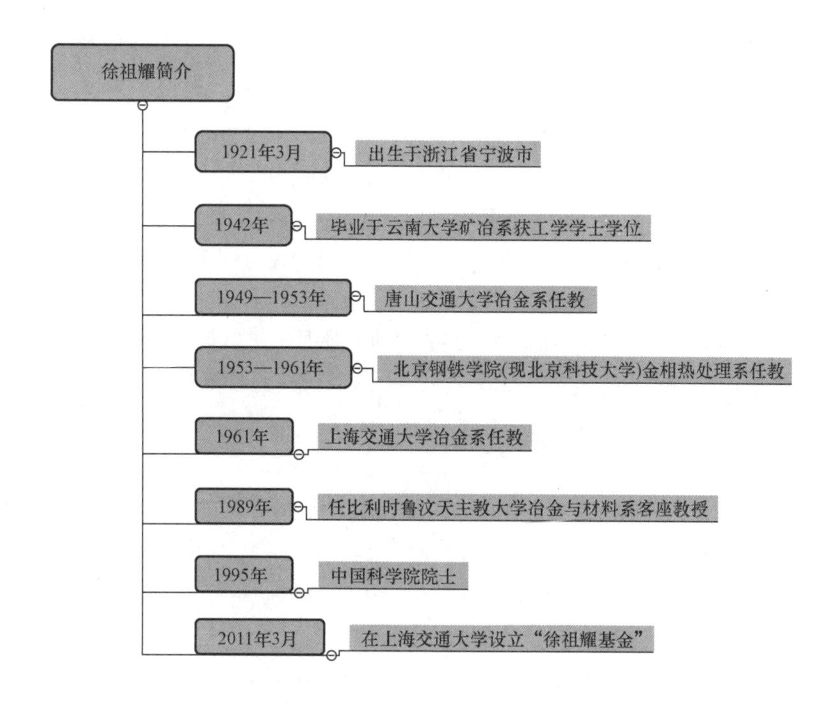

图2.24　徐祖耀简介

图2.25　徐祖耀

专业成就

徐祖耀在马氏体相变、贝氏体相变、材料热力学及形状记忆材料等研究领域作出了举世瞩目的学术贡献。

（一）马氏体相变：徐祖耀从1983年起开始投身Fe-C合金的马氏体相变驱动力和相变开始温度的研究。发现了无扩散马氏体相变中存在间隙原子（或离子）的扩散，通过理论结合实验数据，完善了铁合金马氏体相变的热力学，提出了马氏体相变驱动力的表达式，并将上述方法推广到Fe-Ni，Fe-Cr，Fe-Si，Fe-Mn和Fe-X-C三元系。解决了计算Fe-C合金相变开始温度（Ms）的难题。同时徐祖耀团队也在国内率先将马氏体相变的研究拓展到纳米材料领域。首次在国际上提出了纳米晶高温相在室温稳定存在（马氏体相变被抑制）的临界尺寸模型，在ZrO_2纳米粉体颗粒的室温相组成及临界晶粒尺寸研究上证实了理论和实验非常吻合。

（二）贝氏体相变：1984年，徐祖耀带领团队应用改进的Kaufman-Radcliffe-Cohen(KRC）和Lacher-Fowler-Guggenheim（LFG）模型来探究计算Fe-C合金中各种可能机制控制下贝氏体相变所需的相变总驱动力和形核（生长）驱动力。在测定的TTT(Time-Temperature-Transformation）和CCT（Continuous-Cooling-Transformation）图基础上，研究了奥氏体的强化对Fe基合金贝氏体相变开始温度（Bs）的影响。由此进一步证明，在相变开始温度及以上的温度，贝氏体相变是扩散机制。与Cu-Zn合金贝氏体相变热力学的计算结果基本相同，Cu-Zn-Al合金的贝氏体相变也是扩散机制，并对贝氏体相变动力学和生长机制进行了研究。

（三）形状记忆合金：合金中马氏体的正、逆相变是产生形状记忆的本质原因。徐祖耀等在国际上首先研究了含B的Cu-Zn-Al合金中晶粒尺寸和母相有序度对Ms的影响，从而创建了Cu基合金马氏体相变热力学。以群论研究了形状记忆合金热弹性马氏体相变的对称性并建立了计算热弹性马氏体对称分布的数学模型。

成长与选择

徐祖耀1921年出生于浙江省宁波市。其父本来希望他能成为一名救死扶伤的医生，但徐祖耀从小立志“冶金强国”。高中毕业时，在老师的支持和鼓励下，徐祖耀报考了云南大学矿冶系。回忆起当初的选择时，徐祖耀说：“当时，人们认为重工业乃是发展百业之基，我选择的矿冶业正是当时最‘重’的工业。”他厚植爱国情怀，把自己的命运紧紧与祖国的兴衰牢牢地联系在一起。

徐祖耀对待学习始终秉持着严谨认真的态度，大学四年成绩优异。在所有的课程里，徐祖耀对金相学最感兴趣。教授金相学课程的蒋导江老师对学生要求极为严格，徐祖耀在金相学课程上花了很多力气，对取得好成绩势在必得。但是他最后只获得了78分，尽管这已是蒋导江老师在班上给出的最好成绩，但离他预期的分数还是差了很多。这个78分给徐祖耀留下了极其深刻的印象，也成了他后来不断进取的不竭动力。他先从马氏体相变热力学着手，通过文献查阅、计算等手段开展科研工作。最终在相变研究工作领域取得了举世瞩目的成就。

攻坚克难

徐祖耀治学严谨、孜孜不倦。1976年夏，55岁的徐祖耀在体检时被检查出患有肺结核，对于这个诊断结果，他却坦然接受。他说：“因为这个病，我可以请长假，可以不去参加当时的政治运动。这对我来讲，也算‘因祸得福’。”病痛的日益加剧并没有阻挡他科研的脚步，他自始至终将全身心精力放在科研工作中，文献、数据本、草稿成山地堆积在徐祖耀的病床旁。他不断地阅读、思考、计算，周而复始，从未停歇。意志同恶化的身体状况争分夺秒，终于在治疗肺结核的手术前，他完成了《马氏体相变热力学》的初稿。但是祸不单行，同年冬天，徐祖耀的胃也检查出了问题。经过胃部检查，医生初步判断他胃部存在肿瘤，必须立即安排手术。虽然他已将生死置之度外，认为“此行生死未卜”，但其内心却始终惦记着自己的研究工作。他想继续完善《马氏体相变热力学》的文稿，还希望可以在此之上继续编纂完整的书稿《马氏体相变与马氏体》。所以胃切除四分之三后，他未多做休息，来不及悉心调理自己的身体，又拖着病躯奔波去上海图书馆。回想起这段时光，他形容道：“不觉得度日如年，恰似如鱼得水”。由于当时无法向国外杂志投稿，徐祖耀在《上海交通大学学报》1979年第3期发表了用热力学方法预测马氏体转变开始温度（Ms）这方面研究的首篇英文文章，之后于《金属学报》接连发表四篇该领域论文。后来，在禁止向外国期刊投稿的禁令开放后，他在国际重要期刊相继发表多篇高质量论文。此外，其专著《马氏体相变与马氏体》也于1980年由科学出版社出版。

思考题

1. 徐祖耀身上有什么值得我们学习的品质和精神？
2. 从徐祖耀的“冶金强国梦”分析新中国成立初期，我国的发展遇到了什么难题？

轮椅上的领路人——金展鹏

简 介

金展鹏（1938年11月—2020年11月），中国科学院院士，粉末冶金专家，“金氏相图测定法”发明人，中南大学教授，博士生导师。1963年毕业于中南矿冶学院（今中南大学）；1979年成为瑞典皇家理工学院访问学者；2003年11月当选为中国科学院院士。1979年2月到1981年3月间，金展鹏发明的“金氏相图测定法”奠定了他在国际相图界中的权威地位；1991年，金展鹏研究的“无机相图测定及计算的若干研究成果”获得了国家自然科学三等奖。1998年，金展鹏在刚满花甲的科研事业巅峰时期，因严重的颈椎病全身瘫痪，但他并未放弃科研事业，禁锢在轮椅上的22年，完成了多项重大科研成果。“通当为大鹏，举翅摩苍穹”，金展鹏就是这样一位在轮椅上仍能展翅摩天的人，他不但在科研学术上成就斐然，成为一座巍峨高山；教书育人也同样桃李满天下。（图2.26、图2.27）

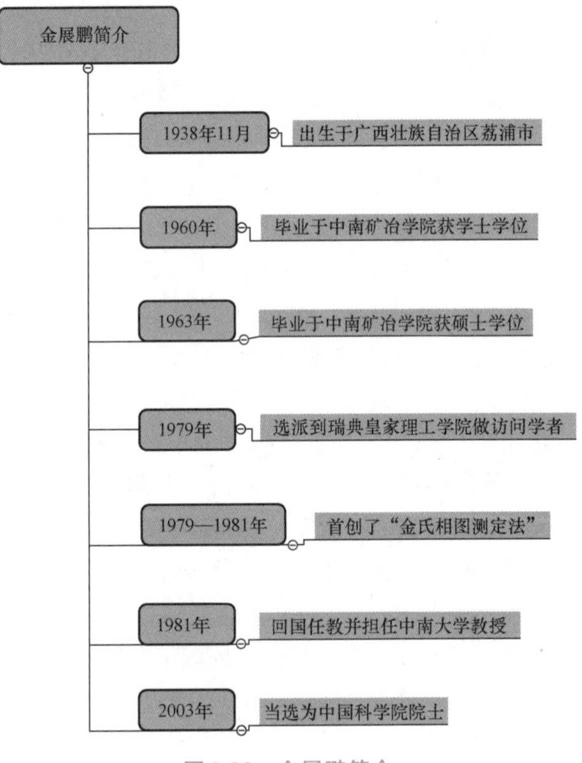

图2.26　金展鹏简介

图2.27　金展鹏

专业成就

我们在“材料科学基础”“金属学”等众多专业课程中，学习了相图基本形式和分析方法，了解到利用相图可以研制和开发新材料，并根据工程应用的工况条件和性能要求来确定合金体系和合金成分。那么什么是相图呢？金展鹏曾经做过一个比喻，他说相图就好比是材料研究的地图，是材料设计的基础性理论，是研究、创造新型材料的过程中不可或缺的工具。人类对相图的研究始于20世纪初，可以通过热分析法、硬度法、金相法、X射线衍射法、磁性法、膨胀法、电阻法等众多方法来测定相图。但是相图的准确测定并非易事，计算过程非常繁杂。

1979年，金展鹏在瑞典研学期间，将传统材料科学与现代信息学结合，以理论计算加实验共同推导，来获得研究体系的热力学、动力学、组织形貌等信息，通过进一步分析来绘制相图，在相图的实验测量方法上取得突破性进展，首创了“三元扩散偶—电子探针针微区成分”分析法。实现了用一个试样测定出三元相图整个等温截面的可能性，该方法之后在国际上被称作为“金氏相图测定法”。而当时德国科学家试验了52次样品，却仍不能获得理想的相图，“以1胜52”成为一时美谈。

金氏相图测定法的原理：将多种金属或非金属元素捆绑起来，放在高温环境下进行长时间退火，各元素将在分界处形成扩散层——体系在该温度下存在的相。使扩散偶快速降温，分析扩散层相成分，就能得到该体系在该退火温度下的相关系。

成长与选择

1998年是金展鹏命运的转折点，适逢花甲，事业巅峰，严重的颈椎病夺走了他的活动能力，除了脖子以上可以动之外，全身瘫痪。在被轮椅禁锢的22年间，他并没有屈服于命运，而是用自己非常人可及的毅力潜心科研、教书育人，完成了3项自然科学基金项目，撰写了17份关于中国材料科学发展战略的建议书；培养博士和硕士研究生40余人，有20多位出国深造，在美国相图委员会的20多位委员中，先后有4位是他的学生。他的科学成就和人格力量赢得了学界和学生的尊敬和爱戴。

金展鹏取得的成就离不开他深沉的爱国主义情怀。金展鹏拒绝了国外科研机构的优厚待遇，毅然回国走上讲坛。为了节省空间，除了整整8大箱学术资料，他的生活用品一件也没能从国外带回来。患病后，他更加珍惜时间，坚持科研和教学工作，他常常说："国家培养了我，我必须为国家多做点事情，身体越不行越要抓紧，不然没时间了。""我活着对国家还有用。"对于中国科技的未来，他担忧地说"现在任何一个科技前沿都有中国人的贡献，但却没有掌握集成的主动权。许多研究的确世界领先，但很快就会被人家超越。"他还特别强调材料产业的发展，"要尽快着手材料知识产业的战略布局，实施中国自己的材料基因工程"。

金展鹏取得的成就离不开他坚韧顽强的品格和高尚的情操。这位脖子以下高位截瘫不能动的老者，不能走路、不能翻书、生活不能自理，但他没有慨叹命运的不公，而是通过顽强的意志，达到了正常人都无法企及的高度。他说"轮椅禁锢不了我的思想，只要大脑还运转，就要学习和创造。"

金展鹏取得的成就离不开他对教育事业、对学生的热爱。多年来，金展鹏的夫人每天都雷打不动地送他来到学校的相图室，学生是他与病痛斗争的精神支柱，学生是他的"止痛药"。他说："20岁左右是人生最美好的时光，学生把它交付在我手里，我就要用心带好他们。我必须对学生负责，对家长负责，对国家负责！""我这辈子最大的愿望就是愿我的学生都超过我。"

"学高为师，身正为范"。不但金展鹏的学术成就是我们不断攀登的高峰，他凭借坚韧品质，用自己伤残之躯，迸发的拼搏精神，展现的昂扬斗志，唱响的与时代与祖国同频共振的生命旋律，更加值得我们思考和学习。

攻坚克难

金展鹏从小读书勤奋刻苦，学习成绩一直名列前茅。靠着国家的助学金，他顺利完成了大学本科和研究生的学业，然后留校任教。金展鹏一门心思埋头于相图研究，靠着在坐标纸上数格子计算，编写了油印版的《镁合金相图》。金展鹏经常和弟子们讲述他年轻时刻苦学习的经历以此激励学生。尽管因为年华流逝而担忧不已，但他没有停止学习的脚步，而是找寻一切机会学习充实自己，丰富自己的知识储备。1978年，金展鹏参加的出国英语考试中成绩名列第一。他成为瑞典皇家工学院的访问学者，是改革开放后国家派遣的第一批出国留学人员，机会总是留给有准备的人，金展鹏排除万难，努力学习的经历告诉我们，宝剑锋从磨砺出，梅花香自苦寒来。

思考题

1. 坚定的理想目标是否是成功的关键？
2. 在科学研究过程中，需要哪些品德和素养来支撑科研和技术工作的顺利开展？

大国工匠——高凤林

简　介

高凤林（1962年3月出生），出生于河北省沧州市，本科学历，北京理工大学学士学位，高级技师，全国劳动模范，全国五一劳动奖章获得者，全国国防科技工业系统劳动模范，全国道德模范，全国技术能手，首次月球探测工程突出贡献者，中国质量奖、中华技能大奖获奖者，享受国务院政府特殊津贴。当选2018年“大国工匠年度人物”，2019年度“最美奋斗者”。1980年9月参加工作，1991年12月加入中国共产党。针对长二捆运载火箭振动试验塔中的支撑火箭振动大梁的焊接工艺，高凤林提出了多层快速连续堆焊加机械导热的相关工艺方法，攻克了振动大梁的焊接难关。(图2.28)

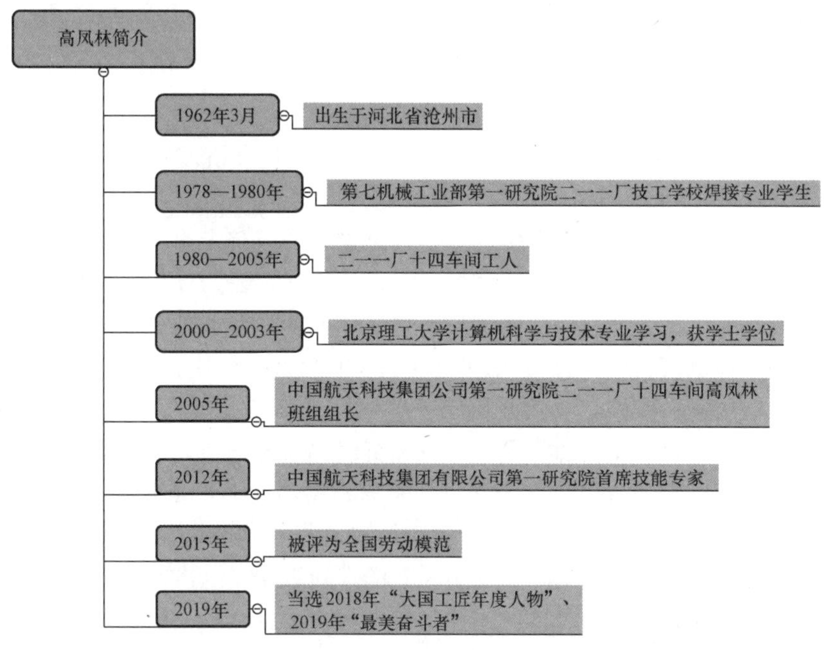

图2.28　高凤林简介

专业成就

在高凤林的焊接生涯中，成就主要体现在“长征”系列火箭上。早在“长征二号”运载火箭的研制过程中，80余米高的全箭振动试验塔是研制中的关键，而在这座塔中，用来承载火箭的振动大梁则是关键中的关键。高凤林不知经过多少次试验和演算，最终提出了多层快速续堆焊加机械导热等一系列保证工艺性能的工艺方法，这种方法完美地解决了振动大梁的焊接难题，保证了整个实验的顺利进行，这个工程也获得了部级项目一等奖，并且截至目前，在我国的载人航天工程中，通过这种方法焊接的大梁质量依然良好。

在我国发射的运载火箭中，有将近40%的发动机焊接工作是由高凤林（图2.29）

完成的，他还累计攻克难题200余项，曾在德国纽伦堡国际发明展上获得3项金奖，被美国国家航空航天局（NASA）邀请，以特派专家身份进行督导。

图2.29　高凤林

高凤林如今已60多岁，但依旧坚持在焊工这样艰苦的工作岗位上，为祖国的火箭筑心。我们希望看到下一个年轻的高凤林的出现，也相信一定会有这样的人，接过高凤林手中的焊工工具，继续为祖国未来的更多火箭焊接心脏。

成长与选择

高凤林1962年出生于河北一个平民家庭中，上学时成绩优异，并且对各种机械有着独特的偏好。16岁那年高凤林以第二名的优秀成绩，进入了第七机械工业部第一研究院下属的二一一厂，成为一名焊接专业学生。这所研究院走出的优秀学子毕业后从事的工作几乎都与国家大工程有关，与飞机、火箭等大国重器为伴，而高凤林的焊接工作在当时仅仅是焊接一些下水道类似的工作，这让他极度失落，也没在学习上下功夫，老师问起他，高凤林也直言对焊接没兴趣。但是这种没兴趣很快就在一次参观中改变了。学校组织了第一次进厂实践，参观我国第一代氩弧焊师傅陈继风的工作车间。在当时，我国的氩弧焊还处于刚刚起步的阶段，设备和氩气都依赖进口，而且价格非常高昂，在20世纪80年代初期，通常情况下氩气3万元每瓶，高纯度的更是贵达6万元每瓶。在这次参观中，高凤林瞧见了几位师傅在焊接火箭发动机，这样的情形使得高凤林为之一震，让他本来萎靡不振的心态瞬间爆发出强烈的求知欲望。这次的参观可以称得上是高凤林的转折点，在此以后，高凤林一改往常的心不在焉，全身心地投入焊接技艺的学习中来，正如“兴趣是最好的老师”一样，之后高凤林的成绩突飞猛进，从班上的末流一跃成为名列前茅。两年后，高凤林顺利毕业，并且如愿以偿地进入了焊工车间，成了陈继风的徒弟。

刚进入工厂时，高凤林就展现出了极高的工艺天赋，他焊接的物件，总是会获得全体车间工人的一致赞誉，师傅陈继风也对此颇感自豪。一年后，陈继风让高凤林参与长征三号火箭发动机燃烧室的工作，这对于高凤林来说，是前所未有的挑战。也许是“初生牛犊不怕虎”，那些老师傅都望而却步的焊接工作，在高凤林手里却显得游刃有余，正是这次焊接工作使得高凤林得以正式踏足到火箭的焊接工作中来。1988年，高凤林为了提高自身技能素养，前往首都联合职工大学机械制造与工艺专业学习，在这四年中，高凤林半工半读，练就了一身过硬的专业技能。

当时有许多外企为了让高凤林跳槽，曾开出相当于他当时工资的八倍，外加北京的两套房的条件，但是高凤林不为之所动，因为在他心里，装的不是那百万高薪，而是我国的航天事业，他曾说："能为国家做事，是我一生的骄傲，这种骄傲是再多的金钱也买不来的。"

攻坚克难

对于高凤林来说，职业生涯中遇到的最大的难题之一，便是长征五号火箭发动机喷管的焊接。2007年，长征五号火箭发动机出现故障，高凤林需要在厚度仅为0.33 mm的管壁上进行操作，这样的厚度对于有着超高温的焊枪火焰来说，跟一张纸没什么区别。为了保证完成任务且零件不能变形，还要通过测试，使得高凤林遇到了前所未有的难题，他需要从工艺流程到焊接操作，拿出一套具体的操作步骤。经过没日没夜地钻研，高凤林终于找到了一套可行且高效的方案。当高凤林站在操作台上时，汗水不住地往下流，浸湿了衣衫，在接近盲焊的情况下，出色地完成了焊接任务，后来高凤林回忆道："当时自己心里很慌，要是拿不下来，之前所有的荣誉就要栽这了"，可见，这种程度的焊接，对于高凤林来说，同样是极大的难题。

其实，这种程度的难题，高凤林并不是第一次遇到。2006年，由16个国家和地区联合参与的反物质探测器项目，因为无法制造出达标的低温超导磁铁而陷入停滞，技术专家提出的方案都没能通过评审，使得整个工程项目严重滞后。关键之时，诺贝尔物理学奖获得者丁肇中找到了高凤林，请他相助。在现场调研过后，高凤林很快指出了难题的根源所在，并且给出了自己的解决方案，他的方案经过国际联盟的评审，一次性就通过了，困扰众人多时的难题，终于得到了解决。

思考题

1. 了解了高凤林的事迹，你如何看待工匠精神？
2. 体会老一辈科技工作者对待工作的责任和态度。

焊接高铁的“工人院士”
——李万君

简 介

李万君（1968年10月出生），中共党员，现任中车长春轨道客车股份有限公司高级技师。全国五一劳动奖章获得者，中华技能大奖、国务院政府特殊津贴获得者，吉林省高级专家、吉林省技能传承师、吉林省第十次党代会代表，被称为“中国第一代高铁工人”。1987年7月李万君从长春客车厂职业高中毕业，进入原长春客车厂（今中车长春轨道客车股份有限公司）焊接车间工作到现在。多年来他一直坚守在轨道客车转向架焊接岗位，苦练技术、攻坚克难，很快成为公司焊接领域的技术专家。2017年2月，被评为感动中国2016年度人物。2019年3月，当选“大国工匠2018年度人物”。被誉为“中国第一代高铁工人”。针对我国高铁技术中的焊接问题，李万君摸索出来的“环口焊接七步操作步骤”“一套一枪”的焊接技术等内容得到了国内外的一致好评。（图2.30）

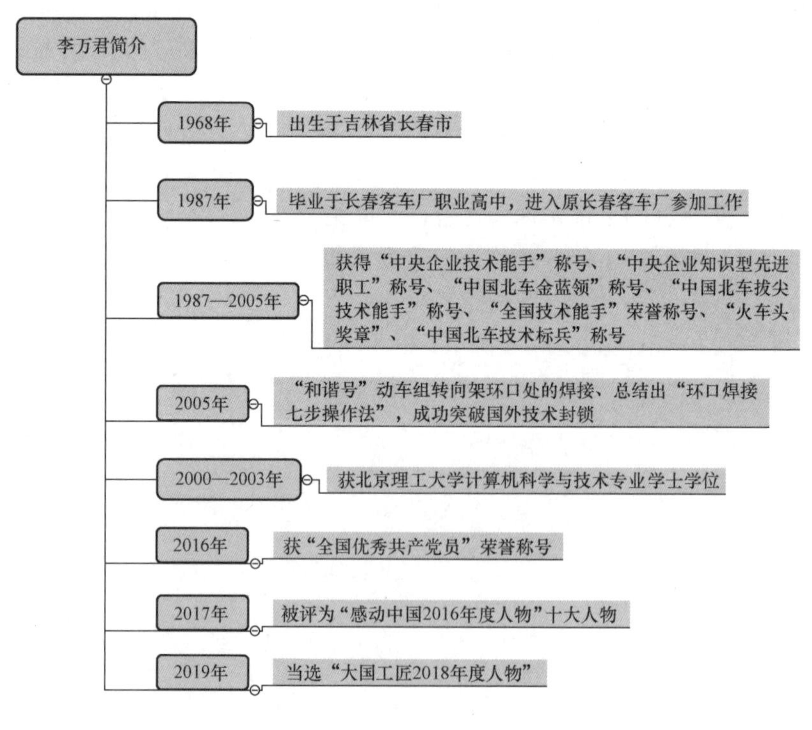

图2.30 李万君简介

专业成就

在30余年的长久工作中，李万君练就了出色的焊接技巧。他对氩弧焊、二氧化碳气体保护焊MAG焊、TIG焊等多种焊接方法了如指掌，对平、立、横、仰和管子等各种焊接形状和位置都手到擒来。他同时拥有不锈钢焊接、碳钢等六类国际焊工（技师）资格证书。多年的用心工作，使得李万君的焊接技术出神入化。他只需要听十几米外的焊接声，就能判断出焊接电流、电压的大小，分析是平焊还是立焊以及焊接的质量如何。

2005年，李万君根据异种金属材料焊接特性发明了“新型焊钳”，获得了国家专利并被推广使用。这种新型焊钳属于电弧焊接装置，克服了现有焊钳的缺点。焊钳由焊把线、紫铜管等组成，紫铜管与鸭嘴钳固定连接，绝缘手柄套在紫铜管上，在绝缘手柄与鸭嘴钳之间安装有防护套。这种焊钳成本低，制造简单；更换焊条速度快，效率高；焊钳体积小，质量轻，减轻工人劳动强度；焊条根部(焊条头)与手的距离近，便于运条和焊接高精端的工作；适用多种金属，各种位置的手弧焊。2012年，李万君针对澳大利亚不锈钢双层铁路客车转向架焊接加工的特殊要求总结出的“拽枪式右焊法”等30余项转向架焊接操作方法，在高铁生产中得到广泛应用，累计为企业节约资金和创造价值8 000余万元。

成长与选择

李万君19岁刚进入工厂的时候，在电焊车间水箱工段当焊工，身着沉重不透风的专业服，头顶封闭的焊帽，焊枪的烈焰足足有2 300 ℃，滋味不用想也知道。一年后，同批来的28位同事，就留下了3个人。李万君原本也有了走的想法，却被连续多年获评厂劳模的父亲劝住了，父亲说：“啥活都得有人干，啥活干精了都会有出息。”在父亲的启发下，他有了新的方向。他利用午休时间、下班时间，多次练习焊接技术，没有材料练习就捡废铁练习，遇到不明白之处，就找厂里的名师问个遍，一年中工作服会被磨损坏多套。当你夜以继日地为了梦想而努力时，你就会毫不犹豫地坚定前进的步伐。经过努力，李万君的焊接技艺越来越高，远在二十米之外，一点焊接声传入耳，李万君便能准确分析出电流大小、电压大小、焊缝宽窄及质量，没有丝毫差错。获得了中国技能最高奖——中华技能大奖的他，已经是一名“工人院士”。

受益于高超的专业技能，李万君在2005年全国焊工技能大赛中荣获焊接试样外观第一名，并先后于1997年、2003年、2007年三次在长春市焊工技能大赛中荣获第一名，在2008年和2011年分别获得全国技术能手和中华技能大奖，并将自己的技能运用于中国高铁制造当中。时速为350千米的中国高铁“复兴号”的成功运营，标志着中国高铁从此成为世界上一道独一无二的风景线。我们国家仅仅花费不到10年时间，就赶上世界高铁40年的成就。被誉为焊接高铁的“工人院士”的全国劳模李万君是“中国第一代高铁工人”光荣队伍的一员，他凭借久经磨炼的焊接技术和爱岗敬业精神，为我国高铁事业作出一个又一个突出贡献。

“中央企业技术能手”“中央企业知识型先进职工”“中国北车金蓝领”“中国北车拔尖技术能手”“全国技术能手”“火车头奖章”“中国北车技术标兵”“感动中国2016年

度人物”“全国五一劳动奖章”。这一系列的荣誉，正是李万君从一名平凡的焊工一步步走向“高铁焊接大师”的见证过程。虽然有如此多的荣誉，但李万君未有骄傲自满，他一直秉持着焊接工人的初心，以实际行动贯彻人生准则，为我国高铁事业不懈努力，作出一个又一个贡献。

攻坚克难

转向架技术在高铁组制作中是九大核心技术之一，转向架关系到高铁运行的速度、稳定和安全。在转向架横梁与侧梁间的接触环口需要承受50 t的关键质量。因为焊接次数要求多，接头不熔合，常规焊法没有办法保证质量，在高速行驶的情况下，有发生重要安全问题的隐患……该焊接技术成为动车组国产化道路上最难逾越的一道高墙。外方要求全部采用外国材料，因为他们觉得单凭中国无法完成。这个艰难的攻关任务就落在了李万君肩上——能不能在该环节仅用一枪就直接对整个焊口进行焊接？国外专家纷纷表示不可能，而李万君则不轻易放弃，终日围着600 mm的环扣反复斟酌，该何时迈步，何时眨眼乃至呼吸……最终，经过月余的反复尝试，他做到了！李万君最终完全实现了焊接，在包括超声波检测及探伤检测的结果中可以看出该产品的完美。外方专家收到产品时都感慨，称纵使是世界上技术最好的焊接技术人员，也不能完成李万君的“构架环口焊七步操作法”。

李万君带着团队弥补了该领域我国存在的技术缺陷，使生产效率提高了四倍。现在，李万君所在的长客公司转向架年产量达到七千多个，位列世界第一。

思考题

1. 了解了李万君的事迹，我们应如何看待工匠精神？
2. 年轻一代该承担什么样的时代责任？

勤勉执着攀高峰——王华明

简 介

王华明（1962年5月出生），金属增材制造专家，中国工程院院士。1983年获四川工业学院（今西华大学）铸造专业学士学位，1986年获西安交通大学铸造专业硕士学位，1989年获中国矿业大学机械工程摩擦学专业博士学位，时隔三年从中国科学院金属研究所博士后出站、去北京航空航天大学材料科学与工程学院工作，同年获德国洪堡研究奖赴德国埃尔兰根-纽伦堡大学工作。1994年回国后，全力投入北京航空航天大学的教学与科研工作中。2005年，他成功地将三类激光快速成型钛合金结构件装机应用于两类飞机中，使得中国成为世界上第二个拥有飞机钛合金结构件激光快速成形装机应用技术的国家。2015年，王华明当选为中国工程院院士。（图2.31、图2.32）

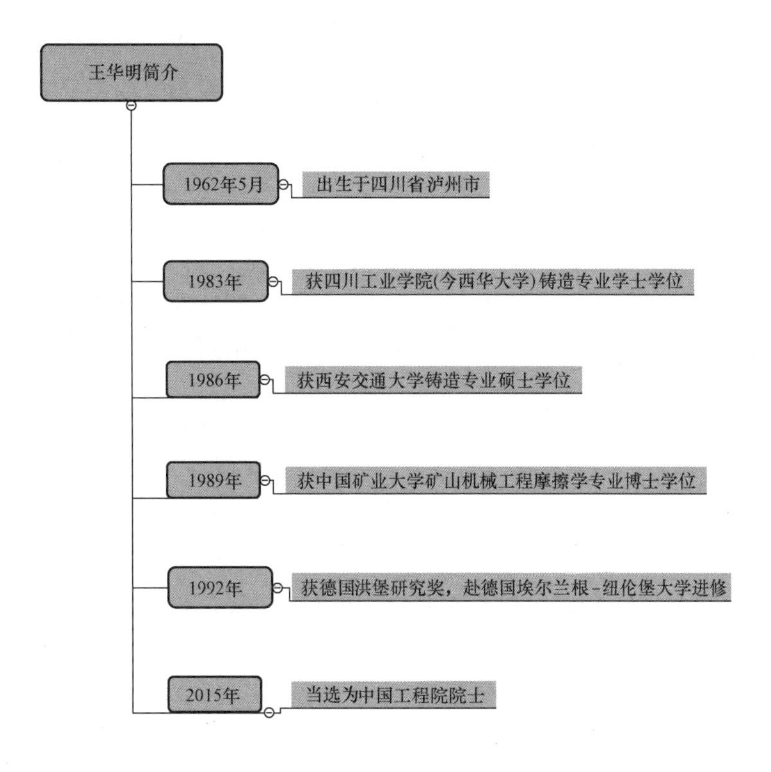

图2.31 王华明简介

图2.32　王华明及其手迹

成长与选择

王华明到北京航空航天大学工作后，于1992年获得了德国洪堡研究奖并且作为北京航空航天大学第一位“洪堡学者”赴德国留学深造，对于出国留学，他有自己的看法，他说：“那时候出国是为了感受外面的世界，看一下外面的世界和国内究竟有什么差别。在学习的过程中，自主创新、勇于奋斗很重要，但想要取得进步，还需要开阔眼界，增长见识”。见识过国外的环境后，在祖国发展需要人才的时候，他仍然要坚持回国，为祖国贡献出自己的力量。

王华明关于材料科学的研究在国防和经济建设中占据着重要地位，回国后，他就成立了自己的研究团队，并开始了艰难的研究创新工作。在最初阶段，由于实验经费短缺，王华明便联合其他研究所和院校申请科研项目，团队的资源和设备都渐渐齐全。在工厂中，王华明经常会亲自看样品、盯进度，很多老师傅和合作的老师纷纷加入他的团队。

2000年以来，王华明申请了19项发明专利，被收录SCI论文130余篇，论文被引用1 800余次。但是每当提及他的成绩，他却表示这都是自己的本职工作。

专业成就

王华明潜心钻研大型金属构件增材制造和表面工程技术，突破超高强度钢、钛合金等性能高且不易加工的大型金属复杂关键构件激光增材制造工艺、工程应用关键技术及成套装备制造，并开创了应用于恶劣环境下的机械装备重要摩擦副零部件激光熔覆多元金属硅化物高温耐蚀耐磨的新领域特种涂层。其研究结果被广泛应用于飞机、导弹、航空发动机等的开发及制造过程中。

在国际上，王华明提出了“激光熔覆过渡金属硅化物高温耐磨耐蚀多功能涂层材料”研究新领域，并且成功研究了具有“不粘金属特性”“优异耐腐蚀特性”“反常磨损-温度特性”“反常磨损-载荷特性”等特性的Cr_3Si/Cr_2Ni_3Si、$Mo_2Ni_3Si/NiSi$、$Cr_{13}Ni_5Si_2/Cr_3Ni_5Si_2$等激光熔覆过渡金属硅化物高温耐磨耐蚀多功能涂层材料新体系，并在国际涂层技术界中具有影响的《先进涂层与表面技术》期刊的中发表了这一系列研究成果。

攻坚克难

中国要研发属于自己的大型飞机，但是钛合金关键构件的传统制造方法不仅制作周期长而且成本极高，仅制备大型模具就要花费超过一年。因此王华明致力于让中国飞机能用上自己生产的由激光直接制造技术制造的重要大型复杂高性能主承力构件。2000年起，王华明等人对大型复杂构件的锻造方法层层突破，勇于创新，花费五年时间研究计算机辅助操纵的创新方式，通过激光对合金粉末熔融，之后利用激光技术，在金属材料上直接叠层堆积，并依据零件模型直接完成大型复杂的高性能金属零部件。该技术同时具有高性能、低成本和周期短的优势，除此之外，这项技术的显著优势在于它使得很多单用传统方法无法做出的构件拥有生产的可能。

我国自主研发的大尺寸、形状复杂的客机C919机头钛合金主风挡整体窗框当时仅欧洲一家公司能做出来，国内现有厂商采用常规方法无法制造，但是耗费巨大且制作周期很长，每样模具费就高达五十万美元，交货时间甚至要两年。2009年王华明等人仅用不到该公司十分之一的成本，且只要耗时55天就成功制作出来。

2013年1月18日，“飞机钛合金大型复杂整体构件激光成形技术”获得“国家技术发明奖一等奖”。目前，这一技术在我国已经投入工业化制造，这也使得中国在世界上第二个拥有了飞机钛合金结构件激光快速成形装机应用技术。

思考题

1. 了解了王华明的事迹，我们应该树立怎样的理想信念？
2. 我们在未来的学习和科研过程中，应该具备怎样的创新精神？

幸福的材料人——蹇锡高

简　介

蹇锡高（1946年1月出生），有机高分子材料专家，大连理工大学教授，中国工程院院士，亚太材料科学院院士。1969年本科毕业于大连工学院（今大连理工大学），其后在大连工学院攻读硕士学位，1981年硕士毕业，1988—1990年留学加拿大麦吉尔大学。长期从事高分子材料合成、改性及其加工应用的新技术研究，在高性能工程塑料、高性能树脂基复合材料、耐高温特种绝缘材料、涂料、耐高温高效功能膜等领域作出了重大创新性成就和贡献。2003年获国家技术发明奖二等奖、2011年获国家技术发明奖二等奖。2013年，当选为中国工程院院士。2015年获世界知识产权组织和国家知识产权局颁发的中国专利金奖，2016年获日内瓦国际发明展特别金奖。（图2.33、图2.34）

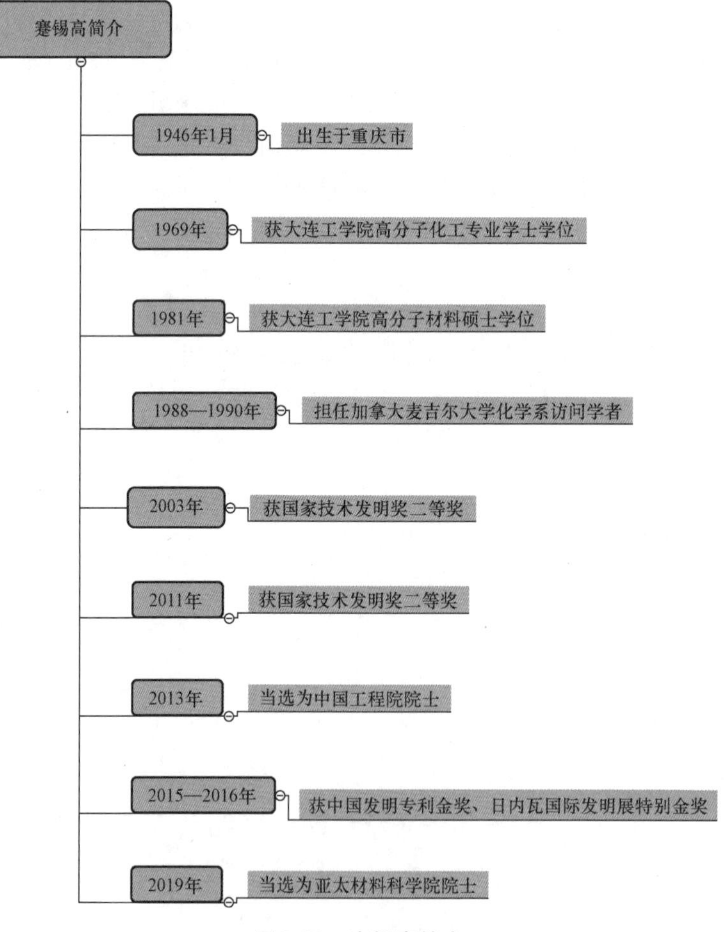

图2.33　蹇锡高简介

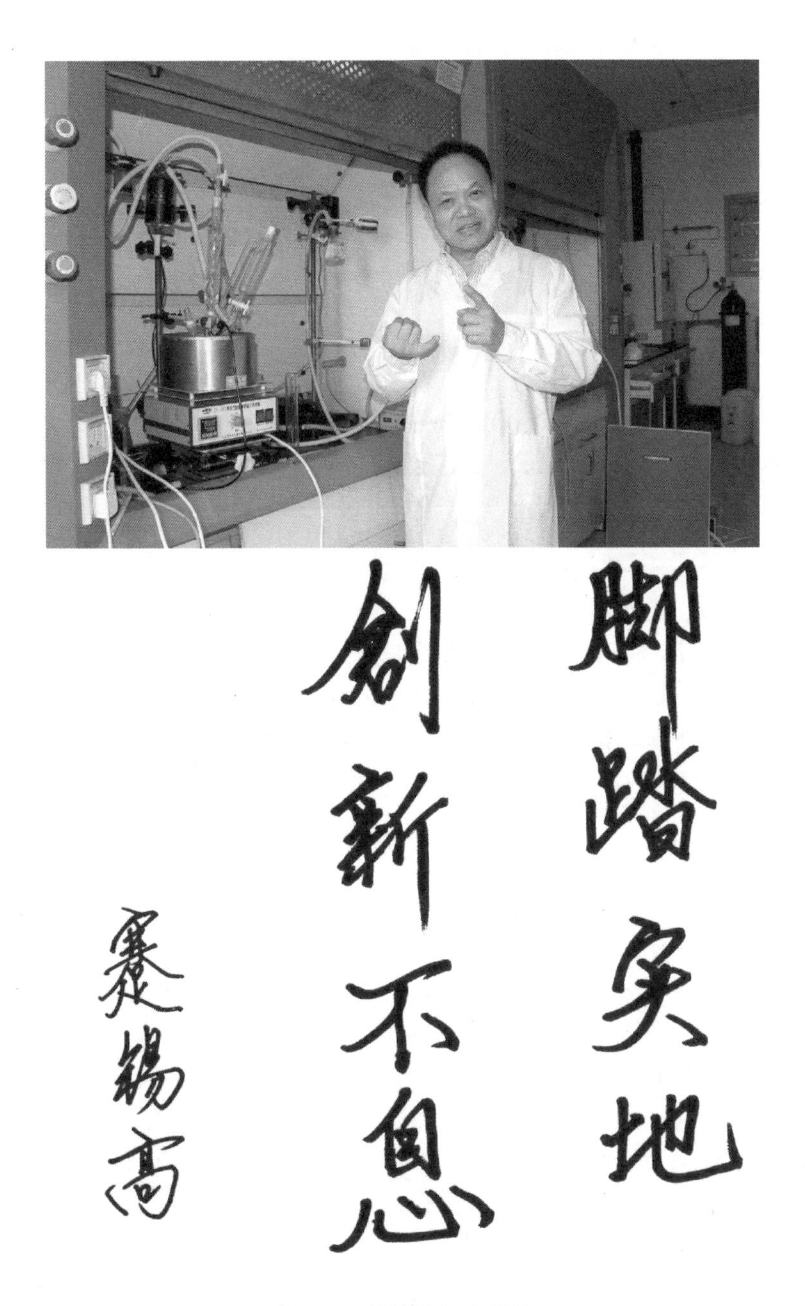

图2.34　蹇锡高及其手迹

专业成就

蹇锡高长期致力于我国有机高分子材料的创新与产业化，先后完成科研项目50余项。先后发明了PPESK系列和PPENS系列高性能工程塑料，前者克服了传统塑料的技术性缺点且获2003年国家技术发明奖二等奖，后者战胜了不能得到高分子量可溶性聚醚腈砜的国际性技术难题且获得2011年国家技术发明奖二等奖。在已获授权的发明专利中，有2项被评为世界华人的重大科技成果，有12项技术已经实现了产业化。

留学回国之后，看到的高性能工程塑料始终被发达国家垄断并对我国禁运的情况，蹇锡高便开始潜心研究此类高性能树脂材料，一研究就是40余年。他带领团队针对高性能工程树脂领域存在的核心难点，经过反复探索，从分子结构出发，将全芳环、扭曲非共平面的二氮杂萘酮联苯结构成功引入聚芳醚分子主链，并通过相应聚合工艺技术攻关，攻克了多项关键技术，研制出结构全新、综合性能优异、耐高温可溶解的杂萘联苯型高性能工程树脂材料，解决了传统高性能工程塑料不能兼具耐高温、可溶解两特性的技术难题（图2.35）。

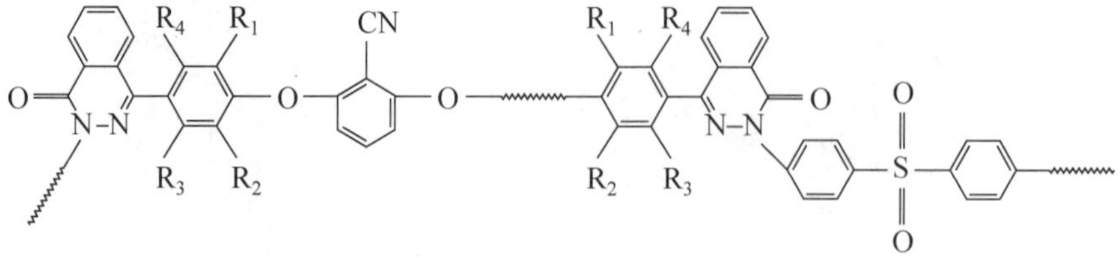

图2.35　含二氮杂萘酮联苯结构聚芳醚腈砜

2003年，蹇锡高带领团队成功开发出耐热等级更高的新品种可溶性聚芳醚，该研究成果打破了西方国家在高性能工程塑料领域的长期垄断。专家鉴定为“国际首创，是一项具有原始创新性的达到国际领先水平的科研成果”，这项成果目前已经成功产业化。“杂萘联苯聚醚腈砜系列高性能树脂及其应用新技术”获得了2011年度国家技术发明奖二等奖，是对前面成果的再次提升，开发的材料的耐热温度显著提高，应用领域也更加广阔。

成长与选择

蹇锡高是在重庆市江津区一个村庄中降生的，在农村中成长，很多辛酸和困难不言而喻，很小的时候他就将“知识改变命运”这句话藏在心里。1949年中华人民共和国成立，江津有了学校，蹇锡高就去上学，同时父母也通过各种渠道学习了文化知识，他们一家的生活情况才开始慢慢好转。讲起和材料的渊源，便要从蹇锡高进入大连工学院（今大连理工大学）学习开始讲起。1964年，蹇锡高考入大连工学院化工系高分子材料专业。从此，他与大工相依相伴60个春秋，至今也一直坚守在材料研究领域，并以其丰厚的学术成果造福着社会。如今，即使已经过了退休的年纪，他仍然斗志昂扬，工作几乎全年无休，坚持将每天的工作做好。

攻坚克难

20世纪60年代至70年代，跨国公司垄断着高性能工程塑料的生产技术，其中典型的品种是聚醚醚酮（PEEK），由英国帝国化学工业有限公司（ICI）发明，其纯树脂可在240 ℃条件下长期使用，但室温下只溶于浓硫酸，因而存在合成条件苛刻、提纯困难、生产成本高等系列问题，导致其在某些领域应用也受到限制。当时国家大力发展高科技产业，高速飞行器、运载火箭、高集成度的电子电气架构等工程技术快速发展，对高分子材料的性能要求越来越高。一个亟待解决的问题出现了，即国家需要研发耐热等级更高且可溶解的新型高性能工程塑料，蹇锡高便把目标锁定在了这块“硬骨头”上。

回国后的蹇锡高带领团队从分子结构设计出发，为了解决了传统塑料不能同时有耐高温和可溶解的技术难关，成功研发出结构全新、综合性能优异、耐高温、可溶解的杂萘联苯型高性能工程塑料。蹇锡高带领团队从小试技术到中试技术，攻克了多项聚合的关键技术难题，亲自设计合成工艺及其装备，全部合成过程均在常压下进行，全过程的催化剂、溶剂等都可以被回收再利用，最终产物经水洗即可满足要求，而且该工艺技术实现了低成本制备的需要。

在蹇锡高的带领下，新型杂环高性能工程塑料从20世纪90年代就开始进行小试，并在2000年期间完成了年产100吨的中试放大装置，2005年完成年产500吨的装置，均是一次试车成功。

目前，新型杂环高性能系列树脂已经成功用于耐高温涂料、高性能热塑性树脂基复合材料、耐高温耐强腐蚀绝缘材料、耐高温高效功能膜（包括燃料电池质子交换膜、液流电池离子膜等）、新能源电池关键材料、生物医疗材料等领域。

思考题

1. 作为新时代的青年，在科研工作中我们应该关注什么样的问题？
2. 蹇锡高的事迹对我们的科研工作和生活有什么启发？

最美科技者——李贺军

简　介

李贺军（1957年12月出生），碳纤维增强复合材料领域专家，西北工业大学教授，中国工程院院士，亚太材料科学院院士。李贺军1982年从洛阳农机学院（今河南科技大学）毕业，并考取哈尔滨工业大学塑性加工专业硕士研究生；1991年获得哈尔滨工业大学博士学位，之后在西北工业大学从事博士后研究工作；1994年担任西北工业大学教授；2001年至2002年在伊利诺伊大学厄巴纳-香槟分校做高级访问学者；2019年先后当选亚太材料科学院院士和中国工程院院士。李贺军以高性能碳纤维增强复合材料为研究重点，发明了一种新型C/C复合材料及抗氧化涂层制备技术，研制的高性能C/C复合材料已应用于陆海空多种高新武器型号的定型批产。（图2.36、图2.37）

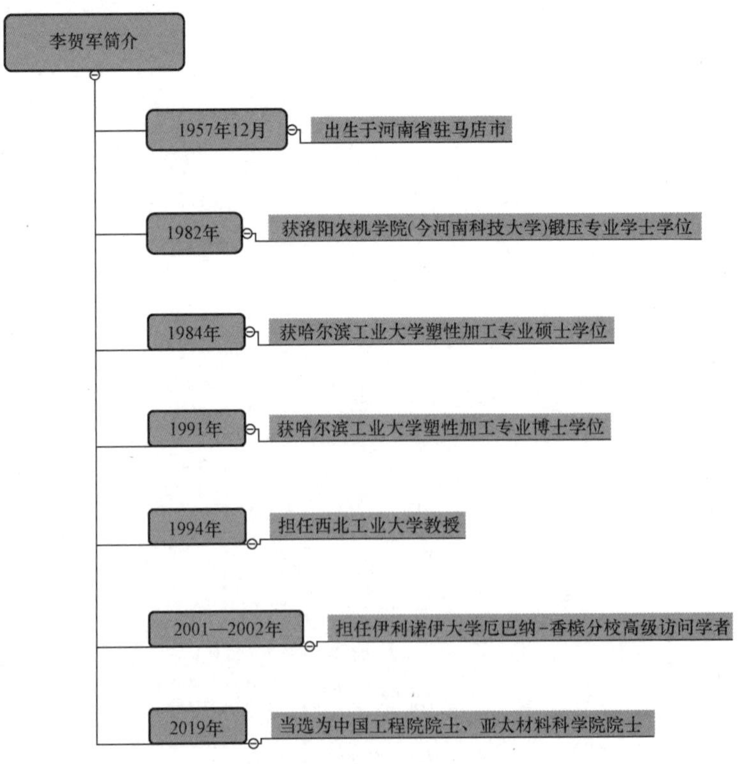

图2.36　李贺军简介

图2.37　李贺军

专业成就

李贺军主要从事C/C复合材料、高温抗氧化、抗烧蚀图层及碳纤维增强多项基体复合材料的研究工作，研究结果在航空、航天、运输、工程等领域都有广泛的应用。在C/C复合材料研究方面，揭示了高性能C/C复合材料热解碳织构和界面的协同调控机理，发明了系列新型高效制备技术。在抗氧化/烧蚀涂层研究方面，李贺军揭示了涂层在燃气冲刷、水氧腐蚀等典型服役环境下的防氧化/烧蚀机理与损伤机制，解决了涂层与基体界面相容性、热膨胀匹配性等关键难题，创立了多种高性能涂层体系，防护性能达到国际先进水平。在碳纤维增强纸基与金属基复合材料研究方面，发明了碳纤维增强纸基摩擦材料绿色制造及金属基复合材料液固高压成形技术，开发了具有自主知识产权的碳纤维增强纸基摩擦材料专用装备，研制的材料成功应用于航空、交通运输、工程机械等领域20余种型号或产品。

20余年自主创新期间，李贺军经历了数不清的荆棘载途，李贺军团队终于真正掌握了核心技术。该科研研究结果支持了多种型号的高技术武器装备的设计与研发。

成长与选择

“如果回到当年，我依然会选择留在这里”。李贺军的故事要从28年前说起，那时候他做了一个与众不同的人生抉择。李贺军的本硕博专业都是锻压。1991年，他以优异的成绩获得哈尔滨工业大学的工学博士学位。在那时，国内多家企业、机构向他抛出了“橄榄枝”，西北工业大学大杨峥教授负责的C/C复合材料课题组就是其中一员。这时他面临两个选择，一个是继续从事已获得成果的金属塑性成形技术研究，另一个是研究不熟悉的、颇具挑战性的C/C复合材料。心怀创造思维的李贺军，毅然地选择第二条艰苦的探索道路。

1992年初，进入西北工业大学材料科学与工程博士后流动站，李贺军发觉，博士后所研究的C/C复合材料与之前的学习研究内容是“两码事”，“几乎是完全不相关”。他焦急万分，当即去到学校的图书馆，孜孜不倦的学习。他“啃”着一本又一本晦涩难懂的专业书籍，做着一本又一本的笔记……长时间的埋头苦读和探究后，李贺军深切体会到C/C复合材料的绝妙，也看到相关学科的内在关联。很快，他提出了新思路，即将压力加工方法用于C/C复合材料制备中。这一新思路申请到国防基金和西北工业大学C/C复合材料研究方面的第一个发明专利，推进了处于萌芽阶段的西北工业大学C/C复合材料研究，同时也使他第一次体悟到学科交叉的魅力。

1994年，博士后出站，他成了多家单位争抢的“香饽饽”，而他第二次果断作出人生的第二个重要抉择——扎根西北工业大学，做一个C/C世界的追梦人。李贺军主动放弃了优厚待遇和到北京发展的机会，举家搬迁至西部。这一举动不但传承弘扬了新时期的“西迁精神”，还主动体现了中国科学家应当承担的责任。

攻坚克难

李贺军有素净的三观思维，他说：“人的一生总要做一些事儿，要做成一些事儿”。因为C/C复合材料的氧化温度仅在400 ℃，这一点极大局限了该材料在高温环境下的使用。所以，国际上公认的亟待克服的困难是超高温长寿命涂层的技术问题。从李贺军决定留在西工大起，他就下定决心带领自己的团队在C/C复合材料抗氧化涂层技术方向上坚定地探索，“必须要做一些踏踏实实的技术积累来提升中国武器装备技术水平，拿出硬碰硬的东西来”。

李贺军对我国C/C复合材料现状和发展方向做了深刻分析，准确研究判断其在经济发展和国防建设中的关键影响，开始了一些重要工作，比如项目选取、研究方案的设计及实施。他和研究生为寻求突破经常夜以继昼奋战在抗氧化C/C复合材料的研究前线，总是焚膏继晷地探讨研究，发愤忘食地进行测试，持之以恒地反复尝试。一次学院开大会，正是下雨天，李贺军因摔倒引起背部肋骨骨折，本应住院卧床休养，但他始终在家里进行工作，从不耽误对研究生的科研指导和听取最新的试验进展。其间按时且高质量地完成了相关研究任务。“敢啃硬骨头才能取得大进展，理论上有创新才能有所突破。”这句话是李贺军对团队成员和他的研究生时常重复的一句话。因为这个方向是不容易出结果的，而且充满了风险，即使前进一丁点都很困难，还要时不时面对挫折的打击，“这就要求团队的每一个成员都要有一种为一个长远目标而持之以恒、积极进取的精神”。

“十二五”末期，C/C复合材料抗氧化涂层的使用温度和时间已提高到1 600 ℃、900小时，完成了国内这一研究的大的跨越。原国防科工委对此进行了鉴定并发表了意见，认为“抗氧化涂层技术达到国际领先水平”，不但填补了国内空白，而且令我国在C/C复合材料研究领域赢得了好的名声和地位。

李贺军凭着敢为人先的勇气和锲而不舍的韧劲，与他的团队一起攻坚克难，久久为功，结出累累硕果。“理论创新→技术突破→型号应用”的可持续发展链已经在C/C复合材料及摩擦材料领域成型，航天、航空领域中的关键部件已应用了这些成果，并且也应用到了国家冶金、机械、汽车等很多民用领域里，在经济社会发展以及国防和军队现代化建设中作出了重大贡献。“只有不断有新的目标、新的突破，在激烈的国际竞争中国家战略亟需的下一代高尖端装备的材料难题就一定会被战胜。”谈及未来，李贺军坚毅而欣慰地说：“为提升国家核心竞争力做一些事情，无论多苦多难，都值！”

思考题

1. 参照李贺军的事迹，我们将来在职业规划中会作出怎样的选择？
2. 如何看待李贺军关于“做学问，要先学会做人”的观点？

参考文献

[1] 李铁藩. 深切缅怀著名物理冶金学家李薰[N]. 中国科学报，2013-11-15 (007).

[2] 李白薇. 生命在冶金事业中永恒——追忆李薰诞辰100周年[J]. 中国科技奖励，2013(11): 52-55.

[3] 师昌绪. 李薰先生的治学思想与爱国精神永存[N]. 中国科学报，2013-11-15 (007).

[4] 李依依. 我们敬爱的材料科学家——师昌绪先生 [J]. 科技导报，2018，36 (19): 14-17.

[5] 郭蕴宜. 悠悠往事 碌碌生平——印象中的师昌绪 [J]. 科技导报，2018，36 (19): 9-13.

[6] 杨永岗. 中流砥柱 家国情怀——追忆著名材料科学家、战略科学家师昌绪院士 [J]. 科技导报，2018，36 (19): 86-89.

[7] 曹素华. "特殊钢"是怎样炼成的——访中国工程院院士、特钢专家崔崑[J]. 政策，2002(05): 56-57.

[8] 晓余. 李依依：柔美女子的钢铁人生[J]. 苏南科技开发，2005(12):81-82.

[9] 王作明，范桂兰. 奋进者的足迹记——中国科学院院士李依依[J]. 中国科学院院刊，1996 (2): 131-133.

[10] 山泉. 涂铭旌 搞科研要读兵法讲谋略 [J]. 创新科技，2011(11): 34-35.

[11] 李茂山. 材料强度与失效分析专家——涂铭旌 [J]. 兵器材料科学与工程，1989(05): 73-74.

[12] 丸子，王新民. 涂铭旌:到祖国最需要的地方去 [J]. 少儿科技，2019(Z2): 21-22.

[13] 胡升华. 葛庭燧夫妇与固体物理研究所的早年岁月[N]. 中华读书报，2013-7-24(007).

[14] 莫宇林. 悠悠赤子心，殷殷报国情——追忆著名物理学家葛庭燧[J]. 民主与科学，2000(03)，17-21.

[15] 厚宇德. 中国优秀物理学家的杰出代表——葛庭燧[J]. 大学物理，2007，26(1): 44-48.

[16] 李方华. 回忆郭可信先生振兴中国电子显微学事业的点点滴滴[J]. 物理，2007，036(002):150-151.

[17] 刘平. 郭可信与2011年诺贝尔化学奖 [J]. 科技导报，2012，30 (04): 11.

[18] 刘伟男. 在更深层次揭示物质结构奥秘的人[J]. 中国科学院院刊，1997(6): 435-438.

[19] 郭可信. 五重旋转对称和二十面体准晶的发现[N]. 中国科学报，2013-01-04(6) .

[20] 杨亲民. 饮誉世界的著名金属学与金属物理学家贝氏体相变切边理论创始人中国冶金史研究开拓者中国科学院资深院士——柯俊[J]. 功能材料信息，2006，01: 12-16.

[21] 刘文祥，吴骁，姜曦. 从流亡学生到内迁干将——抗战初期柯俊先生在武汉的一段重要经历 [J]. 北京科技大学学报(社会科学版)，2017，33 (05): 1-5.

[22] 潜伟. 教育家的本质——纪念柯俊先生逝世一周年[J]. 教育家，2018(9): 32-35.

[23] 刘晓东. "冶金强国"梦 一生"金相"情[N]. 中国冶金报，2013-7-13(004).

[24] 饮誉中外的材料科学家 我国材料相变、形状记忆材料、热力学等研究领域的开拓者——中国科学院院士 徐祖耀[C]// 中国仪器仪表学会仪表材料分会. 2004年仪表材料论坛论文集，2004: 3.

[25] 戎咏华. 徐祖耀院士的学术贡献 [J]. 热处理，2011，26 (04): 1-15.

[26] 王日初，冯艳，毕豫，等. Ni-Cr-Mo 三元系 1 358 K 等温截面的测定[J]. 稀有金属材料与工程，2005，34: 1369-1372.

[27] 颜珂. 中国金"的中国梦——记中国科学院院士、中南大学教授金展鹏[J]. 老年教育，2014，9: 4-5.

[28] 任万能，汪佑民. 中国的霍金——金展鹏[J]. 中国研究生，2005，02: 2-23.

[29] 方鸿琴. 高凤林：手握焊枪追寻弧光，为中国火箭铸"心"[J]. 国际人才交流，2021，06: 36-40.

[30] 许梦醒 .高凤林：为工匠代言[J].中国工人，2019(Z1): 60-61.
[31] 高凤林为火箭焊“心脏” 助力航天腾飞 [J].科学大观园，2018(Z1): 94-95.
[32] 王腾 .李万君：“工人院士”[J].新长征，2021，4: 61-62.
[33] 唐圣平，李文威 .坚守岗位的“高铁焊接大师” [J].职业，2019，16：16-18.
[34] 王华明，姚晓丹 .王华明院士: 国产大飞机新型战机用上国际领先的激光成形技术[J].表面工程与再制造 .2018，18：48-50.

第三篇　科技报国

导 言

纵观世界，国家之间的竞争大多都是实体经济的竞争，而强大的装备制造业是实体经济的根基，是一个国家强硬的脊梁。改革开放以来，一批实业报国的中坚力量，肩负大国使命，冲破国际垄断，自主创造模式，在重大工程、重大项目建设领域取得了一系列举世瞩目的成绩。而先进材料的创新和发展，是支撑装备制造业发展的基础和先决条件，在大国重器的设计和制造过程中发挥着不可替代的作用。

本篇以“科技报国”为题，通过12个案例展示了我国在核电、高铁、航空发动机、深海探测、芯片制造等重大工程实施中所面临的材料科学难题和取得的重大突破。具体包括无焊缝不锈钢环形锻件、高强高导铜导线、3D打印超大型铝合金环件、高性能耐蚀钢、钛铝合金叶片、新型钛合金、高端轴承钢、国产光刻胶、超微型多层陶瓷电容器等多种材料及器件的开发和制备关键。同时还介绍了激光诱导电弧低能耗高效焊接技术及同步辐射大科学装置等材料的研发手段。我们可以看到，科技突破需要打破传统观念的束缚和禁锢，用敢为天下先的精神和勇气去大胆尝试创新；需要耐心和敏锐的观察力，不放过实验中的任何一个“异常”现象。我们也会发现，每一项关键技术的突破，无不承载着无数科研团队的辛苦付出和攻坚克难，他们凭借着“十年磨一剑”“咬定青山不放松”的韧劲和毅力刻苦钻研理论、深入分析数据，尝试、失败、总结、再尝试，如此反复，曲折前行，才最终体验到无限风光在险峰的欣喜。

本篇12个案例仅仅是我国在材料工程应用领域取得的一系列重大突破的缩影。编者希望专业教师能够将专业教学过程与这类工程案例结合，使学生了解重大项目攻关决胜过程中的关键，体会科技发展对国民经济和社会发展的重要意义，增加学生的创新意识和专业认同感，认清团队建设的重要性，强化学生对中国特色社会主义制度的自信和民族自豪感。

百万千瓦级核电站的“心脏”
——核主泵

引　言

核主泵、核反应堆、稳压器以及蒸汽发生器四部分共同组成核电站的核岛。其中，核主泵是高放射性核岛上唯一长时间高速旋转的设备，被称为核电站的“心脏”。它的功能是在核岛内驱动高放射性、高温及高压的水循环，将反应堆堆芯核裂变产生的热能转移至蒸汽发生器以产生蒸汽带动汽轮机发电。作为一回路承压边界的一部分，核主泵要求在各种各样的复杂工况下稳定高效运转，不发生非计划停堆，确保无工质泄漏。即使在遭受地震、火灾等瞬变灾变的极端情况下，核主泵也要能够依靠自身惯性保持运行，并提供足够的工质流量带走反应堆芯余热。大型先进压水堆核电站AP1000的核主泵设计工作压力为17 MPa，流量为24 000 m^3/h，扬程为100 m，温度为340 ℃，可达到79%的工作效率。目前，核主泵寿命设计为60年，预期延长至80年，这对核主泵的可靠性提出了更高的要求。

国之所需

由于核电具有清洁性的优势，多数发达国家将核电总量不断扩大，使其成为主要的电力来源。根据国际原子能机构发布的《世界核电反应堆（2023年版）》，美国的核电装机容量达到94 718 MW，法国亦有61 370 MW。而我国核电起步较晚，核电装机容量为55 040 MW万千瓦。自20世纪80年代初起，我国通过引进加拿大、法国等国的核电设备，成功建造了11套核电机组。目前，我国拥有最大的在建核电站规模，但是大型核电站的关键设备仍然无法自主化，尤其是核主泵的核心技术极度匮乏且尚无研制成果，完全依赖法国、美国等国进口。核主泵国产化是我国核电装备发展亟待解决的技术难题。

《国家中长期科学和技术发展规划纲要》将“极端环境条件下制造的科学基础”作为我国重大需求的基础研究内容之一，并将“大型先进压水堆及高温气冷堆核电站”作为十六个国家重大专项任务之一。如图3.1所示为我国的第三代百万千瓦级核电站机组。极端环境下核主泵制造关键技术问题的研究符合国家中长期发展战略。超长使用寿命、高安全性的核主泵制造仍然是世界范围内的一大技术难题，核主泵的安全评价方法、特殊工质宏微流动规律，以及关键零部件洁整化制造理论是未来核主泵关键科学研究与技术发展的主要方向和前沿课题。

图3.1　第三代百万千瓦级核电站机组

专业知识

核主泵过流部件需要符合核环境所需的高表面洁净度和表面完整性，高表面清洁度避免了对工质物理化学特征和流动特性的有害作用。过流部件既必须确保材料的物理、化学、机械性能，又需要在零部件热处理、加工、组装、存储和运输等过程中，控制可能来自制造环境、刀具与工装夹具、热处理介质和切削液等的铁素体等黏附，避免Cr、Ni、Cl、F等杂质或其他有害元素的扩散和渗入作用对零部件表面造成的污染，以确保加工表面的高清洁度。核主泵的关键零部件，如导叶和叶轮、轴系、轴承、屏蔽套、密封等不仅承受高动压载荷，还承受长时间特殊工作介质的冲刷及腐蚀。如图3.2所示为大功率核主泵轴向和径向推力轴承，核主泵的性能和使役寿命取决于其零部件的表面耐腐蚀性、抗磨损性以及表面加工精度，并且对精密组装和超精密加工工具有苛刻要求。

图3.2　大功率核主泵轴向和径向推力轴承

核主泵零部件使用难加工材料，例如双相钢、奥氏体不锈钢和超硬合金等，对加工精度和制造效率的提高提出了极大的挑战。为了测试和评价核级不锈钢表面铁污染情况，需要提出通过显色检测定量评估不锈钢表面洁整性的方法，阐明杂质元素的生成和迁移规律，研究色卡选取、反应时间、检测溶液等实验参数的影响，研发高灵敏度和稳定性的检测溶液。各类不锈钢具有较好的耐蚀性，但是在高动压载荷与长时间冲刷和腐蚀的作用下，即使是不锈钢的耐磨性和抗腐蚀性也达不到要求。这就需要采用离子注入和离子束冲击等表面处理方法强化不锈钢，通过微观结构分析、性能测试及工艺优化，提出关键零部件材料表面改性的新技术，探明零部件高表面完整性的形成机理和制造加工过程中表面污染消除机理，创建零部件表面洁整性和表面完整性的一体化评价体系，并且建立严格的工艺控制策略以及有效的表面改性手段。

吾志所向

“核主泵制造的关键科学问题”项目于2009年启动，是国家重点基础研究发展计划项目之一。该项目在核主泵全工况超长使役安全评价理论、高放射性、高温、高压流体宏微流动规律及其流固热强耦合作用机理，以及核主泵过流表/界面洁整化理论等三个方向进行了系统性的理论研究。如图3.3所示为“华龙一号”轴封式核主泵。项目以核主泵极端环境极端工况超长使役的性能形成与衰变规律、多流态液固热强耦合条件下界面构型及其自适应规律，以及加工制造过程中零部件表面完整性的形成和表面污染去除规律等三大规律的研究结果为基础，进行了对核主泵与强关联系统各要素间的交互作用，工况极端变化下特殊工质在过流部件内的作用规律，密封和轴承的静态和动态特性分析，核主泵零部件表面污染产生及其对系统的危害作用，加工制造过程中零部件高表面完整性及工艺规划等五个方面的研究，目的是为核主泵自主化生产和推广应用中的核心问题准备理论和技术支撑。

图3.3　“华龙一号”轴封式核主泵

在项目的研究过程中，项目组与负责“大型先进压水堆核电站”国家重大专项的核主泵设计和制造部分的企业有效沟通、密切合作，面向国家重大需求，牢牢把握核主泵自主化和国产化之路中需要解决的重大理论与技术问题。项目组不仅认准项目研究的方向和目标，独自创建了我国核电设备制造的理论体系，掌握了核主泵的设计方法和制造原理；而且在面临研究计划的紧迫时，不负使命与国家重大需求的重任，为我国核主泵制造自主化和产业应用准备了理论基础和技术条件。近十年来，项目组通过对核主泵制造过程中大量问题的研究，积累了丰富的经验，锻炼了团队，对国家战略需求作出了实打实的贡献。

思考题

1. 材料学科基础研究在解决国家重大工程难题中的作用是什么？

2. 国家重大工程问题涉及材料、机械、核工程、力学、动力等多学科领域，如何实现多学科协同创新？

“以小制大”增材制造大型环形锻件
——中国核电巨型不锈钢锻环

引　言

作为全球首座将第四代核电技术成功商业化的示范项目，石岛湾核电站的建设采用了许多我国首创的关键科学技术，巨型无焊缝整体不锈钢环形锻件制备技术就是其中之一。巨型不锈钢锻环是支撑核电机组快中子反应堆核心部件堆容器的“脊梁”，要在高温辐照、承载7 000 t质量的严苛环境下持续稳定服役四十年。那么，制造超大型环形锻件面临哪些材料科学难题？我国科技工作者又是如何突破传统思维局限，独辟蹊径解决了这些难题，有力地保障了我国核工业领域重大装备的实施的呢？完成复杂重大工程项目需要哪些条件？

国之所需

超大型的环形锻件和筒体锻件是制造多种大型装备所必需的关键零部件，在核电、海上风电、石油炼化、航空航天等行业广泛应用。核电在我国新能源体系建设中起着“主力军”作用，当前我国正在推进第四代核电站的研究开发，目标是在2030年达到实用化。第四代核电机组的堆容器中填装了很多堆内构件以及核燃料（图3.4），质量达到7 000 t，需要一个直径达到15.6 m的巨型不锈钢环进行支撑。作为压力边界的一部分，这个不锈钢环自身也在650 ℃高温下承受着中子辐照、疲劳载荷以及液态金属钠的腐蚀，并且要求其在如此极端的服役环境下连续安全运行四十年！在不具备超大型环形锻件整体轧制能力时，拼焊工艺就成了制备大型环形锻件的必经之路。2019年之前，国内外尚未有任何一家企业可以锻造出直径超过12 m的整体环形锻件。

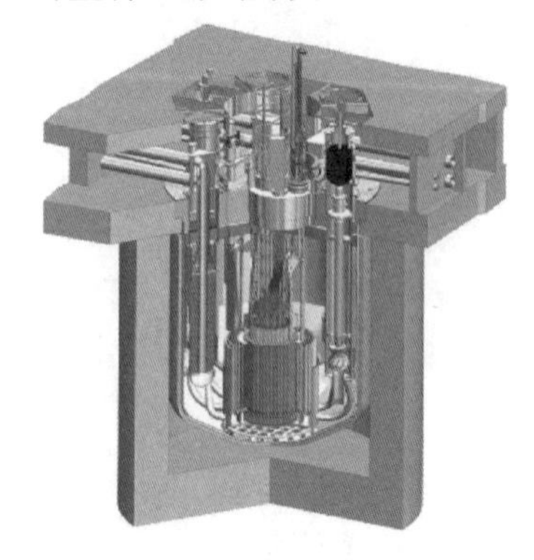

图3.4　第四代核电快中子反应堆电站及反应堆结构

专业知识

由于锻件可以获得更致密、更细小的组织，同时提升材料的强度和韧性，满足支撑环苛刻服役下的强度和长寿命要求，许多大型国之重器的关键部件都是锻造出来的。传统上，大锻件采取“以大制大”的手段制造，锻造母材一定要大于成型工件，也就是说制造大锻件需要先做出更大的铸锭。按照这种规则进行测算，制造150 t的环形锻件至少需要浇铸一个单重250 t的优质钢锭。那么是不是直接浇铸一个大钢锭就可以了呢？钢水凝固是一个复杂的结晶、相变过程，就像水结冰一样，存在凝固的先后顺序。热力学决定钢水凝固过程中由于溶质再分配行为，固相成分与液相成分是不一致的，导致先凝固的成分与后凝固的成分产生差异，即偏析。金属凝固存在尺寸效应，铸锭的规格越大，钢水凝固的时间越长，偏析越严重。虽然传统上有在很多方法可以消除或减少偏析，然而250 t的铸锭尺寸导致凝固速度极其缓慢，大约每个小时只冷却一度；在这种极其缓慢冷却条件下，大型铸锭偏析问题是一个无解的问题。但是，在工程上，铸锭偏析会对部件的使用性能产生很大影响。除此之外，疏松、粗晶等现象也会随着铸锭规格的增大而变得严重。这些缺陷将严重影响铸锭的均质化程度，降低材料的使役性能，缩短材料的使用寿命。例如，在采用传统方法冶炼的100 t核电转子用模铸钢锭表面虽未发现明显缺陷，但解剖后可见在钢锭中心存在宽为20 mm、长为1 700 mm的缩孔缺陷，大范围的宏观偏析，以及长达500 mm的树枝晶，这些冶金缺陷将严重影响构件的力学性能。即使采用加快冷却速度、添加内冷元、电磁搅拌等方式，对于改善超大型铸锭的内部质量也收效甚微。

受特种冶金设备能力的限制，传统上制造这种巨型环形锻件，国内外都是采用分段制造，然后拼焊完成的。对于巨型环形锻件，通常把它做成6瓣或者8瓣分别制造，然后再组焊在一起。其加工周期、成本均远高于整体锻造，且焊缝位置的材料晶体缺陷堆积，组织性能孱弱，将给核电机组运行埋下安全隐患。因此，迫切需要开发变革性技术，解决大锻件宏观偏析等缺陷或焊缝带来的性能降低问题。要想真正解决这个问题，只得另辟蹊径。

吾志所向

为了攻克这一难题，中国科学院金属研究所李依依团队独辟蹊径，突破传统大锻件制造通常使用的“以大制大”，即锻造母材一定要大于成型工件的思维局限，在世界上率先提出了“以小制大”的金属构筑成形技术（图3.5），成功地解决了大型金属锻造母材成分偏析问题。

无论是在自然界还是人类社会，有很多“大”件都不是“以大制大”的，埃及的金字塔、中国的万里长城都在向我们展示如何用“一砖一瓦”“一点一滴”的“以小制大”。受这一思路的启发，金属构筑成形技术的核心思想是“基元构筑，以小制大”，为了消除界面实现均质化，相关研究人员设计了表面活化、真空焊接封装、高温扩散、多向锻造等工序。第一步，对尺寸相对较小的多块均质化金属板坯进行表面清洁；第二步，将清洁后金属板坯作为构筑的基元，就像盖房子的砖一样，一层一层地叠成一个宝塔；第三步，将这个宝塔的层与层之间在真空下进行焊接封装，层与层之间处于高真空状态可以避免过多界面氧化物的形成，同时利用高温扩散实现氧化物分解以及界面成分均匀化；第四步，加热到高温下反复进行大变形，界面处积累大量的形变储能产生剧烈的原子扩散和动态再结晶，从而实现两部分金属牢固结合，就像揉面一样使层与层之间的界面消除，“无痕”构建出一个大钢锭；最后一步，通过后续成形处理，得到我们想要的形状。这种“以小制大”的金属构筑成形技术能有效解决大锻件存在偏析这一世界性难题。

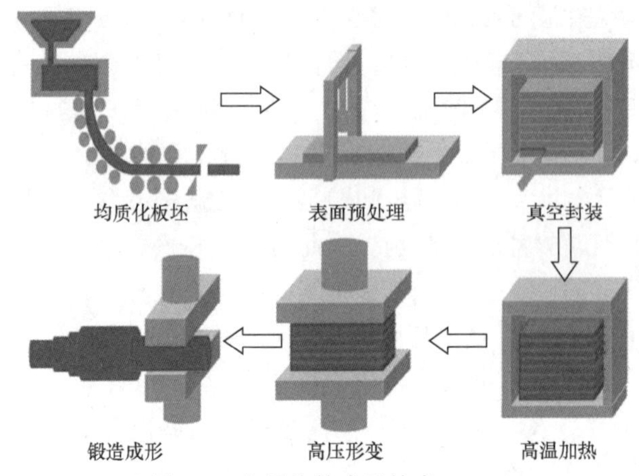

图 3.5　金属构筑成形技术

制备直径接近16 m的不锈钢支撑环也不是一步到位的，需要稳扎稳打。研究人员从2 m小环开始制作，一直到5 m、15 m，制备了大量的模拟试验件，经过1 000多个日日夜夜的攻关努力，终于固化了工艺形成方案。最终采用58块优质连铸坯作为构筑基元、叠到四层楼高，经真空室电子束封焊后加热到1 250 ℃的高温，进行大变形，成功制造了200 t级原料钢坯；之后进行冲孔、扩孔，再在一个超大型轧环机上进行轧环成形，最后机加工出成品。

2019年3月12日，一个直径为15.6 m，单体质量达150 t的世界最大无焊缝奥氏体整体不锈钢环形锻件在济南成功轧制，标志着我国在超大锻环制造上进入国际领先水平(图3.6)。该奥氏体不锈钢锻环由山东伊莱特重工与太钢、中国原子能院、中国科学院金属研究所共同研发，历经近4年时间，成功创造了三项世界纪录：

(1) 世界首创金属构筑成形技术，首次实现了200 t级金属钢坯分级构筑、增材制造（58块板坯分组多次构筑）。

(2) 创造了单体最重（150 t）的奥氏体不锈钢锻件的世界纪录。

(3) 创造了直径最大（15.6 m）的奥氏体整体不锈钢锻环的世界纪录。

图3.6　基于金属构筑成形技术的不锈钢整体环形锻件

基于“整体式”制造思想的超大型环轧技术突破了传统大型环形锻件采用分体式拼焊的制造模式，将为我国今后众多重大工程、重大装备的科创人员提供更大的设计自由度和更具想象力的设计空间。未来，这项技术有望解决舰船、核电、航天等战略性装备核心部件制造的难题，使我国工业发展实现质的飞跃。

思考题

1.科学理论限制与工程技术突破之间是否具有矛盾？

2.重大、复杂工程的顺利实施需要怎样的社会制度条件来保障？又需要哪些个人的品德和素养来支撑分项任务的完成？

绿色焊接制造技术的有力保障
——新型高功率密度低能耗焊接热源

引　言

焊接技术是构成现代制造业共性技术平台的重要基础之一，对航空航天、能源工程、电站装备、造船及汽车等国民经济支柱产业具有不可替代的支撑作用。据统计，45％左右的钢材和大量的有色金属(如Cu、Al、Ti)以及部分非金属(如塑料)都是通过焊接加工成为构件而付诸使用的。电焊机是焊接加工领域主要的耗能用电设备，素有“钢铁缝纫机”之称。然而，电焊机的耗电量占全国发电总量的比例较高，已被列为国家12类高耗能产品之一。多年来，科技工作者为降低焊接能耗、提升焊接效率和质量做了很多努力。一般来说，焊接效率的提升需要更多的能源消耗。那么，焊接过程中的能源消耗和焊接效率是什么关系？在提升焊接效率的同时降低能源消耗的难点在哪里？实现“高效率焊接的低能源消耗”又需要哪些理论和技术的突破？

国之所需

随着能源环境约束和日益激烈的国际市场竞争，面向资源合理利用、降低能源消耗和可持续发展的绿色制造已成为世界制造业转型升级的必然选择。焊接作为构筑制造业共性技术平台的重要基础，为世界经济发展作出巨大贡献的同时，焊接过程中也存在着能耗大、效率低等瓶颈难题，制约装备制造业国际竞争力以及一些重大工程建设。近年来在激烈的国际竞争中，发达国家又借助“再工业化”契机再次加速发展绿色焊接制造技术。我国政府也在《中国制造2025》中提出了全面推行绿色制造体系，其中，绿色焊接是绿色制造的重要组成部分。因此，在新一轮制造业国际竞争中，我国焊接制造业将面临着更大的降低能耗、提高效率压力，开发具有自主知识产权的绿色焊接技术及成套装备是我国加工制造业的当务之急。

专业知识

焊接技术是一种材料连接技术，它通过某种物理化学过程使分离的材料产生原子或分子间的作用力而连接在一起。它能完成任何结构材料（金属、非金属、复合和有机材料）不可拆卸的连接。焊件厚度可以从几微米到几米，焊接过程可在地球大气、宇宙真空、失重状态和水介质中进行。为了使两个分离材料产生原子间结合，实际中可以采用在两物体的界面上加压和加热熔化的方法。

电弧焊是应用最广泛、最重要的熔焊方法之一，占焊接生产总量的60％以上。电弧焊熔化金属的能量源是焊接电弧，在焊接中对被焊件起到热和力的作用。焊接电弧的本质是一种气体放电形成的等离子体，是一种电压低、电流大、温度高的放电形式。焊接时电弧等离子体在电极和板材之间产生，温度可达20 000 K，被焊材料就是被焊接电弧的热量熔化而实现焊接的。焊接电弧的热量来自电源也就是电焊机提供的电能。因此，在讨论焊接能耗的时候，需要明确能量在焊接中的转换。首先是输入电焊机的电能转化为焊接电弧的能量（焊接电源输出），即焊接电源的能量转换效率（焊接电源效率）。目前，电弧电源已从整流电源发展到逆变电源，电源的电-热能量转换效率由50%～60%，提高到90%，其余部分被电焊机自身的能量转换损耗掉了。其次是电弧焊接的能量向被焊材料的转换，即焊接热效率。电弧焊接的热效率为50%～80%，这部分能量就是用于使被焊材料熔化的能量。

如图3.7所示传统电弧焊接的电弧形态是一种发散的状态，电弧作用的面积比较大，这使得电弧的功率密度（采用某热源加热工件时，单位面积上的有效热功率，单位：W/cm^2）比较小，为10^3～10^4 W/cm^2。可以想象，功率密度小的热源作用在被焊材料上，获得的是宽而浅的焊缝，而且焊接速度慢（0.1～0.5 m/min），焊接的生产效率就会很低。因此，高功率密度的高能束焊接方法得到人们的重视。高能束焊接一般指的是激光焊接和电子束焊接，它们均可以用相应的聚焦系统把束斑直径控制在0.02～2 mm，此时高能束的功率密度高达10^4～10^8 W/cm^2，所以高能束焊接可以获得窄而深的焊缝，一次性焊透几十到几百毫米厚的工件，同时焊接速度也很快（1～6 m/min），有利于提高焊接生产效率。

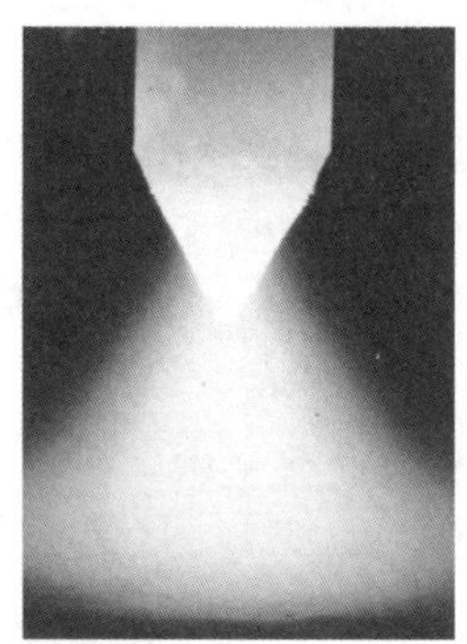

图3.7 传统电弧焊接的电弧形态

目前，焊接中主要应用的激光器为输出功率在1 kW以上的高功率激光器。随着人们对生产效率要求的不断提升，激光器的输出功率也越来越大，可达20～40 kW。然而，激光焊接的电源-激光器的电-光能量转换效率很低，输入激光器的电能仅有5%～30%可以转化为激光的光能，有70%以上的能量被激光器自身损耗。激光器输出功率越大，这种能量的损耗越多，能量消耗越大。在现阶段科学水平条件下，人们还没能发现兼具低能耗和高功率密度特征的单一焊接热源，如何实现焊接热源突破，获得兼具低能耗和高功率密度特征的焊接热源以促进焊接技术的跨越，已成为国际焊接界的公认难题。要想真正解决这个问题，只得另辟蹊径。

吾志所向

为了攻克这一难题，突破高能束焊接-提升生产效率与更高功率激光-更大能量消耗之间的矛盾，大连理工大学材料科学与工程学院的焊接团队独辟蹊径，在国内外率先开发出了“低功率脉冲激光诱导电弧焊接技术”，成功地在低能耗条件下获得了高功率密度电弧热源，解决了低能耗和高功率密度无法兼顾的焊接热源难题。

早在2000年，焊接团队开始研究一种低熔点难焊轻合金-镁合金的焊接技术。镁合金熔点低，可以采用电弧焊接方法，但是镁合金的热导率高，采用电弧焊接方法焊接速度慢、焊接热影响区大，导致焊接接头性能并不理想。镁合金的激光焊接速度快、焊接热影响区小，但是由于镁密度小、熔池凝固快，熔池中的气体不易逸出，极易在焊缝中形成气孔。电弧焊接速度慢、组织粗大、性能不理想，激光焊接速度快、易产生气孔。为此，研究人员采用了一种复合的解决思路，将激光与电弧复合在一起形成一种复合热源，希望在不降低焊接速度的条件下增加熔池存在时间，以便于气体逸出。研究人员在激光-电弧复合焊接的实验过程中仔细观察了焊接过程中的电弧，在偶然条件下，观察到了一个“很强”的电弧，像被收缩了一样。后来，研究人员反复思考实验过程，突然想到那个“很强”的电弧，如果这样的强电弧能够长时间作用，那么电弧焊接的热效率不就可以大大提升吗?

受这一思路的启发，相关研究人员经过深入研究，提出了“激光诱导电弧等离子体耦合放电理论”，发现并阐明了电弧等离子体在激光“匙孔”处发生耦合放电以及激光脉冲消失后“匙孔”的延迟闭合现象和物理机制，利用几百瓦小功率脉冲激光对电弧进行诱导压缩，使电弧的功率密度成百至千倍地提升，形成高功率密度电弧热源。基于上述研究，实现了激光＋电弧从“两个热源的复合”到“一个高能电弧热源的凝聚”的跨越，解决了在低能源消耗条件下获得高功率密度焊接热源的瓶颈难题。如图3.8所示为激光诱导电弧等离子耦合放电现象。

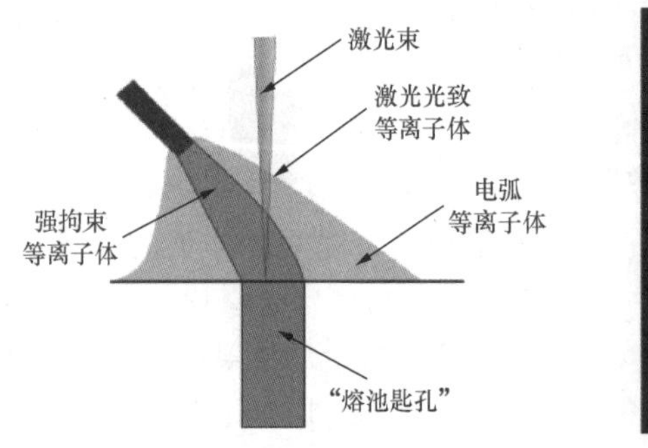

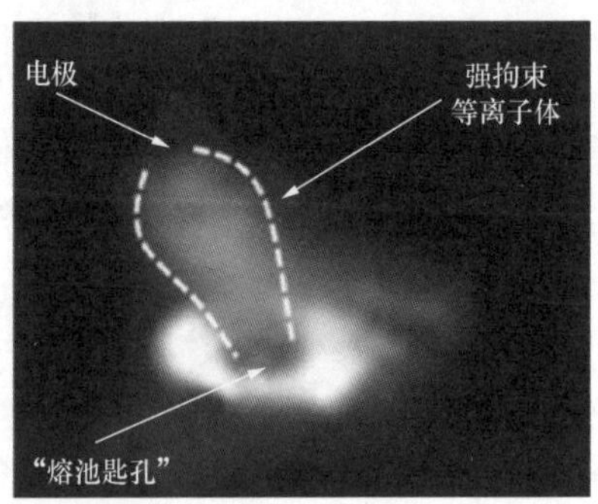

图3.8　激光诱导电弧等离子耦合放电现象

历经近十年产学研联合攻关，研究人员开发了基于“激光诱导电弧等离子体耦合放电理论”的“低功率脉冲激光诱导电弧焊接技术”，并充分利用其所具有的高功率密度特征以及能量梯度可设计特征，突破了焊接中获得大熔深、高速度及高穿透效果的技术瓶颈，焊接效率较电弧焊接提高5～10倍，焊接能耗仅为单独激光焊接能耗的50%，低能耗高效的绿色焊接制造特征凸显。为实现该技术在焊接制造领域的产业化推广应用，研究团队通过解决脉冲激光诱导电弧相位匹配触发控制系统、电磁防飞溅激光诱导电弧复合焊枪以及复杂曲面机器人焊缝自动寻址、焊枪姿态优化设计等技术关键，开发出了系列激光诱导电弧低能耗高效焊接柔性化集成装备。

目前，系列激光诱导电弧低能耗高效焊接柔性化集成装备已经应用于飞机、船舶、高速轨道交通、石化等领域，突破了飞机钛合金尾段、船舶曲面骨材以及车辆镁合金大尺寸薄板、石油化工输气管道圆周环缝及纵缝、机车高强钢转向架等结构低能耗高效焊接的瓶颈，实现了对进口设备的有效替代，显著缩短产品研制周期，展现出节能、高效等绿色焊接制造特征。

激光诱导电弧低能耗高效焊接技术及装备的应用能够解决传统焊接制造模式高能耗、低效率、长周期及高成本等问题，在工程领域可以发挥重要的示范和引领作用。未来，这项技术有望为我国核电、航空航天、交通、能源、海洋及石化等高端装备制造业焊接技术产业化升级提供技术支撑，从而实现国家科技重大创新工程关键技术的升级换代。

思考题

1. 科学实验中的偶然现象是否值得思考？

2. 新技术从现象到理论，再从技术到装备的顺利开发需要怎样的社会制度条件来保障？又需要哪些个人的品德和素养来支撑分项任务的完成？

中国速度实现突破的秘诀
——高强高导铜导线

引　言

2010年12月3日，高速动车组“和谐号”CRH380A沿京沪高铁从枣庄出发驶向蚌埠，正式启动此间220 km长高速铁路的先导段联调联试和综合试验。在列车出发22分钟后，其行驶速度达到486.1 km/h，打破了该车此前保持的416.6 km/h的世界铁路最高运营的速度纪录。由铜铬锆合金加工而成的接触线是关乎高铁运行安全性和经济性的关键部件。目前先进高速列车均采用电动车组编组，为了便于给列车供电，高速铁路受电弓与接触网装置一般都是沿铁路线布置，受电弓从接触网获得电能，再经牵引逆变器转换成三相交流电送给牵引电机，从而牵引列车高速前进。由此，自然会产生一系列疑问，制备长距离接触线会遇到哪些科学问题？我国科技工作者们是如何发现问题并坚持攻关创新？作为相关专业学生，如何利用专业知识实现远大抱负？

国之所需

高速铁路速度快、安全、可靠，不仅为人们的出行带来方便，更为沿途城市带来交通便利、经济发展等多重便利。一个城市的经济发展与其地区的交通状况紧密相连。我国疆域辽阔，高速铁路的推进与搭建对城市经济的发展具有强大的催化作用，通过铺设高速铁路交通网络可以促进城市的产业升级，有利于城市发展结构的转型与优化，对于城市发展的产业聚集化、功能完善化具有强大推动作用。此外，高铁线路的建设可以极大加速该区域的经济融合，加强城市之间的沟通联系，使城际交通公交化。根据中国国家铁路集团有限公司发布的《新时代交通强国铁路先行规划纲要》，到2035年，率先建成服务安全优质、保障坚强有力、实力国际领先的现代化铁路强国。到2050年，全面建成更高水平的现代化铁路强国，全面服务和保障社会主义现代化强国建设。

要建设铁路强国，必须保证与其相关的每个部件都拥有行业领先水平。目前，电气化铁路的动力来源主要为接触网，接触网的设计和制造看似简单，实际却是由材料学、电学、力学等多学科交叉混合构成的复杂体系。接触网大多位于城市外的无人区且是露天设备，没有备用的供电装置，并且线路上的负荷随电力机车的运行不断发生变化，一旦发生故障，将会导致一系列的安全隐患。电气化铁路接触线材料一般需要满足以下几点要求：（1）优异的电学性能和高导电性，有效降低线路能量损耗；（2）良好的力学性能，具有较高的抗拉强度，避免在长时间垂吊下发生变形；（3）较好的耐热性和高温稳定性；（4）耐磨性好，摩擦损失率小；（5）具有良好的耐蚀性，可在沿海、工矿地区稳定使用。

我国高速铁路具有三个特点：重载列车（8节或16节车厢，国外一般少于8节）、高速（如京沪高铁设计380 km/h）、环境恶劣（地域广袤、地形复杂、南北温差大、东西湿度差异大）。因此，我国高速铁路的接触网需要更大的架线张力和更高的安全系数，从而对接触线的性能提出了前所未有的高要求（抗拉强度＞600 MPa，导电率＞80% IACS）。欧美国家常用的铜镁、铜锡合金接触线不能满足我国高速铁路的设计寿命要求，日本新一代PHC铜合金优于现有的铜镁、铜锡合金，但其性能也无法达到我国高速铁路接触线的指标要求。

新一代高强高导Cu-Cr-Zr合金接触线是符合我国高速铁路接触线要求的最佳选择，但Cr、Zr的含量少又极易氧化，受限于早期的熔炼技术和制备工艺，高品质的Cu-Cr-Zr合金只能在真空条件下进行小批量生产。然而，高速铁路接触线要求一次性制备出直径15 mm、长1 400 m且无接头的铜线，真空制备显然无法生产满足我国高速铁路要求指标的大盘重Cu-Cr-Zr合金铸锭。而在非真空下制备大盘重Cu-Cr-Zr合金接触线的技术以及相关装置均是世界性难题，世界任何一个国家都没有成熟的技术可以实现，此前国内外众多研究者一直在进行技术攻关，但都没有实现规模化生产。由此，中国的高速铁路发展面临着非常严峻的问题，那就是在全世界范围内都无法采购到符合我国性能指标的接触线材料，用于高速铁路的接触线如图3.9所示。

图3.9 用于高速铁路的接触线

专业知识

一般来讲，金属材料的高强度和高导电性是一对矛盾体，难以兼得。金属材料获得高强度的途径一般有：形变强化（加工硬化）、细晶强化、固溶强化、弥散强化（沉淀强化）。例如：现有的Cu-Ag合金可通过形变强化和细晶强化的方式进行强化，但其强度仍较低。Cu-Mg和Cu-Sn合金可以进行形变强化、细晶强化和固溶强化、，较Cu-Ag合金其强度有所提升。铜合金中的固溶强化效果与合金元素的含量多少紧密相关。一般来说，合金元素的含量越高，固溶产生的强化越好，铜合金的强度增高得越明显。但是，合金元素的添加会急剧降低铜合金的电导率，以Cu-Sn合金为例，当Sn含量从0.2%增加至1.0%时，Cu-Sn合金的电导率会从86% IACS下降至54% IACS。

目前，获得高强高导铜合金的最佳途径是弥散强化。在铜合金的研究中，Cu-Cr-Zr合金是弥散强化效果最好的合金系之一，同时还可以通过形变、细晶、固溶和析出四种方式综合强化。针对铁路要求的高强高导Cu-Cr-Zr合金导线而言，可以利用固溶、形变和析出三种方式获得综合强化，Cr和Zr的沉淀析出在提高合金强度的同时又能很好地保持其高导电性，因此Cr和Zr含量的精确控制是实现Cu-Cr-Zr合金高强高导的必要条件。

熔炼制备高品质Cu-Cr-Zr合金需要克服很多问题：(1) Cu-Cr-Zr中合金Cr、Zr含量少（Cr ≈ 0.5%，Zr ≈ 0.06%），极易氧化，成分难以精确控制；(2) Cr、Zr含量少，极易产生元素偏析，严重影响铸坯性能；（3）Cu-Cr-Zr合金熔体黏度大，且Cr和Zr易与石墨模具反应，连铸成型困难。用真空熔炼的方式可以有效解决以上问题，但真空铸造过程中的参数控制不当仍会影响Cu-Cr-Zr铸坯的质量。如图3.10所示为浇注坩埚预热不足引起的气孔缺陷和元素偏析，如图3.10（a）是气孔和内应力造成的加工断裂；当合金中Cr含量较高时其常富集在枝晶的枝干处形成枝晶偏析，Zr则会在如图3.10（b）和（c）所示气孔内表面形成小范围富集。这些缺陷将严重影响Cu-Cr-Zr合金的强度和导电性能。而对于非真空熔炼来说，要想精确控制Cr和Zr的含量以及分布更是难上加难。

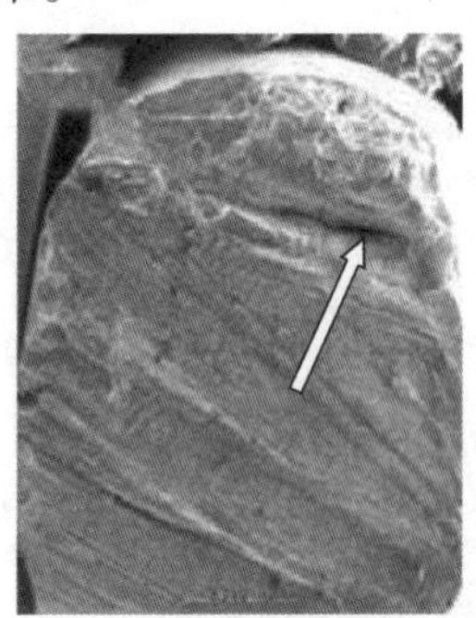
(a)气孔和内应力造成的加工断裂

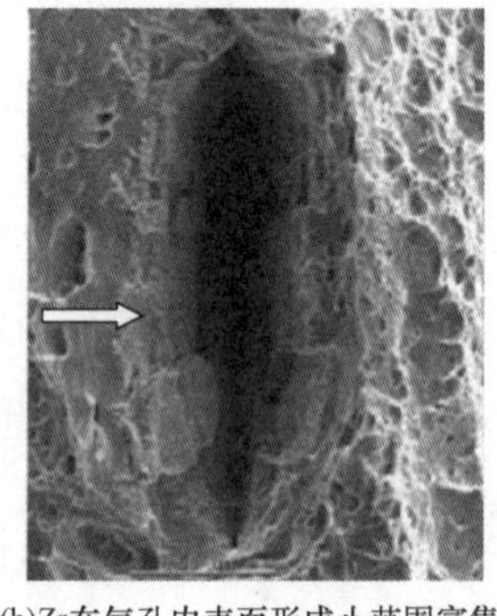
(b)Zr在气孔内表面形成小范围富集

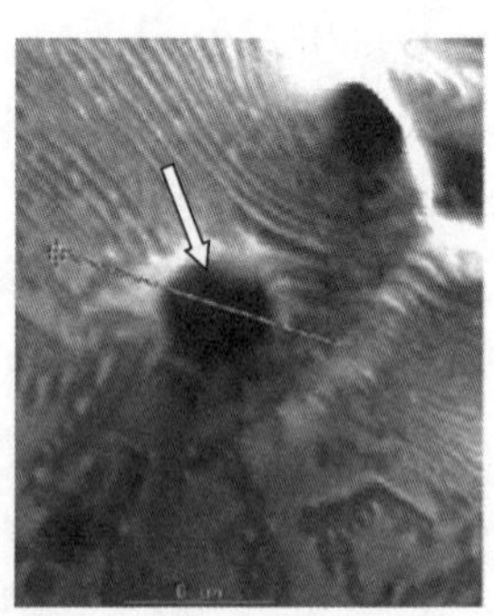
(c) Zr在气孔内表面形成小范围富集

图3.10　Cu-Cr-Zr合金中的加工断裂和Zr富集

有关高性能铜合金制备的新理论、新技术的突破是解决上述难题的关键。电磁场调控是一种重要的通过非接触形式控制合金凝固组织的技术，能够明显地改善合金的组织结构并提高合金成分的均匀性。因此，在合金凝固过程中引入电磁场调控可以使其获得优异的力学性能。然而，合金的凝固是一个高温且不可见的过程，其犹如一个飞行事故记录器，人们无法探其究竟。因此，人们对电磁场如何影响合金凝固过程中的晶体生长微观动力学仍未获得足够的认识，这种理论认知的不足导致电磁加工技术在材料制备中的应用与进一步发展受到限制。对于制备高性能铜合金，从微观尺度、动力学角度去理解铜合金凝固组织的电磁场调控机制，是实现高性能铜合金凝固组织电磁场精准调控以及优化电磁参数和连铸工艺的理论基础。

吾志所向

大连理工大学材料学院的李廷举教授在2000年前后就意识到高性能铜合金加工技术对我国高端装备制造业的重要意义。先秦韩非子曾云：“恃人不如自恃也，明于人之为己者不如己之自为也”，大致意思是求助于别人不如求助于自己，依靠别人帮自己，不如自己去做。从2000年开始，李廷举教授团队围绕连续铸造过程中微量元素的精确控制、凝固组织的均一化调控、抑制成分偏析等决定高性能铜合金质量的难题自主攻关。

第一，发明电磁场调控下合金晶体生长实时成像技术和装置，并阐明电磁场与溶质扩散交互作用下枝晶生长动力学机制。利用电磁场在线施加技术与对应装置，首次建立了电磁场下合金凝固过程晶粒及缺陷形成的实时观测和成像装置，解决了磁场装置、电流装置、真空凝固控制装置、成像样品、光源射线之间的匹配以及相互之间的热电干扰等问题，并利用这一技术观测到直流电场作用下合金内晶体的生长行为，发现电流对枝晶尖端形貌有明显的修正作用，如图3.11所示。

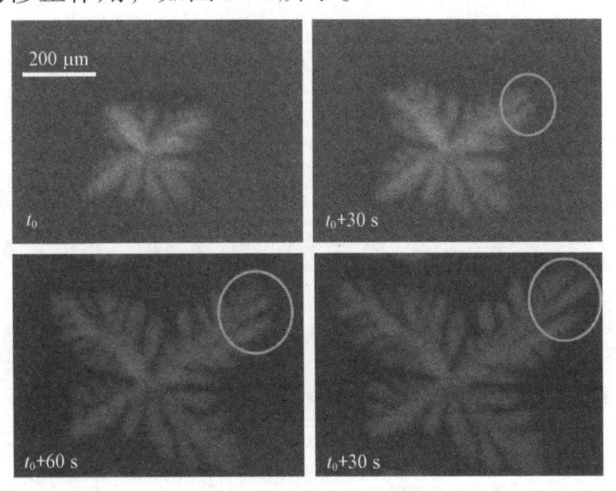

图3.11　直流电场作用下合金内晶体生长行为的同步辐射实时成像

第二，发明非真空下多腔熔炼和渣-气分段保护的微量活性元素成分调控技术。保证炉内熔体的成分均匀和可调，在保温炉和结晶器之间设置由特种材料构造的“熔池”，取代此部分常规的无水冷石墨内衬，消除了Cr、Zr与石墨的反应。经过Cr和Zr的成分设计和优化、工艺匹配、正交实验，确定了Cr和Zr的最佳含量。在此基础上，发明非真空下大盘重Cu-Cr-Zr圆坯水平电磁连铸技术。在保温炉和结晶器之间的“熔池”外侧施加电磁扰动，使保温炉内铜液的成分和温度经电磁场均匀后进入结晶器，解决了连铸坯中Cr、Zr元素偏析和裂纹形成的难题，图3.12对比了普通连铸和电磁连铸铸坯的表面和凝固组织，普通连铸的铸坯表面裂纹严重，内部晶粒粗大、不均匀；电磁铸造铸坯表面光滑，内部晶粒细化、均匀。

此外，组织建立了世界第一条Cu-Cr-Zr合金水平电磁连铸生产线，可以铸造任意长度的Cu-Cr-Zr合金铸坯，并且制订了非真空条件下熔炼-水平电磁连铸-行星轧制-热处理-拉拔的新技术整套工艺。图3.13展示了铸造出的50 m长的无缺陷Cu-Cr-Zr圆坯。

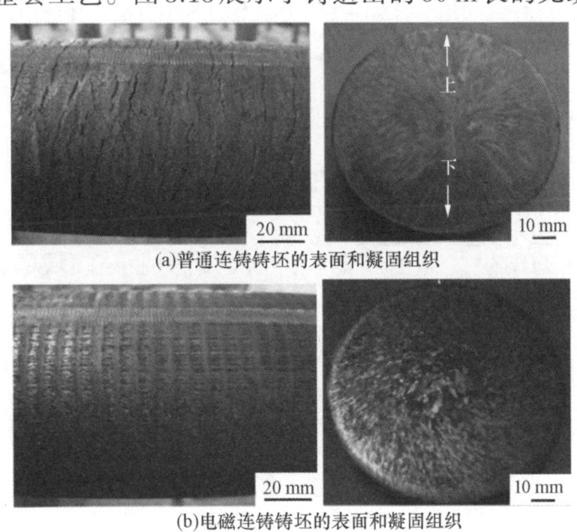

图3.12　普通连铸和电磁连铸铸坯的表面和凝固组织

图3.13 非真空条件下铸造出的50 m长的无缺陷Cu-Cr-Zr圆坯

在10多年的时间里，李廷举教授带领科研团队充分发挥工匠精神，探索出一套结合电磁场理论和金属凝固理论，对高性能铜合金铸坯凝固组织和成分调控及铸造缺陷抑制的方法，经过艰苦努力成功研发出具有高强高导优异性能的Cu-Cr-Zr合金接触线，实现了以下突破：

（1）解决了如何实现在非真空条件下连续铸造Cu-Cr-Zr合金的世界性难题。基于此方法制备的Cu-Cr-Zr接触线性能超越日本的PHC接触线，达到国际领先水平。

（2）首次实现了大盘重Cu-Cr-Zr合金的非真空制备，建成了世界上第一条Cu-Cr-Zr铸锭的水平电磁调控连续铸造生产线，使我国高强高导铜合金接触导线的制备技术实现了从无到有，从此我国拥有了自主制造高性能高速铁路接触线（速度＞350 km/h）的关键技术和产业化应用的实力与能力。

（3）Cu-Cr-Zr接触线的电导率大幅提升，相较于传统的铜镁合金，电导率提升18% IACS，按京沪高速铁路目前对开列车数计算，每年节电可达近十亿度。

这些突破都为我国成为铁路强国打下了坚实的基础，实现了理论和技术的创新。团队获得授权发明专利6项、转让3项，发表SCI收录论文98篇，EI收录论文177篇。2006年起，Cu-Cr-Zr接触线相关研究成果陆续实现产业化。

思考题

1. 你对科技创新对国家发展的重要性持什么观点？你认为理创新论与技术创新有怎样的关系，是否有先后顺序？

2. 作为材料专业的学生，如何才能找到自己对专业某领域的兴趣所在，并为之树立自己的人生价值实现目标？

3. 你对个人理想与国家需要之间的关系有什么看法？

大科学装置衍射小世界
——上海同步辐射光源

引　言

2009年4月29日，由中国科学院上海应用物理研究所承建的上海同步辐射光源（简称上海光源）国家重大科学工程竣工，并向用户开放试运行。上海光源作为我国自主研制的第三代同步辐射装置，为包括材料科学、化学、物理学、生命科学等在内的众多学科的前沿研究和高新技术研发提供了大型综合性国家大科学装置实验平台。该实验装置一期工程总投资超过14亿元，核心硬件包括一台150 MeV直线加速器、3.5 GeV增强器、432米周长的储存环和7条光束线站。2009年，由中国科学院院士和中国工程院院士投票评选出的中国十大科技进展新闻中，“上海同步辐射光源建成”上榜“上海光源团队”和“上海光源国家重大科学工程项目”分别荣获2011年中国科学院杰出科技成就奖和2012年度上海市科技进步奖特等奖，上海光源重大科学工程还被授予2013年度国家科学技术进步奖一等奖。当前，上海光源的使用与建设正同步进行，升级后的装置可提供13条实验线站，正在建设3条专用用户线站，国家立项批准二期工程16条新线站的建设。大科学装置的建造为何受到如此重视，有哪些难点，又是如何助力基础科学研究，例如材料科学的研究呢？

国之所需

同步辐射光源属于国之重器，是极为重要的大科学装置。第三代光源建设之前，我国虽已在北京建成了第一代同步光源，在合肥建成了第二代同步光源，但相对于国际发展水平来说还远远不够。第三代同步光源的建设既非常急迫，又面临严峻挑战。在这之前，欧美日等强国率先于20世纪90年代开始建造第三代同步辐射光源，如美国在芝加哥建造了先进光子源，欧盟在法国格勒诺布尔建造了欧洲同步辐射光源装置，日本在兵库县建造了第三代同步辐射光源Spring-8。这些科技强国利用其所拥有的大科学装置的强大研究能力，实现了一大批科学上的发现，部分研究成果已应用到国防、航空航天、新材料研制、生物和化学等各个行业领域，并引领世界核心科技发展。没有一流的大科学装置，就很难产生高水平的科研成果并引领前沿科技。

但同步辐射装置的建造极为困难，同步辐射装置本身就是一个多学科的研究平台，要实现装置指标在世界上做到最先进，靠购买是不行的，必须自主研发，一定要自己造。建设团队需要克服诸多难题，其中包括：（1）投入与经验积累均不足；（2）设备建成后应具有国际先进水平的运行性能。上海光源是一个大型粒子加速器，构成部件众多，是一个极度复杂的综合性系统，集成创新难度很大，存在众多挑战。此外，装置的建设需要融合先进的设计思想和技术，并对先进技术方案和性价比方面进行评估取舍，还需综合考虑加工周期、材料和制造费用，在规定的期限和资金内完成装置建设也是过程中遇到的最大困难。

专业知识

同步辐射（synchrotron radiation）是指以接近光速运动的相对论高能带电粒子在电磁场中沿弯转轨道行进时发射出的电磁辐射。同步辐射最早于1947年，在美国通用电气实验室的70 MeV电子同步加速器上被观察到，故而被命名为“同步辐射”并沿用至今。同步辐射经历了70多年的发展，其中20世纪90年代开始建设发展的第三代同步辐射装置是当前各国重点建设和发展的大型同步辐射光源装置。其特征是大量使用插入件（如波荡器、摇摆器），基于第三代同步辐射光源的科研成果产出也最为丰硕。如图3.14所示为我国第三代同步辐射光源——上海同步辐射光源的外观。同步辐射光源具有常规X射线源不具备的许多优越特性，如宽频谱范围、高光谱亮度、高光子通量、高准直性、高偏振与准相干性以及具有脉冲时间结构等。利用这些优越特性，可开展各种物质的机理研究。例如，同步辐射X射线显微成像技术可以实现从纳米分辨到微米分辨的多尺度三维无损结构成像，因此可以用来研究物质内部组成的形貌、分布、大小等；利用X射线的衍射特性与晶体的作用，可研究晶体结构的类型、晶体参数以及晶体材料（如金属）在外部复杂载荷作用下的变形损伤机理；利用X射线与微小颗粒的散射作用，可确定含有微小颗粒物质体系中的颗粒分散、团聚等现象。此外，集合多种X射线表征技术，如结合成像技术和近边吸收谱技术形成的同步辐射X射线谱学成像技术可以在原位环境下无损重构材料内部微结构的三维形貌、元素分布和价态不均性等信息。

图3.14 上海同步辐射光源外观

同步辐射X射线表征技术已成为研究材料内部物质组成与结构及其与性能关联性的最直接、最有效的方法，为我们认识材料的微观世界打开了一扇新的大门。

吾志所向

上海光源的建成不是一蹴而就的，上海光源历经11年预研优化和5年攻关才得以建成，在世界上同类装置中其投资最少，建设速度最快。上海光源的建成是我国科技界集体智慧的结晶，建设团队攻克了一系列高难度技术，自主研发的关键技术达近百项。其中，22项设备为国内首创，26项设备的技术指标达到同类设备的国际先进水平，这一高水平的系统集成创新有力地推动了我国相关科学技术的迅猛发展，堪称我国大科学工程建设的典范。通过技术创新建成的上海光源总体性能进入国际前列，光亮度比我国已有装置提高了4个量级，实验能力提升显著，空间分辨、时间分辨和能量分辨等能力大幅度提高，可进行诸多原位动态实验研究，成为我国不可或缺的先进研究平台。

大科学装置对我国科技进步的推动作用显著，具体体现在科研成果的国际影响力上。利用上海光源作出的研究论文已超过5 000篇，其中在《科学》《自然》《细胞》三大国际期刊上发表的论文近100篇；用户的科研成果入选国内外重大科学科技进展15项次，获国家科技奖7项。上海光源支撑我国科学家取得了一大批重要研究成果，在生物学、制药、新材料等多个学科和产业领域均获得原创性成果，如：首次获得人源葡萄糖转运蛋白GLUT1结构、探明埃博拉病毒机理、实现甲烷一步反应法高效转化和单壁碳纳米管的手性可控生长、发现新型铁基超导体在高压下重新出现超导的新现象、实验发现外尔费米子等多项具有重大国际影响的成果。这些成果中，有3项入选“中国科学十大进展”、1项被《科学》杂志评选为十大科学突破、1项入选欧洲《物理世界》杂志物理学领域十大突破。

上海光源的建成极大促进了我国材料领域的基础研究。例如，超高强度和韧性的材料一直是应用于汽车、航空及国防工业的结构材料所追求的目标；但是，材料的强度和韧性一直是一对矛盾的关系，尤其是对于屈服强度超过2 GPa的金属结构材料，其韧性的提升难度急剧增加。香港大学和北京科技大学联合研究组，利用上海光源衍射实验证明了制备的高强钢在大塑性变形后会产生马氏体相变，从而为其提出的“形变和分区”策略机理研究奠定了基础。

上海光源的建成同时也助推了很多材料从基础研究走向自主创新产业化。例如，铜合金的导电、导热、耐蚀等性能优异，是制备高铁接触线、集成电路引线框架等的必用关键材料，而我国高品质铜合金存在制备瓶颈。如前所述大连理工大学研究团队基于上海光源同步辐射实时X射线成像技术解决了业界公认难题——合金凝固的黑箱问题，发明了凝固过程电磁调控系列专利技术，开发了非真空下铜铬锆合金圆坯的高质量高效制备技术，研制的接触线成品性能指标在国内外报道中最高，并成功用于京沪高铁。再如，石墨烯是国家重点支持的战略前沿新兴材料，具有极为优异的光学、电学、力学特性。浙江大学高超团队利用同步辐射小角散射技术，捕获了氧化石墨烯的向列相、层状相以及新型的手性液晶相，从本质上解决了石墨烯产业化的核心问题，成果助力建成全球首条纺丝级单层氧化石墨烯10吨生产线，并投入使用。这也标志着粉体石墨烯产品及其应用进入单层时代，中国石墨烯原创产业技术走向国际引领时代。

上海光源在建设中逐渐培育出“上海光源精神”。即上海光源建设团队体现出的

“创新精神、科学精神和奉献精神”的综合体现。“上海光源精神”也正是我国几代大科学装置建设者精神世界的真实写照。

思考题

1. 请以大科学装置的研制为例，谈谈你对“上海光源精神”的理解。

2. 面对国外的技术壁垒和封锁，谈谈当代大学生应具有的历史使命感和学习、工作态度。

多丝协同电弧熔丝一体化增减材制造
——国际首例3D打印10米级高强铝合金连接环

引　言

2021年1月，世界上首件10米级高强铝合金重型运载火箭连接环样件在西安国家增材制造创新中心制成，这标志着我国在材料的变形与应力调控、整体制造的精度控制、工艺稳定性等领域均实现了重大技术突破，具有十分重要的战略意义。本次超大型铝合金连接环采用的电弧熔丝增减材制造方法，极大简化了制造工艺，使制造周期缩短至一个月，显著降低了制造成本。那么，我国科技工作者具体创新了什么样的制造工艺，才实现了超大型铝合金连接环的制造呢?

国之所需

近年来，结构轻量化成为航空航天领域高性能飞行器设计制造的发展趋势。美欧航空设计部门发现，采用高性能铝合金结构件，尤其是将传统的组合式铝合金构件替换为大型整体铝合金主承力结构件，可以减轻构件质量占比15%~20%，并且构件的使用寿命和可靠性显著增加。大型客机、战略运输机、战斗机的机翼主翼梁、翼身对接肋、机身承受力框等对铝合金的高性能化、构件大型化的要求越来越突出。在航空航天领域，铝合金材料是减轻飞行器结构质量，提高运载能力和飞行速度的重要技术途径之一。

10米级高强铝合金连接环用于运载火箭燃料贮箱的筒段、前后底与火箭的箱间段之间的连接，是传力、受力的关键部位，需要确保在重载、高冲击、超低温的严苛环境下安全服役，其制造技术和制造方法是重型运载火箭研制过程的重中之重。

专业知识

大型铝合金整体连接环的常规制造方法是锻造制坯与轧制成型。该方法的难度在于，直径越大就越不容易把铝合金连接环的圆形做到位。我国科研人员挑战工程极限，在这方面进步很快，连续突破了轧制成型、热处理、冷变形等多项关键核心技术。早在2014年，西南铝业(集团)有限责任公司与天津特钢精锻有限公司签约合作，成功研制出直径为9米级的整体铝合金连接环；随后又在2016年，成功研制出可以应用于重型运载火箭的直径为10米级的铝合金连接环（图3.15）。鉴于高性能铝合金整体构件在轻量化设计制造中的重要性，研发相关材料制备和零件制造新工艺、新方法，不断使连接环更轻、更强，制造方法更便捷、制造周期更短，始终是科技工作者不断追求的目标。那么，近年来备受瞩目的3D打印增材制造新技术能否用于实现上述目标呢?

图3.15　直径为10米级的铝合金连接环

提到增材制造，我们比较熟悉的就是激光熔覆快速成型(SLM)技术。然而当前以SLM技术为主的3D打印工艺却无法满足铝合金大型构件的制造需求，主要原因是以下几点关键技术难题还未能有效解决：（1）与钢和钛合金相比，铝合金导热率更高，而激光吸收率低、反射率高，在铝合金激光直接沉积过程中，会有更多的能量通过基体的热传导损失掉，降低了铝合金零件成形效率；（2）铝合金的热膨胀系数是钢的两倍，激光沉积过程中的变形和应力都较大，需要采取零件变形开裂预防措施；（3）铝合金在激光沉积过程中极易氧化，形成难以去除的Al_2O_3氧化层，在后续沉积过程中形成夹渣、未熔合等缺陷；（4）铝合金密度低，激光轰击产生粉尘飞溅，一方面使制品产生缺陷，另一方面造成成形腔室粉尘飞扬，影响打印环境；（5）铝合金在熔融的状态下，氢在铝合金中的溶解量会大幅度增加，同时由于其良好的导热性，在熔池快速凝固的情况下，氢难以逸出，滞留在熔池中形成气孔；（6）铝合金在激光直接沉积过程中可能造成低沸点合金元素（如Zn、Si等）烧损，造成合金成分的变化，影响零件的组织和性能。

为了避免SLM技术的短板，美国MELD制造公司采用搅拌摩擦增材制造的新技术，打印出了直径为3.05米的铝合金零件。搅拌摩擦增材制造的基础是搅拌摩擦焊技术。这种技术的优点是，只需要经过塑性软化和轴向挤压，无须经过金属的熔化与凝固等步骤，从而避免了与熔化相关的热裂纹、气孔等冶金缺陷和材料氧化等问题的出现。同时，“挤压”的过程又承担了常规焊接方式中的“锻造”作用，因此通过搅拌摩擦焊技术可以得到具有优异性能的细晶组织。正是由于成形温度低，且成形发生在材料内部，因而不会受外界影响造成材料氧化等问题，所以生产过程可以在露天环境中进行，所能制造的部件的尺寸显著增大。然而，该技术被国外专利所保护并垄断。为此，我国科技工作者必须独立开发出全新的增材制造技术来实现超大型铝合金连接环的制造。

吾志所向

为了打破国外技术封锁垄断、占据世界增材制造科技的战略制高点，保障我国航天事业的发展，国家增材制造创新中心、西安交通大学卢秉恒团队开发出冷金属过渡(CMT)电弧熔丝增减材制造方法，并实现了超大型一体化铝合金连接环的工程制造。该方法可以有效解决大尺寸结构件打印的应力调控与变形、多路打印的运动控制等关键技术难题，使我国在大型航天铝合金回转体构件整体增减材制造成形领域实现了重大突破。

冷金属过渡(CMT)电弧熔丝增材制造的基本原理基于冷金属过渡电弧焊接技术。相比于气体钨极氩弧焊和稀有气体保护焊，冷金属过渡电弧焊通过数字控制方式下的短电弧和焊丝的换向送丝监控，可在相对较低的热输入和能量密度下，实现无焊渣飞溅的焊接。同时采用送丝进行增材制造，成形的零件具有化学成分均匀、致密度高、尺寸不受成形腔限制、成形效率高的特点，尤其适合中等复杂程度大尺度构件的快速增材制造。冷金属过渡(CMT)电弧熔丝增材制造工艺优化如图3.16所示。

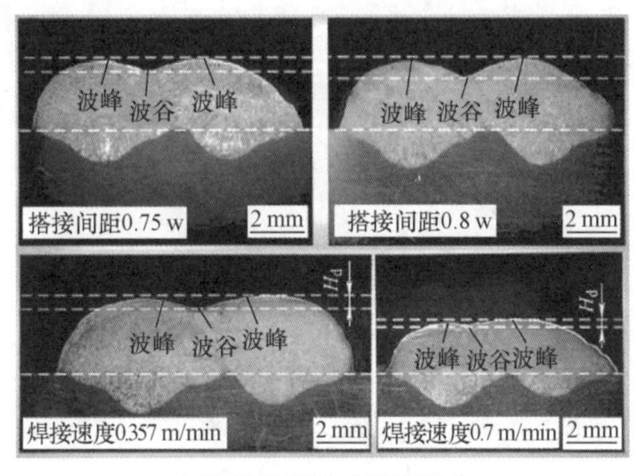

(a) 焊接参数对搭接影响

(b) 层间扫描与多层多道块体

图3.16　冷金属过渡(CMT)增材制造工艺优化

利用机器人CMT电弧增材制造系统，研发团队首先攻克了多道搭接工艺难题，通过焊道搭接横截面轮廓拟合分析、单层多道斜顶搭接建模、实验焊接参数对搭接影响分析，获得了单层搭接平整的工艺参数；通过层间交替扫描，获得了多层多道块体。其次，通过研究掌握焊接电流和电压波形对焊接块体组织性能的影响规律，实现了铝合金组织性能调控。由于创新性地采用了多丝协同工艺，极大简化了制造工艺、降低了制造成本，一吨重铝合金连接环样件的制造周期仅仅需要一个月。冷金属过渡（CMT）电弧熔丝增减材制造技术的成功开发对我国深空探测装备硬件能力的优化和升级具有重要战略意义，为我国航天型号工程的快速研制提供了有力保障。基于冷金属过渡（CMT）技术的铝合金连接环增减材一体化制造如图3.17所示。

图3.17　基于冷金属过渡(CMT)技术的铝合金连接环增减材一体化制造

思考题

1. 我国现有技术已经攻克了铝合金连接环的制造，为什么国内外还在花大力气研究它呢?

2. 新技术是如何从实验室研究转化为工程技术的? 国家增材制造创新中心在冷金属过渡（CMT）电弧熔丝增减材制造的工程化中起到了怎样的作用?

远洋深海环境建造中马友谊大桥选用的桥梁钢——高性能耐蚀钢

引 言

2018年8月30日，中国援建马尔代夫的中马友谊大桥正式开通，成为两国共建“一带一路”的标志性项目，具有重要意义。中马友谊大桥的建成实现了马尔代夫人民想要拥有跨海大桥的百年夙愿，是中马友好的新象征。中马友谊大桥（图3.18）全长约2千米，其中桥梁长度为1.39千米，设计使用寿命100年，该大桥建造在深海远洋无遮掩环境以及珊瑚礁地质条件下，是名副其实的世界“唯一”。大桥建设全面采用中国标准、中国规范、中国技术。作为地球上海洋腐蚀最严重的地区，应该采用什么样的桥梁钢，才能满足百年设计寿命呢？我国科技工作者通过哪些艰苦工作，才能支撑起建设这样的重大工程项目的重任呢？

图3.18 中马友谊大桥鸟瞰图

国之所需

腐蚀一直是全世界重大装备在保障高可靠性的长期服役过程中所面临的老大难问题，材料腐蚀问题是各种工程的“癌症”，让人谈腐色变。我国每年因为材料的腐蚀问题而造成的经济损失超过20 000亿元，而其中有至少三分之一的损失是可以通过防腐技术的提高来避免的。遗憾的是，我国在耐蚀材料领域的研究仍十分薄弱。由于长期缺乏材料腐蚀性的相关数据，如何改进提高很多常用材料的耐蚀性一直是困扰我国工程技术人员的难题。在几乎所有的工程领域，材料腐蚀基础数据的积累以及材料腐蚀规律的总结都有着重要的意义。

中国全国范围内的材料环境腐蚀试验站网建设起始于20世纪50年代，经过70多年的发展，全国材料环境腐蚀试验站网已经成为我国自然环境腐蚀研究最完善的平台。经过大量材料环境腐蚀数据的长期积累，目前全国材料环境腐蚀试验站网的数据库已经建成，涵盖了我国内容最丰富、数据量最大的材料腐蚀数据，支撑了我国多项重大工程项目的实施。

常见的大型桥梁采用钢材制造的部分包括水下管桩、钢筋、桥梁钢、护栏等，其中桥梁钢采用的是专用于架造公路桥梁和铁路的钢板。室外自然环境的特殊性和复杂性对桥梁钢提出了极高的性能要求，包括良好的抗疲劳性、高韧性及强度、优秀的耐大气腐蚀性、极强的承受桥上行驶车辆载荷冲击能力以及良好的低温韧性等。马尔代夫位于世界上海洋腐蚀最严重的几个地区之一，其典型的海洋性气候具有高辐照、高温、高盐、高湿度等特点，“四高”的腐蚀环境比中国南海地区严峻得多，成为大桥建设选材名副其实的“拦桥虎”。我国尚无在如此严酷的环境下设计建造桥梁的经验，缺乏桥梁钢防腐蚀的数据积累。应选用什么类型的桥梁钢才能够保证大桥100年使用寿命的设计需求呢？

专业知识

大多数的钢材在大气环境下服役时，表面会因腐蚀形成锈层，这一锈层对金属的作用就相当于我们穿的“防雨衣”。普通桥梁钢因耐蚀性差，表面锈层疏松多孔，穿的是“破烂漏洞的防雨衣”，不能满足现代桥梁建设要求。耐候钢中由于添加了Cu、Cr、Ni、P元素，能够在表面形成相对致密的保护性氧化层，这种没有破洞的“防雨衣”可以通过“以锈止锈”的方式实现桥梁钢的免涂装，降低长周期运行的维护成本。耐候钢在日本和美国已有多年的研发应用经验，大量应用于桥梁建设中。那么，这种耐候钢能否应用在中马友谊大桥建设中呢？大量的实验和文献报道表明，穿上这样“防雨衣”的桥梁钢仍不能抵抗中马友谊大桥所处“四高”环境中高浓度氯离子的侵蚀。

“他山之石可以攻玉”，科学研究既要坚持独立自主创新，又要广泛借鉴世界各国的研究经验积累。曾有日本研究者提出将“镍”作为主元素添加到耐候钢中，通过改变表面锈层结构，可以有效地阻止海盐颗粒尤其是其中的氯离子对耐候钢的腐蚀，提高其在复杂海洋大气环境中的长期服役可靠性。近年来，越来越多的学者对含Ni钢的大气耐蚀性、冶炼制备等开展了研究，发现含3%左右Ni的耐候钢（简称3Ni钢）具有相对优良的耐蚀性。在中马友谊大桥设计建造之前，我国尚没有3Ni钢在苛刻环境桥梁钢中应用的先例，那么该如何评价3Ni钢能否满足耐蚀要求呢？

吾志所向

由于我国尚无在像马尔代夫这样严酷的环境下建设跨海桥梁的经验，缺乏相应的桥梁腐蚀数据积累，这次援建计划对我国桥梁建设部门是一次不小的挑战。大桥设计的负责单位——中交公路规划设计院在接到商务部建设任务后随即邀请国家材料环境腐蚀平台主任李晓刚教授带领的团队开展全桥的防腐蚀设计和相关配套科研工作，3Ni钢就是其中重要的研究内容之一。

作为科技部批准建设的23家国家科技基础条件平台之一，国家材料环境腐蚀平台包括材料腐蚀平台中心和30个国家级试验站，长期从事材料环境腐蚀的数据积累和试验研究，提供材料环境腐蚀数据共享服务，是我国材料腐蚀试验、检测分析的权威机构，也是材料腐蚀专业人才培养和基础科学研究基地。李晓刚教授团队在严酷海洋环境新型耐蚀钢研发及防护技术方面积累了丰富的经验和数据。

在前期大量的研究基础之上，李晓刚教授团队与鞍钢联合攻关，利用耐蚀元素和组织结构调控方法，成功研发出适用于“四高”环境的高镍耐蚀钢及其配套关键技术，其耐蚀性较普通碳钢提升了1.58倍，较普通耐蚀钢提升了76%。三种钢材的基本化学组成见表3.1，相对于Q235碳钢和普通耐候钢，新型3Ni钢提高了Ni质量分数和铜质量分数，Mn、S、P质量分数相对降低。三种钢材的金相组织如图3.19所示，Q235钢主要由珠光体和铁素体组成，普通耐候钢由多边形铁素体组成，而3Ni钢则包括铁素体、贝氏体和少量碳化物，此外相比Q235钢，耐候钢的晶粒尺寸更细小。

表3.1　Q235钢、普通耐候钢和新型3Ni钢的基本化学组成(质量分数)

型号	C	Mn	S	P	Si	Ni	Cr	Cu	Mo	Fe
Q235钢	0.150	1.460	0.016	0.014	0.540	0.040	0.020	≤0.010	≤0.010	余量
普通耐候钢	0.060	1.440	0.004	0.014	0.500	0.270	0.410	0.420	0.160	余量
新型3Ni钢	0.030	0.390	0.004	0.005	0.420	3.010	0.120	1.040	0.030	余量

(a) Q235钢

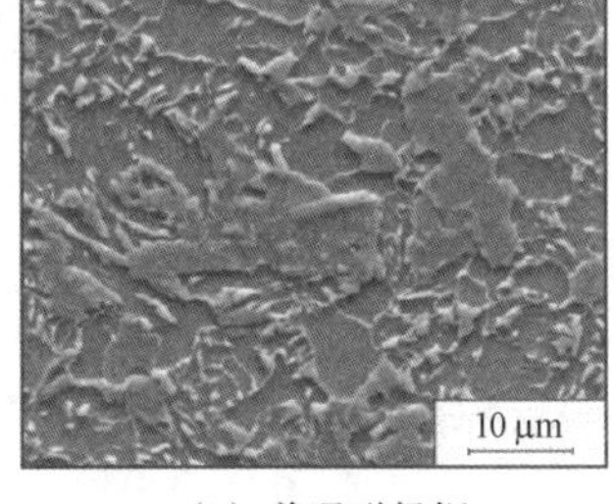

(b) 普通耐候钢

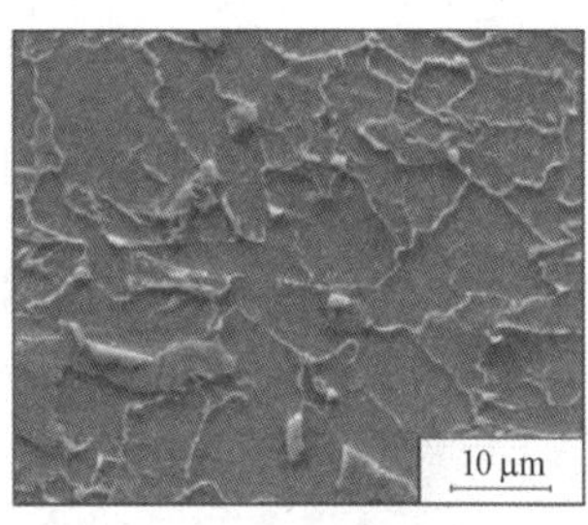

(c) 新型3Ni钢

图3.19　Q235钢、普通耐候钢和新型3Ni钢大气腐蚀前的金相显微组织

图3.20显示了上述三种钢材在马累岛暴露2年后表面锈层扫描电镜的横截面图和元素分布，可以发现Q235钢表面锈层中有大量裂纹，氯离子富集在氧化物和基体界面，这种富集加速了钢的腐蚀；对于普通耐候钢，内层氧化物相对致密、外层氧化物发生开裂，虽然铬元素富集在表面，但氧化物内层仍发现了氯离子的富集；3Ni钢表面氧化层致密，内层氧化物中的Ni元素高于外层，氯离子富集在外层氧化物中，表明3Ni钢表面的腐蚀层能够提高钢的耐蚀性。

经过更为细致的分析发现，Ni元素添加后表面氧化层中形成了纳米级$NiFe_2O_4$颗粒，这样的氧化物颗粒随暴露时间的增加而增加。$NiFe_2O_4$在腐蚀初期能稳定Fe_3O_4，避免形成疏松的γ-FeOOH氧化物，促进氧化物内层中γ-FeOOH向α-FeOOH的转变；同时，在内层氧化物中$NiFe_2O_4$的富集还产生电负效应，起到阻碍氯离子的作用，因此3Ni钢具有更好的热带高盐海洋大气环境耐腐蚀性。

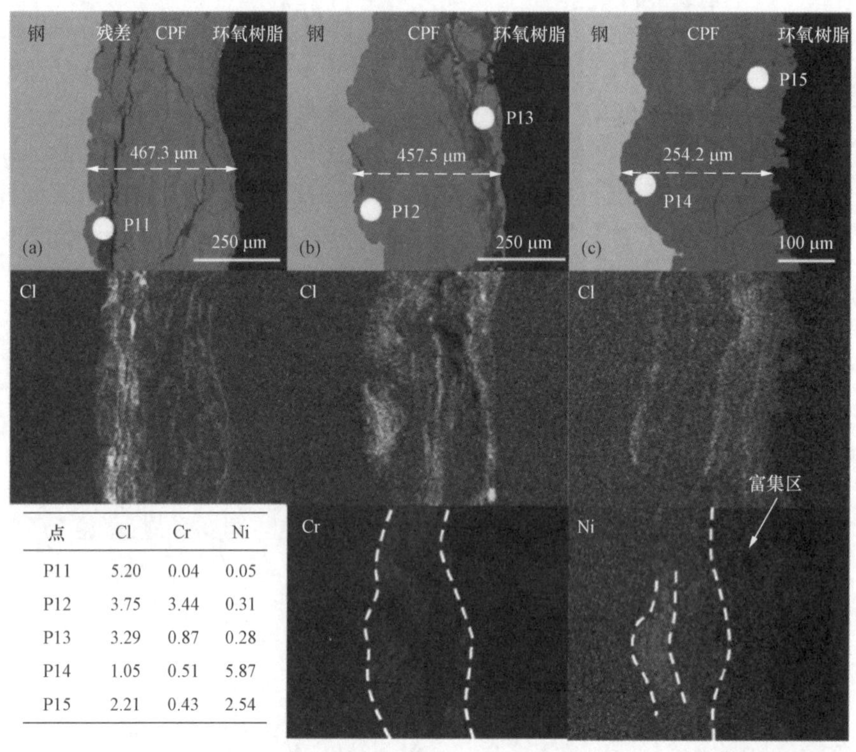

点	Cl	Cr	Ni
P11	5.20	0.04	0.05
P12	3.75	3.44	0.31
P13	3.29	0.87	0.28
P14	1.05	0.51	5.87
P15	2.21	0.43	2.54

图3.20　Q235钢、普通耐候钢和新型3Ni钢在马累岛大气环境暴露2年后横截面形貌和元素分布

李晓刚教授团队研发的高镍耐蚀钢系列产品被江苏省经济和信息化委员会鉴定为：“总体技术国内领先、国际先进”。中国腐蚀与防护学会在鉴定该项研究成果后，称赞“微量元素调控和大数据评价技术为国际首创”。新型3Ni钢成功应用于中马友谊大桥的建造，可保证桥梁结构20年周期内免维护，100年使用周期内仅维护5次。高镍耐蚀钢在海洋大气环境下耐腐蚀特性的研究有效弥补了我国在“一带一路”共建国家腐蚀环境和数据极度缺乏的现状，为后续金属材料的工程应用提供了可靠依据。依托上述研究成果形成的高镍钢在高温高湿高盐雾环境服役安全评估方法，被中交公路规划设计院纳入热带海洋地区桥梁钢结构设计导则，为文莱PMB跨海大桥、肯尼亚蒙巴萨跨海浮桥、菲律宾萨马岛跨海桥、中马友谊跨海大桥等项目的防腐蚀设计提供了可靠的科学支撑，取得了明显的经济效益，为我国钢铁行业的高质量发展和“一带一路”国际合作作出了重要贡献！

我国重大装备正在迅速向深远海等严酷自然环境扩展，提高国产钢材的耐蚀性是创造“自主品牌”和实现“走出去”的战略性研究课题。基于耐蚀性调控的微观理论和第一性原理、分子动力学等先进理论计算分析，结合腐蚀数据高通量无线采集与处理技术，开展腐蚀大数据挖掘以及腐蚀演变动力学多尺度仿真等研究，有望实现新材料研发过程中“成分−组织−工艺−耐蚀性”复杂构效关系的高效建立与优化，极大缩短研发周期，为国产重大装备长寿命安全服役保驾护航。

思考题

1. 从新材料理论提出到重大工程实际应用，需要经历哪些关键环节？科技工作者在新材料的工程应用中能发挥哪些作用？

2. 为什么科研工作者要开展材料基础性能数据持续数十年的长期累积工作？你还知道哪些有关材料基础性能数据长期累积的工作吗？

十年磨一剑——钛铝合金叶片一体成型

引言

作为我国第一款商用航空发动机产品，CJ1000A长江发动机是替代C919飞机进口LEAP-X1C发动机唯一的备选国产动力。叶片是长江发动机研发过程中面临技术难度最大的部分之一。2020年12月，我国研制的钛铝合金发动机叶片通过振动疲劳考核，考评效果达到“理想预期”。接下来，国产钛铝合金叶片将在CJ1000A发动机上进行装机考核。钛铝合金叶片是国产航空发动机关键核心材料的一次重大创新突破，为实现航发进口替代目标创造了有利条件，成为我们面对美国的封锁和制裁给出的响亮答案！那么，CJ1000A发动机为什么要采用钛铝合金材料作为叶片？制造钛铝合金叶片将面临哪些材料科学和技术难题？

国之所需

C919飞机是我国首款完全按照国际先进适航标准研制的单通道大型干线客机，最大航程超过五千五百公里。C919飞机综合采用了先进气动布局设计、先进结构设计和轻量化材料应用、先进综合航电技术、先进客舱综合设计技术和维修理论与技术，使之与国际新一代的主流单通道客机相比性能毫不逊色，在十年后仍具有相当的国际竞争优势。然而，C919飞机的很多关键技术引进自国外，特别是作为“航空工业皇冠上的明珠”的航空发动机，一直以来是中国航空工业的最主要短板之一。C919飞机使用的是由CFM国际公司研发的新一代LEAP-X1C发动机。2020年曾一度传出消息，美国要通过掐断LEAP-X1C涡扇发动机的出口供应来扼杀我国C919大飞机项目，由此干扰破坏中国的科学技术进步和产业升级。为此，中航商用航空发动机有限责任公司承担了我国大型客机发动机—— CJ1000A长江发动机研制的重大专项。

航空发动机的工作原理并不特别复杂，空气经过风扇进入后，经过压气机压缩，再经过燃烧室和燃料混合燃烧膨胀，然后经过尾喷排出做功，产生巨大推力。然而由于热端燃烧工作温度高、同时还要承受极其严酷的力学载荷，航空发动机材料需要满足极高的性能要求，经受住在恶劣工况下长期稳定服役的考验。高压压气机涡轮叶片（简称高压涡轮叶片）是整个发动机中工况最恶劣、技术要求最高的热端组件之一，其选材直接决定了涡轮前燃温度这一衡量发动机性能的关键指标。因此，高压涡轮叶片研发成功的关键是寻找开发出能够承受极高温度的新型高温合金材料。

专业知识

商用航空发动机的高压涡轮叶片不仅要符合苛刻严格的硬度、耐高温、抗震动疲劳和寿命等多项性能要求，还要能尽可能降低自身的质量。钛的密度比钢低约40%，而强度与钢相当，熔点为1 668 ℃，按理说应是十分优异的高温金属材料。但是在实际应用中，钛合金只能用于温度较低的发动机前端风扇和低压压气机中，用其制成的叶片、盘件、机匣工作温度区间一般为350～400 ℃，不能超过600 ℃。这是因为当钛的表面温度超过600 ℃时，将在空气环境中发生极快的氧化反应，外层抑制燃烧的氧化膜迅速脱落，使其高温性能受到明显破坏，甚至会产生致命的“钛火”现象。为了提高钛合金的使用温度，使用新型高效气冷叶片技术、开发新型耐高温钛合金和研制新型高温抗氧化涂层，成为耐高温钛合金研究领域的三大主要任务。

钛铝合金的密度低，具有良好的高温蠕变性能以及抗高温氧化能力，同时具有高的弹性模量、熔点和比强度等优点，是最具应用潜力的轻质高温结构材料。钛铝合金叶片已成功应用于先进航空发动机低压涡轮末级两级部位，在700～850 ℃温度范围内，通过适当的合金强化技术，其比强度显著高于镍基高温合金等材料。美国GE公司研制的GEnx发动机、法美合资CFM公司最新研制生产的LEAP发动机涡轮叶片均采用了钛铝合金材料，在显著减轻发动机质量、节省约15%燃油消耗的同时提高发动机性能（图3.21）。

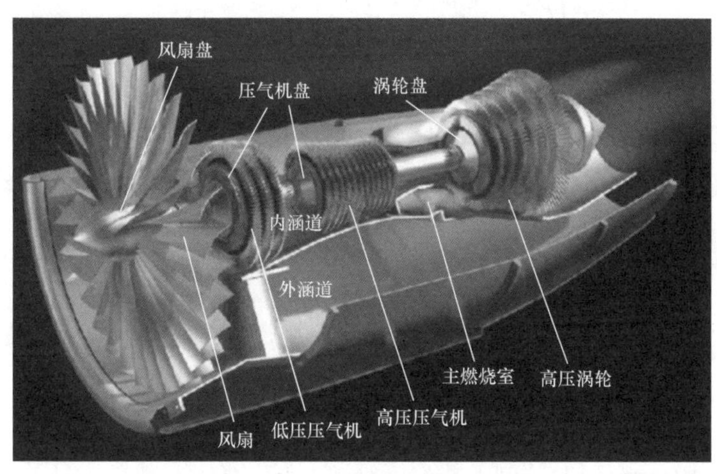

图3.21　典型航空发动机结构

然而，钛铝合金具有室温脆性这一显著的先天不足，使其成为极难加工的材料。采用常规的铸造凝固成型法、原位生成复合法以及粉末冶金法、喷射成形法、叠层复合法等制备的钛铝合金叶片毛坯，都不可避免地需要后续机加工，研究人员必须开发出合适的材料成型技术。

吾志所向

为了攻克钛铝合金难加工这一难题，中国科学院金属研究所崔玉友和杨锐团队决定采用精密铸造技术。精密铸造技术作为一种近净成型技术，特别适用于因材料难以加工或因形状复杂而无法焊接或加工的结构件，或者是仍然可以焊接或加工但无法承受巨大经济成本的结构件。采用该技术制造钛铝合金叶片可以极大提高材料利用率，降低制造成本。然而，钛铝在熔融状态下具有高活性，与绝大部分耐火材料都能发生反应，从而导致铸件表面质量降低。氧化钇的熔点高达2 140 ℃，是目前唯一可用于铸造钛铝合金叶片的耐火容器模壳材料。氧化钇只有经过高温煅烧才能获得所需的面层烧结强度，但研究表明，即使氧化钇模壳经过1 450 ℃的高温烧结，在铸件/模壳界面或铸件内部仍存在氧化钇夹杂，不符合航空领域对钛铝合金铸件中杂质含量，尤其是钇含量的严格控制要求。进一步提高烧结温度可以降低氧化钇夹杂含量，然而这不仅会导致制造成本大幅增加，还会引发铸件开裂、模组整体强度升高等其他问题。德国科学家通过计算机模拟得出结论：采用氧化钇模壳精密铸造钛铝合金叶片是不可能完成的任务。

中国科学家没有相信这个模拟理论，而是迎难而上攻关降低氧化钇模壳烧结温度、同时提高其烧结性能的技术难题，目标是“让氧化钇不再掉渣”。自2006年起，由材料、化学、物理学界精英组建的跨学科团队开始了一次次碰壁、一次次从头再来的艰苦努力。“十年磨一剑”，研发团队最终在氧化钇的基础上，通过添加CaO、MgO、BaO、Al_2O_3及其氟化物等第二相制备出了新型耐火材料。新材料具有结构致密、热膨胀系数小、导热性能好、化学稳定性良好、烧结温度低于氧化钇等优点，与合适的黏结剂构成的模壳可以满足精密铸造钛铝合金结构件的要求，一体成型的钛铝合金叶片也随之诞生。

2018年，中国科学院金属研究所对外报道了该项研究成果，并向英国罗尔斯罗伊斯公司供应采用一体化成型技术生产的钛铝合金叶片，应用在空客A350的遄达XWB发动机上（图3.22）。

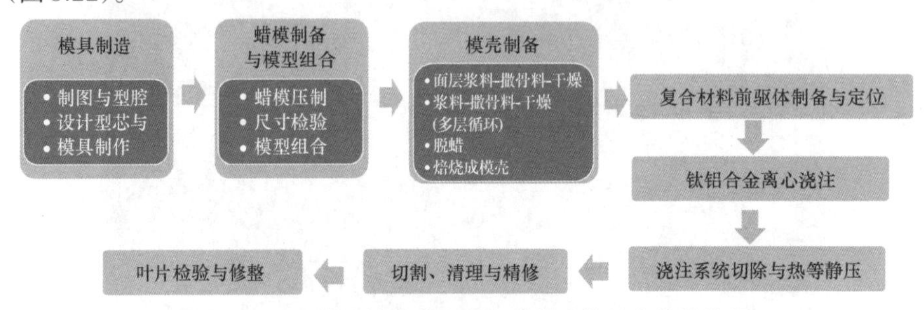

图3.22　SiC增强钛铝合金复合材料叶片精密铸造流程

在上述精密铸造一体化成型基础上，研究团队继续开展了钛铝合金成分优化、连续纤维增强钛铝基复合材料叶片制备技术等研发工作，终于实现了高温涡轮叶片的制备。目前，落户在江苏太仓高新区的钛铝合金叶片生产项目正在有序开展，叶片已经通过了振动疲劳考核，下一步是在CJ1000A航空发动机上进行装机考核，标志着我国国产航空发动机制备技术取得了巨大突破。钛铝合金叶片的研发充分体现了我国科研人员在航空发动机制造中的中国智慧和担当，不仅有望应用在CJ1000A航空发动机中，同时也有望在加紧攻关的CJ2000航空发动机中得到应用，支撑C929大飞机研发（图3.23）。

图3.23　采用精密铸造技术制造的航空发动机钛铝合金叶片

思考题

1. 为什么研究团队在德国科学家根据理论计算认为采用氧化钇作为铸造钛铝合金叶片的容器模壳根本不可行的时候，还要去开展研究？我们如何看待实验和理论计算之间的辩证关系？

2. 为什么研究人员要采用熔模精密铸造一体化成型技术制造钛铝合金叶片？结合本案例，请谈谈你是如何理解关键零部件的制造在材料—制造工艺—成本三者之间平衡优化？

中国万米深潜潜水器之盾——钛合金

引　言

2020年11月10日8时12分，“奋斗者”号深潜10 909米，创造了中国载人深潜的新纪录。“上九天揽月，下五洋捉鳖”，是人类对天地探索的缤纷想象。嫦娥五号成功登月实现了我们“九天揽月”的梦想，“奋斗者”号的万米深潜纪录则是我们“五洋捉鳖”的初步展望。海洋深处是资源的天堂，也是我们未来必争之地。然而深海开发却困难重重，阻碍我们深潜的，不仅是海洋深处漆黑环境以及不可预知的危险，更主要的是巨大的水压。以7 000米深海洋为例，其水压高达700个大气压，而在万米海底，每平方米更是要承担11 000吨左右的可怖压力。可想而知，“奋斗者”号的万米载人深潜有多难，对载人舱用材的要求有多高？技术壁垒又有多强？

国之所需

地球表面约71％面积被海水覆盖，海底世界更是富饶而辽阔，例如太平洋底的锰结核中所含的铜可供人类使用600年。陆地资源虽然丰富但终归是有限的，深海探索是人类对未知领域的探秘，更是对深藏资源的挖掘。世界各强国均在积极部署深海勘探研究，通过提升探测技术，抢占海底资源。

海底的资源虽然十分丰富（图3.24），但不同的深度以及不同区域的资源大相径庭。对深海科学研究而言，海底调查获取的样品质量对研究成果至关重要。在我国以往的深海常规调查中，由于缺乏高精度定点海底作业的手段，只能获取大致位置和区域内的样品。尽管也可以获取海底样品，但往往不知道这些样品的产状和形成环境，更难以在海底同步开展观测和原位实验，这在很大程度上限制了高质量深海科研成果的产出。因此，我们必须要在现有的基础上攻坚克难，开发升级深海探索技术，而拥有作业型载人潜水器是在海洋深处进行精准勘测的关键保障。

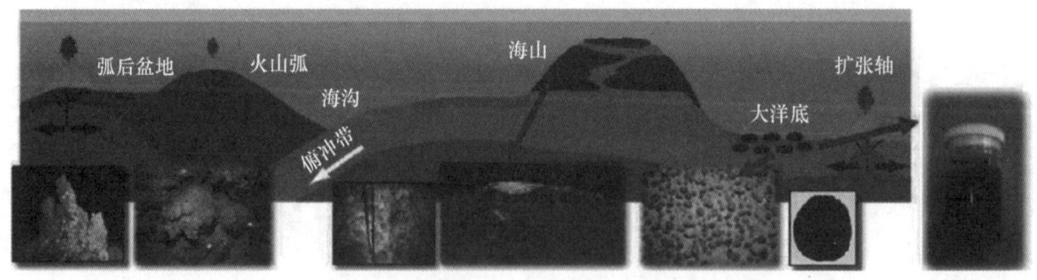

资源	特征	含有金属	开发对象的水深
海底热液矿床	由从海底喷出的热液中含有的金属成分沉淀形成	铜、铅、锌等(含金和银)	700 m～2 000 m
富钴结壳	分布于海山斜坡或山顶的基岩或岩屑表面，呈皮壳状，厚度为10 cm的铁锰氧化物或氧化物	钴、镍、铜、白金和锰等	800 m～2 400 m
锰结核	直径为2～15 cm的椭圆状的铁/锰氧化物，分布于海底	铜、镍、钴和锰	4 000 m～6 000 m
稀土泥	广泛分布于海底的黏土状的沉淀物	稀土(含重稀土)	5 000 m～6 000 m

图3.24　海底矿产资源

无论是海洋科学研究竞赛还是资源抢占，都是国家之间基础设施、设备的研发、建造、使用和管理等综合能力的比拼。自20世纪90年代起，美国、俄罗斯、法国和日本等发达国家一直握有大深度载人潜水的核心技术，并在不断创新突破。中国起步晚了，但中国正在努力。“研发全海深载人潜水器”是我国“十三五”规划部署的首批国家重点研发计划项目。该潜水器建成后，足以完成搭载3人在覆盖世界最大深度海域（马里亚纳海沟）的深海下潜任务，下潜深度约为11 000米，并进行相关科考研究工作。载人舱在全海深载人潜水器运作过程中起到核心作用，是保障潜航员正常工作和生命安全的坚实后盾，代表着国家最高精尖的技术水准。

专业知识

水的压力是人类进入深海所要面对的不可避免的挑战。对于潜航员来说，载人舱是他们在水下作业的重要安全保障，其负载特点要求采用钛合金，并且需要采用高强度和高韧性的钛合金，而材料高强度和高韧性的共存是材料科学领域的世界性难题。

近30年来，多数深潜器载人舱制造采用的材料是使用经验最丰富、用量最大、研究数据最全的一种钛合金——Ti64。图3.25为我国自行设计、自主集成研制的“蛟龙”号深海载人潜水器。2010年5月至7月，“蛟龙”号载人潜水器在中国南海完成了多次下潜作业任务（最深约7 020米），该潜水器选用的就是Ti64合金。

图3.25　“蛟龙”号深海载人潜水器

什么是Ti64合金？根据钛合金在伪二元相图中的位置，室温下钛合金有三种平衡态组织，并由此分为三类：α、α+β和β钛合金。Ti64钛合金成分主要是Ti-6Al-4V，合金牌号为TC4，常温下组织由α固溶体和β固溶体构成，是一种α+β钛合金。由于α+β型钛合金具有丰富的组织形貌，因此导致了其力学性能的多样性。目前，α+β型钛合金占钛总用量的70%左右。按形貌划分，α+β型钛合金主要包含魏氏组织、双态组织、网篮组织和等轴组织(图3.26)。

α+β钛合金的退火组织中所含有α相的比例为60%～95%，其余为β相。α+β钛合金中同时加入了α稳定元素和β稳定元素，使得α相和β相同时得到了强化，这也是其具

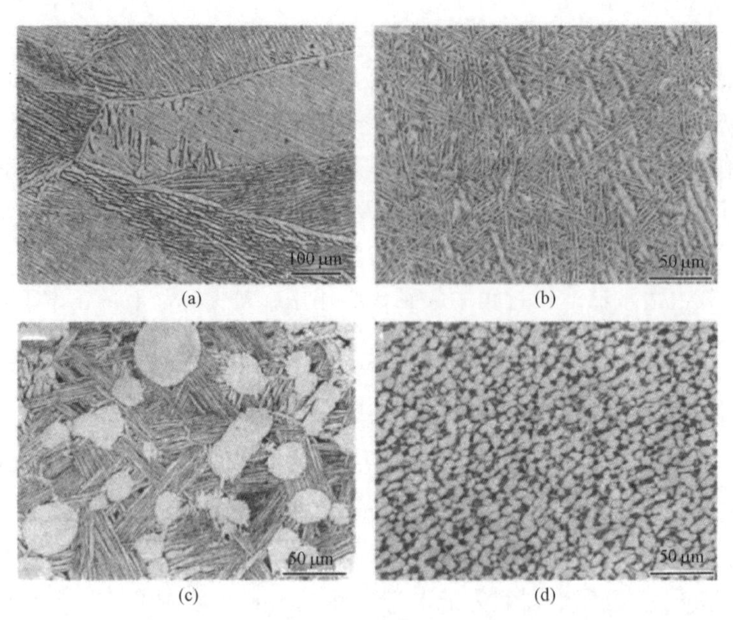

图3.26　α+β型钛合金典型的显微组织

有良好的综合性能的原因所在。其塑性好、抗海水腐蚀能力很强，生产工艺简单，可以焊接、冷热成型，并可通过淬火和时效处理进行强化。TC4钛合金密度为4.51 g/cm^3，强度为1.012 GPa，比强度为23.5，导热率为7.955 W/m•K，主要应用于飞机压气机盘和叶片、舰艇耐压壳体、大尺寸锻件、模锻件等。

虽然Ti64有优异的性能，但是按照“奋斗者”号的设计要求（在万米海深的极端压力条件下搭载3人），其载人舱设计采用Ti64这种钛合金将在强度和韧性等指标上达不到要求。因此，研制一种具有更高强度的新型钛合金成了解决载人舱材料这个难题的唯一出路。此外，新材料的加工成型特点、可焊接性能以及室温蠕变性能也是设计和使用的难点所在。

吾志所向

中国科学院实施战略先导科技专项中研制的新型钛合金——Ti-62A可以达到万米海深搭载3人载人舱的性能要求，解决了载人舱球壳的材料难题。Ti-62A合金是Ti-Al-Sn-Zr-Mo-Si-X系的一种新型高强高韧损伤容限型钛合金，属于α＋β型钛合金。Ti-62A合金在两相区固溶＋时效处理后，合金的基本组织类型为典型的网篮状组织，即层片状的α相和β相转变组织。Ti-62A钛合金的综合力学性能良好，抗拉强度达到1 185 MPa，屈服强度达到1 100 MPa，在韧性和可焊性方面，这种材料与Ti64合金相当，但这种材料的强度更大。新材料虽提供了物质基础，但距离载人舱建造成功还有很长的路。超大厚度板材的均匀性、半球整体冲压、焊接成型等关键技术都需要进一步解决。研制团队先后成功攻关，提出超大厚度的板材制备方案，设计复合片层微观组织解决了加工成型和焊接问题，确保了载人球舱材料微观组织和力学性能均匀稳定，达到载人球舱设计的全面要求。

在种种困难面前，研究团队始终不惧困难与挑战，抱有乐观主义精神，持有必胜的信念，力扛压力，勇于探索，不断创新，一步一步解决了载人舱球壳的材料、成型和焊接等难题，成功制造出了满足要求的深潜载人舱。2020年10月27日，“奋斗者”号在马里亚纳海沟成功下潜10 058米，创造了中国载人深潜的新纪录。同年11月10日8时12分，“奋斗者”号在马里亚纳海沟成功坐底（深度为10 909米），刷新中国载人深潜的新纪录（图3.27）；11月13日和17日，“奋斗者”号两次下潜突破万米；11月19日，“奋斗者”号再次突破万米海深，执行复核科考作业能力的任务；11月28日，“奋斗者”号全海深载人潜水器成功完成万米海试并胜利返航。“奋斗者”号的成功极大促进了我国深海探索的进程，也标志着我国在新型钛合金研究及工程应用领域取得重大突破。

图3.27　“奋斗者”号深海潜水器

思考题

1. 从材料的角度，如何理解万米深潜用钛合金的“坚强”？
2. 深潜载人舱为什么采用钛合金制造？如果采用铁基材料会遇到什么问题？

“强力旋轧技术”揉出“钢中之王”

引　言

轴承是在机械传动过程中起固定作用和减小载荷摩擦系数的部件。小小轴承随处可见，看似不起眼，却被视为“高端装备的关节”。轴承是机械设备内至关重要的核心零部件，只要是你能想到的机械设备，几乎都有它的存在。小到手机的马达，大到天上的飞机、地上的高铁、海里的军舰，所有旋转机械几乎都离不开轴承的存在。轴承一旦出现损坏，会对许多高精尖设备造成“牵一发而动全身”的后果。这枚小小的轴承也就成为衡量国家科技和工业综合实力的标准。

近几年我国轴承领域日新月异，轴承生产企业与日俱增，发展迅速。然而，在总规模超千亿美元的全球轴承市场份额中，中国企业主要集中在中低端轴承领域，在高端轴承领域少有发言权。

世界领域高端轴承产品及其相关的制造技术基本被瑞典、日本、德国和美国四个国家所垄断，与国产品牌形成近十倍价差。在航空航天等领域中，我们所用的高端轴承几乎全部依赖进口。其他也包括用于高铁的核心高端轴承，需要从德国舍弗勒、日本NSK、瑞典SKF等顶级轴承制造商引进。小小的轴承如何成为国家发展的制约？制造轴承蕴含着怎样的材料难题？

国之所需

轴承（图3.28）的工作环境是非常复杂而苛刻的，不仅需要维持高速且稳定的旋转运动，而且还要承受超高强度的挤压、摩擦，甚至超高温辐射。为确保机器在工作期间稳定而又可靠地运行，对轴承的加工精度、性能、寿命和可靠性等方面都有严苛要求，其中的关键之处在于轴承钢的材质。轴承钢，顾名思义就是用来制造轴承的钢材，被誉为“钢中之王”。其中，高端轴承钢的生产难度最大，一直被发达国家的轴承巨头所垄断，也是中国轴承企业需要攻克的首个关键技术。

图3.28　轴承产品

生产高质量的轴承当然需要用“好”钢，然而我国所生产的轴承钢品质与国际先进水平相比差距较大，达不到高端轴承钢的标准，这主要表现在微量杂质元素含量偏高，氧含量水平高出两三倍，碳化物形态和均匀性差，夹杂物尺寸高出五倍等方面。解决了这些问题才能制造出高端轴承所需要的“好”钢，但解决这些问题的方法都是国际巨头秘而不宣的核心技术。

在高端轴承生产方面，如果我国没有核心技术就会失去话语权，许多高精端设备（如航空航天设备）的发展必将受到制约。高端轴承钢的生产迫在眉睫，也因此被列入35项制约我国工业发展的“卡脖子”技术。

专业知识

高端轴承钢必须具有很高的硬度、耐磨性和弹性，可以承受住15 000～50 000个大气压力。2020年中国“奋斗者”号潜水器万米深潜时所承受的压强是1 100个大气压左右，高端轴承钢所要承受的压强约为“奋斗者”号深潜万米时的10～50倍。

轴承钢通常选用的是一种高碳、铬含量的钢材，较高的碳含量可以形成较多的碳化物强化基体，提高强度和硬度。图3.29是渗碳轴承钢表层到心部的显微硬度分布情况，可见从表面到心部碳含量逐渐降低，硬度也随之降低。添加一定量的铬元素则可以改善轴承钢的热处理性能，如提高淬透性和回火稳定性等；铬元素的加入还可以提高防锈能力和耐磨性。国外生产的高端轴承钢主要通过加入稀土元素以让钢变得更“坚硬”，但怎么加、加多少、何时加，只能靠我们自己来攻克。

如何控制轴承钢的质量呢？通常，可以将控制高端轴承钢品质的因素分为纯净度和均匀性两种：纯净度要求轴承钢的组织成分足够纯净，夹杂物含量越少越好。纯净度的高低是影响轴承疲劳寿命的重要因素。夹杂物种类引起轴承钢中最大裂尖应力强度因子差异对比如图3.30所示，最先引起裂纹的夹杂物种类为TiN，其次为CaO、尖晶石及钙铝酸盐。通常，高端轴承钢的成分要求氧元素的含量不超过5×10^{-6}，钛元素的含量不大于10×10^{-6}，颗粒物的含量和尺寸满足DS $\leqslant$ 0.5级。均匀性要求轴承钢的组织足够均匀，颗粒物尽量细小、弥散，不出现大量的大颗粒物质，轴承钢的均匀性会影响到轴承制造中热处理后的变形。如何实现轴承钢的纯净化和均匀化生产是提升国产轴承钢品质的关键所在。

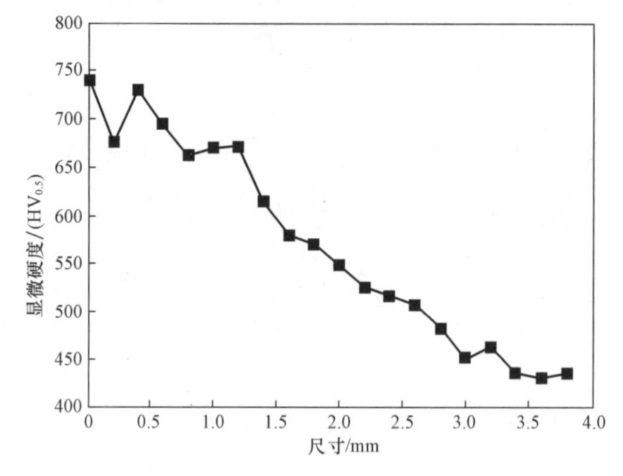

图 3.29　渗碳轴承钢表层到心部的显微硬度分布情况

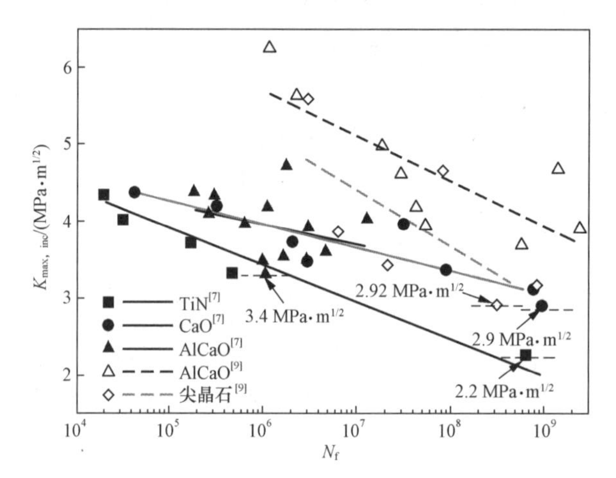

图 3.30　夹杂物种类引起轴承钢中最大裂尖应力强度因子差异对比

吾志所向

针对高端轴承钢的“卡脖子”难题，我国经过十多年的努力，攻克了许多轴承钢生产的壁垒，掌握了核心的质量控制技术，比如氧含量如何控制在 $\leqslant 5\times 10^{-6}$ 水平，如何加入稀土强化等。然而，我们依然面临着另外一个难题，这就是钢内颗粒物尺寸和分布，也就是均匀性问题。

国产品牌轴承钢中碳化物的不均匀且呈大块状分布情况严重影响其品质。如何使轴承钢内部碳化物颗粒细小而弥散分布呢？西北工业大学材料学院刘东教授团队以孜孜不倦的探索精神突破了一系列技术瓶颈，成功研发出强力旋轧技术，打破了国外巨头的技术垄断，解决了我国轴承钢生产的“卡脖子”难题。

强力旋轧技术的基本原理是利用曼内斯曼效应，在径向轧制的同时施加强力旋转，依靠连续局部压扭复合变形，实现轴承管材碳化物均匀细小弥散。这就像在揉面的时候让面在几个角度同时变形，而且变形数值非常大，这样就可以把面揉得更透，做出来的面食更劲道。运用强力旋轧技术，可以把钢的晶粒尺寸由通常的50 μm降至10 μm，并且使碳化物尺寸降为原先的1/10。采用该技术首次将GCr15轴承钢的硬度提高至900 HV以上，达到世界顶尖水平；轴承的寿命和可靠性也得到大幅度提高，平均寿命达到计算寿命的26倍，可靠性达99.9%。通过该技术改性后的轴承钢已在多个项目中得到运用，完全能够满足高品量要求。如图3.31所示相较于传统技术，强力旋轧技术，使GCr15轴承钢的晶粒细化程度和硬度显著提高。

图3.31　相较于传统技术，强力旋轧技术，使GCr15轴承钢的晶粒细化程度和硬度显著提高

今天，我国不仅能造出高端轴承钢，还可以大批量向瑞典、德国等轴承巨商供货。虽然高端轴承的基础材料生产出来了，但制造高端轴承仍然面临着精密度和可靠性等诸多亟待攻克的难题，这需要我们继续砥砺奋进，把高端轴承的核心制造技术都牢牢掌握在自己手中。

思考题

1. 高端轴承钢的国产化需要克服哪些技术难点？

2. 比较刘东教授团队开发的强力旋轧技术和生活中的揉面团过程，这对我们的学习和科研工作有什么启示？

必争之“芯”——国产光刻胶

引　言

据2021年3月22日CCTV2财经频道报道，全球芯片短缺引发上游芯片材料供应紧张，光刻胶进口更是以“抢”来形容，其进口量由原来单次购买量100千克以上，降低至单次购买量只能有10～20千克，并由此导致芯片进口价格上浮近20%。在半导体产业链条中，光刻胶的市场占比不足1%。数据显示，2020年全球半导体行业市场规模为4 260亿美元，其中光刻胶的市场规模约为19亿美元，仅占半导体行业的0.45%。那么，行业占比如此之小的光刻胶究竟为何能引发芯片市场的如此震动?

光刻机是用于制造芯片的核心装备，那什么是光刻胶呢？制造光刻胶将面临哪些技术难题？如何实现自主制造呢?

国之所需

光刻胶是整个光刻工艺中至关重要的材料，是芯片制造中的关键耗材。如图3.32所示为电子束曝光后刻蚀的SiO_2薄膜表面，假如把光刻机当作一把雕刻刀，那么光刻胶就好比是被雕刻的石材，没有优质的石材，即使有了锋利的刀，也无法作出一件巧夺天工的作品。可以说，光刻胶的品质会直接影响光刻的精度，直接决定芯片的良品率。然而如此重要的芯片制造材料，却一直被海外企业垄断，以致我国长期以来光刻胶只能依赖进口。生产光刻胶一直以来都是我国半导体集成电路产品国产化面临的“卡脖子”问题之一。

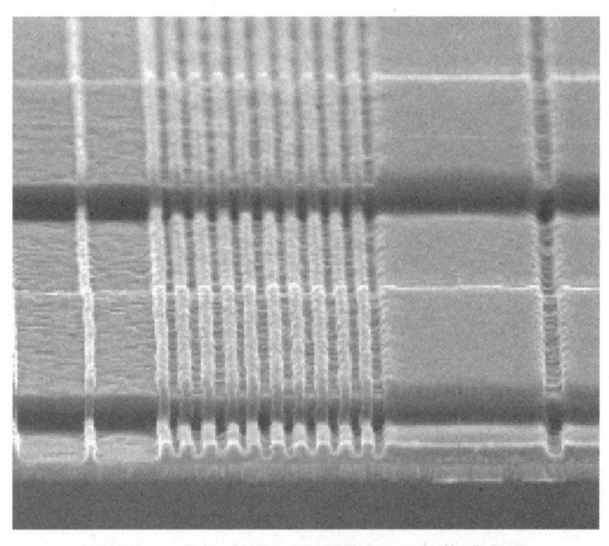

图 3.32　电子束曝光后刻蚀的SiO_2薄膜表面

我国光刻胶的研究和产业布局实际上是从20世纪70年代开始的，基本上和日本同时起步。但是，由于技术、人才等因素的缺乏以及发达国家的制约，导致我国在光刻胶领域的技术水平逐渐与日本形成了较大的差距，在高端光刻胶领域更几乎是空白。据了解，日本约占全球90%的光刻胶市场，并且几乎垄断高端光刻胶产品。我国光刻胶的自给率仅为10%，且主要集中在技术含量较低的PCB光刻胶领域。

为解决我国半导体集成电路产品发展面临的“卡脖子”问题，一系列激励高端光刻胶技术攻关的政策相继出台。例如，我国“十四五”规划纲要草案中写道：“高端新材料方面要加快高性能树脂以及集成电路用光刻胶等电子高纯材料关键技术突破”。

专业知识

光刻胶又称光致抗蚀剂，是指在紫外光、准分子激光、电子束、离子束、X射线等光源的照射或辐射曝光后，其在显影溶液中溶解度会改变的耐蚀刻有机化合物材料。而采用光刻胶的目的就是利用光化学反应，经过曝光、显影、刻蚀等光刻工序将所要的微细电路图形从光罩（掩模）转移到待加工基片上。如图3.33所示为常规的光刻工艺步骤。

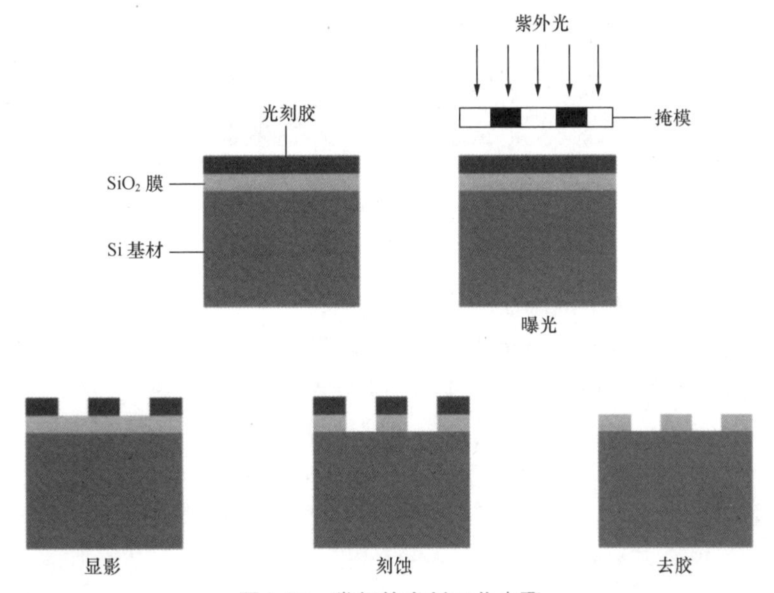

图3.33　常规的光刻工艺步骤

光刻胶生产技术复杂，规格较多，不同的应用场景需采用不同规格的光刻胶。根据应用场景，“光刻胶”可细分为PCB光刻胶、面板光刻胶和半导体光刻胶。其中，半导体光刻胶代表着光刻胶技术的最先进水平，也是芯片制造的核心材料之一。依照曝光波长进行分类，光刻胶可以分为紫外光刻胶（300 nm～450 nm）、深紫外光刻胶（DUV，160 nm～280 nm）、极紫外光刻胶（EUV，13.5 nm）、电子束光刻胶、离子束光刻胶和X射线光刻胶等。曝光波长决定了光刻的极限分辨率，在加工方法一致时，曝光波长越小加工分辨率越高。采用不同波长光源的光刻机需要搭配相应波长的光刻胶去进行光刻。目前半导体光刻胶依据最常使用的曝光波长分类，主要有g线、i线、KrF、ArF和最先进的EUV光刻胶；其中DUV光刻机分为干法和浸润式，所以ArF光刻胶也对应分为干法和浸润式两类。越先进的制程，相应地需要使用越短曝光波长光刻胶，以达到特征尺寸的微小化。另外，光刻胶根据其光化学反应机理的差异，可以分为正性光刻胶和负性光刻胶。在特定波长的光源照射下，正性光刻胶发生光致分解，变为可溶；而负性光刻胶则是光致固化，变为不溶。如图3.34所示为分别采用正性、负性光刻胶构建的微纳米图案。

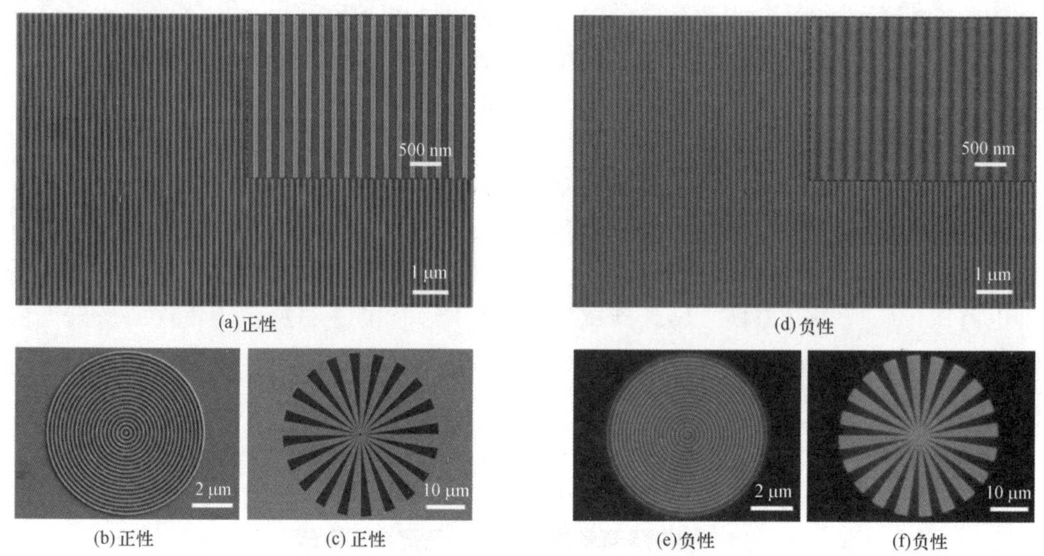

图3.34　光刻胶构建的微纳米图案

正性光刻胶的灵敏度主要取决于聚合物主链的刚性和分子量。刚性越强，灵敏度越高，这主要是因为聚合物主链刚性的提高会使正胶分子更容易断裂；分子量越小，灵敏度越高，这是因为分子量较小的聚合物更易降解为可溶性短链或小分子。反之，负性光刻胶在电子束曝光交联过程中会受到链刚性的限制，需要更大的剂量使之交联，形成稳定的图案；分子量越小则需要更大的剂量形成足够的交联度，进而在显影过程中保留坚实的微纳结构。光刻的基本原理就是利用光刻胶的这种光化学敏感性进行光化学反应，从而将所需要的微细图形从掩模板映照到待加工的衬底上。

随着芯片制程的不断缩小，从28 nm到14 nm，再到7 nm，甚至更进一步3 nm，对光刻工艺的分辨率要求越来越高，刻线也越来越细。因此，对光刻胶的分辨率、敏感度、对比度等指标的要求自然也是越来越高。没有好的光刻胶，即便是用了最先进的EUV光刻机，最后也做不出合格的产品。

光刻胶是一种经过严格设计、组分复杂且制作工艺精密的混合液体，其组成部分包括：光刻胶树脂、光引发剂（包括光增感剂、光致产酸剂）、单体、溶剂和其他助剂如稳定剂、阻聚剂、黏度控制剂等。光刻胶的研发，关键在于如何获得其组分的排列组合和工艺顺序。这些需要开展低聚物结构设计和筛选、合成工艺的确定和优化、活性单体的筛选和控制、色浆细度控制和稳定、产品配方设计和优化、产品生产工艺优化和稳定、最终使用条件匹配和宽容度调整等全方面、全方位的研究，加之品质验证周期长，高品质光刻胶研制困难重重。因此，虽然光刻胶制造成本低，但是自主研发的壁垒高，技术难题多。

吾志所向

在光刻胶研发上，我国虽然起步早，但直到2000年后才开始重视。尽管近几年发展较为迅速，但与国外企业相比，我们的工艺技术水平仍然有很大差距，高端产品仍依赖进口。

哪里被“卡脖子”，哪里就有我们！

江苏南大光电材料股份有限公司（简称南大光电）的ArF光刻胶产品开发和产业化项目已完成25 t光刻胶生产线建设，主要的先进光刻设备，如ASML浸没式光刻机等已经完成安装并投入使用。2020年底，该公司自主研发的ArF光刻胶产品成功通过下游客户的使用认证，实现小批量销售。目前该公司光刻胶产品正在继续发往多个下游客户进行验证工作，验证进展顺利。2021年7月29日，南大光电公告称，“公司承担的国家科技重大专项（02专项）——‘先进光刻胶产品开发与产业化’项目通过专家组验收”。据称，这种光刻胶可用于90 nm～14 nm的集成电路工艺节点，甚至7 nm技术节点的集成电路制造工艺。

南大光电7 nm光刻胶的成功验收，能够缓解我国在高端芯片制造领域中的“卡脖子”难题。尽管中芯国际等企业距离建成完全自主化的7 nm光刻胶生产线还有距离，但相信在国家的支持下，很多技术也将相继突破，最终可以实现高端芯片的完全自给自足。此次南大光电光刻胶的突破无疑是中国“芯”制造所迈出的坚实一步。

思考题

1. 光刻的基本原理是什么？光刻胶的作用都有哪些？
2. 谈谈对中国芯片制造产业的认识？

微如芥子是核心基础
——超微型多层陶瓷电容器

引　言

尺寸微如芥子的片式多层陶瓷电容器（multi-layer ceramic capacitor，MLCC）是世界上用量最大、技术发展最快的电子元件之一，被称为当代电子工业的“大米”，一部智能手机中的用量有1 000多颗，一辆纯电动汽车的用量约为18 000颗。但是，国外制造商长期占领全球90%以上的MLCC市场份额，面向5G应用的高端产品和核心技术更是被村田、三星机电等日本、韩国大厂所垄断，超微型MLCC制造是我国急需突破的一项“卡脖子”技术。近年来，我国风华高科和宇阳科技等企业开拓进取，取得了一系列重大技术进步，成功实现进口替代，在国际市场占据了一席之地。那么，制造超微型多层陶瓷电容器究竟有多难？实现一个行业的振兴和重大技术突破又需要哪些保障措施和条件？

国之所需

随着微电子集成电路、表面贴装等技术的不断发展完善，轻、薄、小成为电子整机产品的发展趋势，与之相应的是要求电阻、电容和电感等各类电子元器件在保障高性能、高可靠性的前提下尽可能地微小型化、片式化。多层陶瓷电容器是世界上用量最大、技术发展最快的片式化电子元件，在电路中发挥振荡、耦合、滤波、旁路等功能，广泛应用于消费电子、通信、汽车及军工等领域。近年来，移动通信和新能源汽车等行业的迅猛发展使得MLCC的需求量激增。以手机应用为例，一部手机中MLCC的用量由初代iPhone的177颗增加到iPhone 11的1 200多颗。在汽车电控系统中，一台普通燃油汽车中MLCC的平均用量为3 000颗，混合动力和插电式混合动力车的用量约为12 000颗，纯电动汽车的用量约为18 000颗。不仅使用数量急剧增长，5G技术还进一步驱动MLCC向着超微型化、高容值的方向发展；目前01005型号的MLCC尺寸已经微缩到0.4 mm（长）×0.2 mm（宽）×0.2 mm（高），容值为0.1 μF，下一代MLCC将继续扩大容值到0.22 μF。

我国是全世界最大的电子产品制造国，当然也就成为世界最大的MLCC元件需求国。2020年中国MLCC市场规模约为554亿元，较2019年增加了54亿元。但是，全球MLCC制造商主要集中在日本、韩国和美国，生产企业包括村田、太阳诱电、三星电机、KEMET等。2020年，日本的村田、太阳诱电和韩国的三星电机等三家企业垄断了全球63%的MLCC市场份额，成为行业寡头。我国MLCC贸易逆差每年达几百亿元人民币，面向5G应用的高端MLCC产品和核心技术被村田、三星机电等日本、韩国大厂所垄断。在2023年4月19日《科技日报》列出的35项“卡脖子”技术中，MLCC电容位列其中。从2016年下半年开始，日本、韩国厂商停止部分型号的MLCC产品供货，我国多家智能终端企业拉响了库存紧缺的警报。在西方国家为遏制中国发展，不断发动贸易战、高科技战的背景下，不仅微处理器、存储器等核心芯片需要自主国产化，MLCC等被动元件同样有自主可控的迫切要求。

专业知识

MLCC制造时将印刷有金属内电极的陶瓷介质膜片以错位的方式叠合起来，经过一次性高温烧结形成多层电容器并联的结构，最后在两端封上可与电路板焊接的金属外电极。

MLCC元件的尺寸由4～5位数字表示，前两位数字代表长度，后两或三位数字表示宽度，单位为英寸。例如，1206型号表示元件的长度为0.12英寸（～3.2 mm），宽度为0.06英寸（～1.6 mm）。自1960年发明以来，MLCC不断向微型化、高叠层、大容量化、高可靠性和低成本化方向发展，这对原材料、工艺设备及制造技术提出了极大的挑战。在1206型MLCC中，$BaTiO_3$陶瓷层的平均晶粒尺寸为400 nm、厚度为3.5 μm，总共叠加290层陶瓷介质获得10 μF的电容量；而到0402型MLCC时，陶瓷层的平均晶粒尺寸为150 nm、厚度减少到0.6 μm，总共叠加370层陶瓷介质，这样在体积缩小约27倍时仍能获得10 μF的电容量。

生产微型化、高容量的MLCC主要面临超纯超细陶瓷粉体制备、瓷粉分散、薄介质成膜、内电极印刷、高层数堆叠、气氛保护下高温烧结、气氛保护下端电极制备等工艺技术门槛。同时为了降低成本，自20世纪70年代末期，国外企业开始逐步选用Ni、Cu等贱金属取代Pd、Ag等贵金属作为内电极，由于贱金属的熔点低、抗氧化能力差，这就对陶瓷介质层提出了气氛保护下低温烧结的技术挑战。

吾志所向

我国现有广东风华高新科技股份有限公司（简称风华高科）、潮州三环股份有限公司、深圳宇阳科技发展有限公司（简称宇阳科技）和大连达利凯普科技股份公司等主要的MLCC生产企业。面对国外的技术封锁，这些企业经过近20年的拼搏取得了一系列重大的技术进步，在国际MLCC市场上占据了一席之地。2013年，为提升我国关键基础材料、核心基础零部件（元器件）、先进基础工艺和产业技术基础（简称“四基”）发展水平，中华人民共和国工业和信息化部启动实施了“工业强基专项行动”。宇阳科技在“移动互联用超微型片式多层陶瓷电容器”国家强基工程项目的扶持下，完成了0201和01005超微型MLCC的新产品开发和产业化，使中国在超微型MLCC这个领域成功实现进口替代，填补了国内空白。目前，宇阳科技已成为国内最大的微型/超微型MLCC制造商，产量位居中国首位和全球前三，技术水平紧追日本、韩国。

风华高科也是我国的大型骨干MLCC生产企业。自1999年起，日本的MLCC产品内电极普遍采用镍等贱金属，导致产品价格快速下降；而当时我国的MLCC产品仍依赖银、钯等贵金属电极，成本高、生产效率低，面临被国际市场淘汰的危险。生死攸关之际，风华高科毅然挑起振兴民族产业的重担，组建团队开展镍电极MLCC技术攻关。

在宋子峰（现任风华高科副总经理）的带领下，研发团队从材料合成制备等机理性研究和工艺匹配等性能研究开始入手，每天工作时间经常在15个小时以上，开展了大量的基础实验和数据分析工作。经过三年多的埋头苦干，技术团队将镍电极技术研发和产业化道路上的障碍逐一清除，突破了原材料选型、设备定型、工艺体系建立、质量控制等一系列关键技术的“瓶颈”，最终实现了镍电极MLCC产品的稳定批量生产；在紧要关头，成功挽救了风华高科的MLCC事业，填补了国内空白，打破了国外厂家对此技术的垄断。

宋子峰自1994年从华南理工大学毕业以来，就一直从事多层陶瓷电容器研发、生产制造工作。近30年来，宋子峰秉持工匠精神，满腔热情地投入新产品研发、技术创新等工作，风华高科的每一代MLCC产品都倾注了他和团队的心血。“择一事，终一生”，是宋子峰对于工匠精神的理解。他认为，工匠精神是一种认定之后的坚守，选择了就不放弃，专注于自己认定的工作并全力以赴；工匠精神要有执着信念，对自己的产品精雕细琢，精益求精；工匠精神也是一种传承，把愚公移山的精神一代代传下去，用不懈地创新推动技术跨越式发展。用一辈子做好一件事，宋子峰用自己的实际行动诠释了工匠精神。

正是在以宋子峰为代表的工匠们的坚守和努力下，我国在MLCC领域不断打破了国外技术垄断，开发出新产品。精细陶瓷电容器的进口价格被下拉了近50%，极大降低了我国移动通信等企业的生产成本，保证了我国电子行业的正常生产。

思考题

1. 从宇阳科技发展成为我国最大的微型/超微型MLCC制造商，产量位居中国首位和全球前三，讨论理解国家层面的战略规划牵引对于行业发展的作用。

2. 从风华高科在MLCC贱金属电极技术领域取得重大突破、打破国外技术垄断，讨论“择一事，终一生”的工匠精神内涵。

参考文献

[1] 雷明凯.核主泵制造的基础理论问题研究进展[J]. 中国核电，2018，11(1):51-58.

[2] 雷明凯，李梦启，郭东明.核主泵推力轴承高性能制造原理及其应用研究[J]. 中国核电，2020，13(5):592-598.

[3] 赵龙哲.世界首创：核电站直径15.6米巨型环[J]. 电力设备管理，2019(08): 94-94.

[4] 刘黎明.激光诱导电弧耦合热源机理及其在焊接制造领域的应用[C]// 第五届激光先进制造技术应用研讨会手册，2017年4月，中国，北京.

[5] 刘黎明，王红阳，宋 刚.能源节约型激光诱导电弧复合焊技术及应用[J]，焊接学报，2015，36(11): 9-12.

[6] 李廷举，郭丽娟.铜合金水平电磁连续铸造的研究[C].第十届中国钢铁年会暨第六届宝钢学术年会论文集Ⅱ，2015:1274-1279.

[7] 李华清，谢水生，米绪军，等.Cu-Cr-Zr合金铸锭铸造缺陷产生原因与防止措施[J].铸造技术，2006(11):1205-1209.

[8] 王同敏，朱晶，陈宗宁，等.电场调控下合金凝固过程枝晶形貌演变同步辐射原位成像[J].中国科学:物理学 力学 天文学，2011，41(01):23-28.

[9] 上海光源国家重大科学工程[J]. 中国科学院院刊，2016，31(Z1): 55-56.

[10] 麦振洪.同步辐射光源及其应用[M].北京：科学出版社，2013.

[11] 文闻，张立娟，付亚楠，等.上海光源在材料科学上的应用[J]. 物理知识，2019，31(5): 9-26.

[12] 方学伟，白浩，姚云飞，等.冷金属过渡电弧增材制造多道搭接工艺研究[J].机械工程学报，2020，56(1): 141-147.

[13] 王发昌，赵晋斌，刘波，等.新型3Ni钢和Q235钢、普通耐候钢在热带岛屿大气环境中暴晒后的锈层对比分析[J].材料保护，2020，53(3):8-14.

[14] MILLER K A，THOMPSON K F，JOHNSTON P，et al. An Overview of Seabed Mining Including the Current State of Development，Environmental Impacts，and Knowledge Gaps[J]. Frontiers in Marine Science，2018，4:418.

[15] 李洪洋，张妍婧，陈成，等.钛合金薄板高低速塑性行为及组织性能的实验研究[J].塑性工程学报，2011，018(005):43-47.

[16] 马彪，傅丽华，上官宝，等.GCr15及G20CrNi2Mo轴承钢材料微观组织和摩擦磨损性能研究[J].材料导报，2021，35(16):16120-16125.

[17] 顾超，王仲亮，肖微，等.高疲劳寿命轴承钢洁净度现状及研究进展[J].工程科学报，2021，43(3):12.

[18] 江洪，王春晓.国内外集成电路光刻胶研究进展[J].新材料产业.2019(10):17-20.

第四篇　未来可期

导　言

当今世界格局瞬息万变，国际形式错综复杂，全球正处于百年未遇之大变局，科技创新正成为世界各国间战略博弈的主战场。我国新材料产业发展总体仍处于爬坡过坎的关键阶段，新材料发展滞后已成为制约我国制造业转型升级的突出短板，关键材料“卡脖子”问题还广泛存在。没有质量过硬、性能高超的材料，再先进的设计和构想都难以实现。而关键材料突破，能将梦想中的空中楼阁变为灿烂的现实。要实现制造业的高质量发展，必须增强新材料的发展实力。

本篇以“未来可期”为题收集了14个材料前沿领域的“卡脖子”问题，覆盖了生物医用材料、热电材料、仿生隐身材料、超材料、氧化铪基新型铁电材料、纳米材料、高熵合金、新型磁性材料、超硬材料、电化学储能材料、高温合金、泡沫金属、聚变材料、智能材料14个主题。这些关键材料在国家科技和社会发展中都具有重要作用，但是目前都存在着一些亟须解决的关键科学问题。本篇总结了这些关键材料领域涉及的材料专业知识，分析了相关的核心基础理论，探讨了创新的解决方案。引导学生认识到我国的科技原始创新能力还不强是关键核心技术短缺的主要原因。使学生可以体会到，在世界新一轮科技革命和产业变革同我国转变发展方式的历史性交汇期，这些关键核心技术的攻关、突破与创新比以往任何时候都更为重要、更为迫切。

通过这些案例与专业课程的教学相结合，编者希望使学生了解材料科技领域的发展现状及目前亟须解决的关键技术，认清材料专业发展对国家经济安全、国防安全和其他方面的重要意义。增加学生专业认同感和创新意识，树立学生的责任意识和社会担当，提高学生的危机意识，鼓励学生克服困难，为国家材料领域关键科学技术的突破作出应有的贡献。

医疗技术革命的基石——生物医用材料

引　言

如何战胜各种疾病、尽可能延长人类的寿命，一直是人类孜孜以求的梦想。近百年来，医学技术取得了突飞猛进的发展，人类战胜了越来越多的疾病，健康水平不断提升，平均寿命从工业革命前的37岁提升到2020年的69岁。医疗技术的提升离不开生物医用材料的发展和进步。生物医用材料能够诊断、治疗、修复乃至替换生物体的受损组织或器官并恢复其功能。第二次世界大战前，医生们主要使用石膏、金属等材料来辅助人体的骨骼修复；第二次世界大战至20世纪70年代，新的金属、陶瓷、高分子等被逐渐用作心血管介入或硬组织替换材料；20世纪80年代，华人学者冯元桢首次提出了组织工程的概念，科学家开始探索组织及器官的“复制”，这标志着“生物科技人体时代”的到来。生物医用材料涉及材料学与生命科学、医学、工程学等领域的交叉融合。展望未来，生物医用材料的发展又将引起医疗技术怎样的变革？

国之所需

随着生命科学、基因工程等学科的发展，生物医用材料的研究也在进一步向更广阔、更深入的方向进军。从与生物体组织不直接接触的医疗辅助材料（如药剂容器、输血输液用具等）到与皮肤、黏膜接触的材料（如绷带、吸氧管等）；从与人体组织短期接触的材料（如造影导丝、介入导丝）到长期植入体内的材料（如心脏瓣膜、血管支架）；从药物载体材料到组织工程支架材料，面向不同应用需求及领域的生物医用材料不断涌现，并催生了很多新兴学科。

未来几年，随着我国人口老龄化的加剧，我国对心血管介入材料及器械、关节置换材料等的需求将日益增长。

目前全球生物医用材料及器械市场份额的70%被以美国、欧洲、日本为主的发达国家所垄断。其中，美国是全球最大的生物医用材料生产和消费国，占据了全球市场份额的39%。为了避免对国外技术的过度依赖、推动我国生物医用材料产业的发展，我国很早推出了相关的扶持政策。目前，我国的生物医用材料研发体系已得到了比较全面的发展，在血管支架、心脏封堵器、骨科植入物、血管介入等产品方面已实现国产化，并涌现了一批优秀的生物医用材料及器械企业。然而，在许多高端生物医用材料上，我们仍然落后于发达国家。“卡脖子”技术包括高性能可降解生物镁合金材料的制备技术、生物医用钛合金的3D打印技术、心血管支架的表面改性技术、新型可降解医用高分子材料的合成技术等。以镁合金为例，由于具有良好的可降解性，其在硬组织修复领域具有广阔的应用前景，但耐腐蚀性差、力学性能低是制约其应用的关键瓶颈。掺杂稀土元素虽然可以改善镁合金的耐腐蚀性和力学性能，但人们对于稀土镁合金的生理效应仍存在意见分歧，因此，研究无稀土的高强镁合金是亟待解决的关键问题。

专业知识

（1）生物医用金属材料

生物医用金属材料一般指生物惰性材料，其主要特点是高强度、耐疲劳和易加工性。最先被用作人体硬组织的修补材料主要是金、银、铂等贵金属。近30年来，钛、钽、铌、锆等单质金属，以及不锈钢、钴基合金、钛合金、镁合金、铁基合金、镍钛形状记忆合金等被逐渐应用于硬组织置换、心血管支架、整形、牙种植体等。如图4.1所示是经表面微弧氧化处理后的纯钛作为牙种植体在狗体内的植入过程。

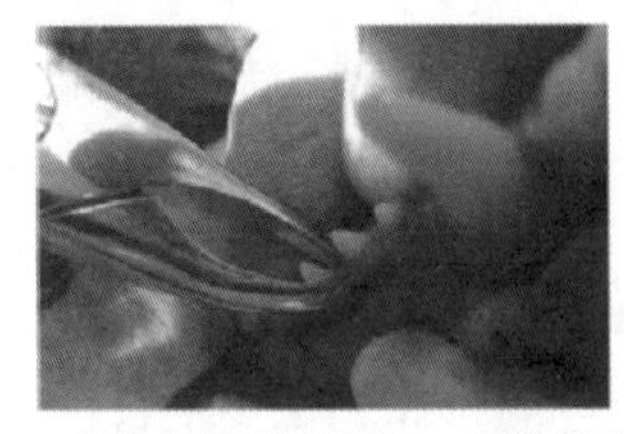

(a) 拔除犬齿下颌骨的第2～4颗前磨牙

(b) 3个月后的愈合区域

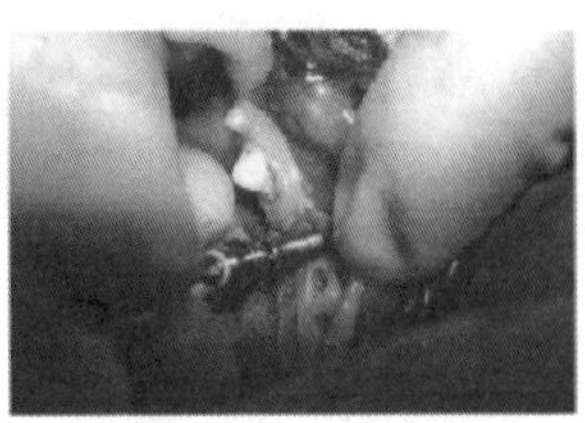

(c)下颌骨钝钛种植体植入

图4.1　经表面微弧氧化处理后的纯钛作为牙种植体在狗体内的植入过程

生物医用金属材料在临床领域存在的主要问题是其在生理环境腐蚀下产生的金属离子向周围组织的渗透，以及植入体自身性质的退变。目前生物医用金属材料亟待突破的关键核心技术包括可降解医用镁合金材料的制备技术，医用金属材料的表面改性技术，医用钛合金的3D打印技术，医用多孔金属材料的研发，等等。

（2）生物医用陶瓷材料

陶瓷是指用天然或人工合成的粉状化合物经过成型和高温烧结制成的、由金属和非金属元素的无机化合物构成的多晶固体材料。生物医用陶瓷材料包括生物惰性陶瓷、生物活性陶瓷和生物可降解陶瓷。生物惰性陶瓷包括氧化锆陶瓷、氧化铝陶瓷、碳素材料等，其主要特点是在生物体内化学性质稳定，生物相容性好；生物活性陶瓷包括生物活性玻璃、羟基磷灰石等，其主要特点是材料的表面可与生理环境反应，从而形成阻止材料进一步溶解的界面，因此与人体组织具有良好的化学亲和性；生物可降解陶瓷包括磷酸钙陶瓷、硫酸钙陶瓷、可降解玻璃等，这类材料可以暂时性的作为骨替代材料，并可通过体液将其溶解或被代谢系统排出体外。生物医用陶瓷材料主要用于人体硬组织，如骨骼、牙齿的置换。与金属材料及高分子材料相比，生物医用陶瓷植入材料具有较好的生物相容性，但存在脆性大、骨诱导性缺乏等问题。因此，开发生物医用陶瓷基复合材料成为该领域的研究前沿和热点。目前生物医用陶瓷材料亟待突破的关键核心技术包括新型陶瓷基复合材料的制备技术，医用陶瓷材料的生理活化技术，组织工程陶瓷材料及仿生陶瓷材料的开发等。

（3）生物医用高分子材料

人体的各类器官都是由蛋白质等天然高分子材料构成的，而生物医用高分子材料在物理化学性质及功能上与人体各类器官相似，其生物相容性较大多数金属材料、陶瓷材料更为优异，不仅可以用作植入材料，还可以用于诊断治疗和器官修复与再生。生物医用高分子材料主要包括生物惰性高分子材料和生物可降解高分子材料两类。生物惰性高分子材料不受体液环境中酸碱等物质的破坏，主要用于韧带、肌腱、皮肤、血管、骨骼、牙齿等人体软硬组织的修复和替换，典型的高分子材料包括尼龙、聚硅氧烷、聚乙烯、聚丙烯、聚丙酸酯、碳氟聚合物橡胶等。生物可降解高分子材料可用作组织工程支架、心血管支架、药物载体等，代表性的材料如聚乳酸、丝素蛋白、胶原、聚羟基乙酸、海藻酸钠等。目前生物医用高分子材料亟待突破的关键技术包括医用高分子材料的功能化及智能化技术，降解调控技术，力学性能的改性技术，自组装合成技术，等等。

（4）生物医用复合材料

生物医用复合材料是由两种或两种以上不同材料复合而成的生物医学材料。由于人体组织的复杂性，单一性质的材料往往无法满足植入或组织替换的需求。与单一组分的材料相比，生物医用复合材料可以综合不同材料的优点，具有更高的比强度、比模量，更好的抗疲劳性、耐腐蚀性和良好的生物相容性。因此，生物医用复合材料可用于修复和替换人体组织器官或增进其功能，或用于人工器官的制造。目前生物医用复合材料亟须解决的关键问题是不同组分间的界面增强技术及其对生物相容性的影响。

（5）纳米生物医用材料

纳米生物医用材料是指生物医用材料在三维方向上至少有一维处于纳米尺度范围，可用于诊断、治疗、修复或者替换病损组织。纳米生物医用材料具有小尺寸效应、表面效应、量子尺寸效应、宏观量子隧道效应等。近年来，纳米生物医用材料已成为材料领域的研究前沿和热点，并已取得了诸多成果。例如，利用磁性纳米生物材料制备成具有磁导向性的药物载体微球，通过调控外加磁场靶向释放药物，同时还可赋予药物载体核磁共振成像功能。运用纳米载体携带药物或治疗基因还可以对脑胶质瘤进行分子水平的治疗，既能高效穿透血脑屏障，又能把对脑组织的创伤降到最小。

未来可期

人体的骨骼损伤存在个体及损伤部位的差异，如何实现个体化的骨骼构建是困扰临床骨组织修复及替换的难题，3D打印技术的发展使得个性化定制的骨骼构建成为现实。通过3D扫描重建人体的骨骼，以生物相容性良好、力学性能匹配的人工材料为原料，可采用3D打印技术快速制备出与受损骨骼外观及力学性能完全一致的人工骨骼。钛及钛合金比强度高、弹性模量与人体皮质骨接近、耐腐蚀性及生物相容性好，已被成功应用于制作骨钉、骨板、髋关节假体、椎间融合器等，是最有应用前景的3D打印骨修复材料。选择性激光熔融是3D打印钛合金植入物的主要成型工艺，但在打印过程中易产生空隙和未熔化的粉末缺陷，从而导致材料表面光滑度下降，影响其耐腐蚀性。然而，传统的超声清洗、喷砂和表面抛光等表面抛光处理技术不适用于具有复杂外形的骨植入物。针对这一难题，东北大学的李建中等人采用优化的两步化学抛光对3D打印Ti-6Al-4V合金进行了处理，使其表面粗糙度降低了70%以上，从而提高了材料的耐腐蚀性。另一方面钛及钛合金的表面是生物惰性的，其诱导新骨形成的能力有限，难以实现骨整合。国外研究表明，采用喷砂、酸蚀、碱热处理、离子注入和阳极氧化等技术对钛及钛合金进行表面处理，可以促进骨整合和骨传导的能力。为进一步提高钛及钛合金的生物活性，大连理工大学齐民教授团队基于微弧氧化技术，通过调整电解液成分及工艺参数，成功在钛合金表面制备出具有“大脑沟回状”的表面结构，并显著地提高了钛合金生物活性。这些关键技术的突破为3D打印钛及钛合金技术在临床上的广泛应用奠定了基础。需要指出的是，如何提高钛合金粉末的纯净度、球形度、分布范围、流动性、增大松装密度等是制约我国3D打印医用钛及钛合金技术发展的“卡脖子”问题，但我们有理由相信，在不久的将来我国的材料科学家必能解决以上问题。

在器官移植领域自体组织是“金标准”。然而，自体组织来源极其有限，而异体组织又存在排异反应。人工材料虽然在一定程度上解决了器官移植材料来源有限的问题，但排异反应仍然存在，且人工材料不具有自体组织的可修复性。在未来，组织工程技术的发展将从根本上解决这一问题。组织工程技术的核心思路：将人体的干细胞置入组织工程支架材料，同时加入活性因子诱导干细胞向特定组织细胞分化，从而在体外培养出与自体组织完全一致的组织，再植入人体进行组织的替换和修复。毋庸置疑，这是一项革命性的技术。美国在组织工程材料领域投入了大量的人力和财力，而中国也在1999年将其列入国家重点基础研究发展计划项目。未来，以组织工程材料为代表的生物医用材料无疑是材料学与生命科学、医学、药学、工程学等领域交叉融合的前沿方向，其发展必将进一步促进医疗技术的发展，提升人民的健康水平。

思考题

1. 近年来我国的生物医用材料及器械产业蓬勃发展，取得一系列自主知识产权，并涌现了许多优秀的企业，然而高端医用材料及器械仍被国外巨头企业所垄断。为了打破这种局面，我们应该重点突破哪些关键材料技术？作为年轻一代应该担负起的责任是什么？

2. 生物医用材料未来的发展方向应该是什么？它的发展将为人类的未来生活带来哪些影响？

温差与电能相互转换的桥梁——热电材料

引　言

据研究报道，在日常生活中，我们利用的能量超过三分之二是以废热的形式排放到大气中被浪费掉。如今，石油和煤炭等不可再生能源已逐渐枯竭。此外，化石能源燃烧后产生的温室效应使全球变暖，导致冰川融化和生态平衡破坏。因此，随着人类社会的进步与发展，新型能源的探索和传统能源的高效利用一直是制约科技进步和环境保护的根本性问题。

热电器件根据载流子输运特性能够直接将热能和电能进行相互转化，并且具有无噪声、无移动部件、体积小和寿命长等优点。基于热电效应，热电材料广泛应用于热电偶测温相关领域，并在深空探测以及废热回收等领域也有一定的应用。此外，热电器件没有移动部件，安装运行后可以长时间稳定运行而不需要维护，具有广泛的应用前景。下面让我们来一起回顾一下热电材料的发现历程，看看新理论、新材料和新技术的发展是否可以为热电器件在能源领域的应用带来更多机遇？热电材料又将为我们日常生活提供什么样的便利？

国之所需

热电材料能够直接将热能与电能进行相互转换，由其制备的热电器件可应用于温差发电和热电制冷。温差发电最初主要在太空探索等一些特殊领域被应用。在深空探测器方面，热电材料已经成功为美国航空航天局的“伽利略号”火星探测器以及“旅行者号”深空探测器提供动力支持，通过利用放射性同位素作为热源，该温差发电机能够为深空探测器提供长达40年以上的电能供给。我国在2018年发射的“玉兔二号”月球探测车也使用了热电器件为其在月球背面的极端环境下工作提供部分电能。在深空探测领域，相比其他发电机，放射性同位素温差发电机具有使用寿命长、无噪声、轻量化等优点。此外，温差发电在低品位热源和废热利用上也开始崭露头角。工业废热、环境温差等低能量密度、分散型的低品位热能的热量都可以转化为电能。自20世纪50年代开始，热电材料的研究进入了飞速发展阶段，科研工作者一直期望半导体热电器件能够部分取代传统热机。然而，半导体热电器件的转换效率相比传统热机的转换效率仍然较低，一般在8%左右。因此，如何降低成本，提高热电转化效率和服役可靠性一直是制约半导体温差器件广泛应用的主要挑战。

和温差发电相比，热电材料最主要的商业化应用是热电制冷技术。与传统蒸汽压缩制冷技术相比，热电制冷技术无须使用压缩机、无须使用氨和氟利昂等制冷介质、不会产生温室气体，对环境更加友好。由于热电器件具有结构简单、无移动部件、无噪声和直流电驱动等优点，使热电制冷器件拥有可靠的性能和灵活可调的功率，便于实现温度的精确控制。当热负荷低于25 W时的小规模冷却情况下，热电制冷技术比传统的蒸汽压缩制冷技术在成本和效率方面更有竞争力。所以，热电制冷器件主要用于需要较小冷却功率的环境中，例如便携式热电制冷冰箱、热电空调座椅（图4.2）、红酒柜等日常消费类产品。热电制冷器件也被广泛应用于电子和医疗器械等领域。在大型冷却系统中，由于电力成本较高，热电制冷技术的能效比就显得尤为重要，因而大型热电冷却系统的经济可行性是一个挑战。尽管如此，具有高冷却功率的大型热电冷却系统已被开发并用于特定场景，如大型建筑物、铁路客车和潜艇的空调。大型热电冷却系统的使用证明了它们的技术可靠性，但它们的经济可行性有待进一步优化。在过去的20年里，热电材料制冷方面的研究进展缓慢，未来的热电制冷技术的发展需要着力于对已有的商业热电材料以及新型半导体材料的低温冷却性能的研究。另外，改善已有热电制冷系统架构与热电材料发展同样重要，该系统昂贵的成本也是限制其进一步发展的重要原因。随着热电材料、器件和系统的共同进步，预期能效比的提高和成本的降低将最终推动热电制冷技术的进步。

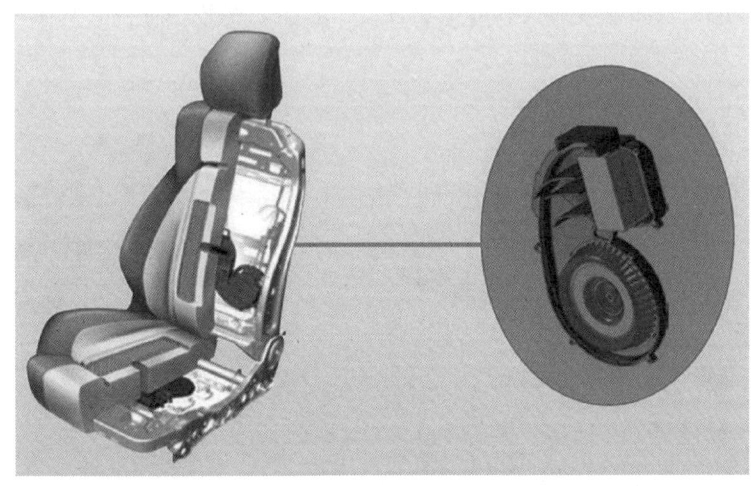

图 4.2 热电空调座椅

热电材料性能优化和器件的研发需要敏锐的观察力和高超的创新能力，综合借鉴各种手段，在前人的研究基础上，不断创新和发展新的制备工艺、新的掺杂元素、新的调控手段、深入研究新的微观机理和热电传输机制。相信在不久的将来，在世界各地热电工作者的共同努力下，将会迎来热电革命的第三次热潮！

专业知识

热电器件可通过泽贝克效应进行热电发电和通过帕尔贴效应进行热电制冷。如图4.3所示为热电能量转换原理。热电器件的热电模块由很多热电单元组成，从图中可以看出，每个热电单元由一对N型和P型热电结连接在一起组成一个π形元件，也称PN结。热电器件的转换效率由N型和P型热电材料共同决定，因此高性能的N型和P型热电材料同等重要。通常来说，组成PN结的材料需要具有相似的热膨胀系数，并且ZT峰值的出现区域也尽可能一致，这样才能使热电器件的使用寿命和转换效率最大化。

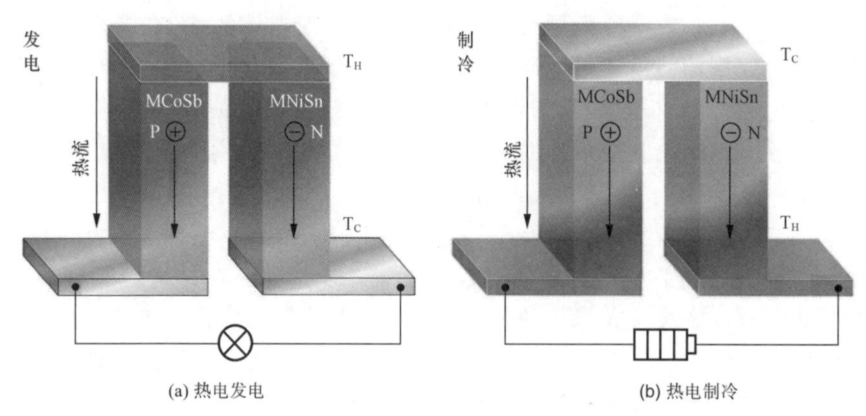

图 4.3 热电能量转换原理

热电器件根据工作环境及用途的不同可以设计成很多种构型，主要包括平板型器件、薄膜型器件、级联叠堆器件和环型器件等。其中，平板型器件在热电制冷和发电领域广泛应用，其结构如图4.4所示。

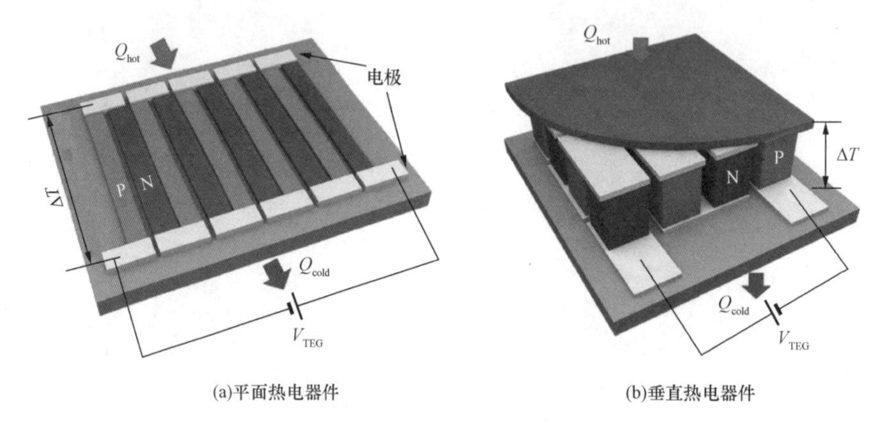

图 4.4 平板型器件结构

热电发电时，对应于Seebeck效应，Seebeck效应产生的原因是温度梯度引起的载流子梯度化从而产生电势差。以P型半导体为例，半导体两端存在温差时，由于热端的温度高，热端空穴具有更大的动能，空穴便会向冷端扩散并聚集，从而形成载流子浓度梯度，进而产生了电势差ΔV，并在闭合电路中形成稳定的温差电流。Seebeck系数只与材料本身性质有关，单位为V/K。一般规定热电势的方向为：在热端电流由负流向正；相似地，热电制冷时，对应于Peltier效应。Peltier效应是Seebeck效应的逆效应，能够将电能转换成热能。Peltier效应产生的原因可以用电子的能级跃迁来进行解释。由于接头处的材料性质不同，其电子所处的费米能级也不同，当施加电场时，电子做定向运动必须要经过接头处。当电子由高能级的材料流入低能级的材料时，会将部分内能以热能的形式释放出去，此时在接头处会出现放热的现象，相应的Peltier系数为正。当电子由低能级向高能级跃迁时，需要吸收外界能量，此时会出现吸热现象，相应地Peltier系数为负。

1821年，塞贝克发现了Seebeck效应，从而拉开了热电材料研究的序幕。三大热电效应（Seebeck效应、Peltier效应和Thomson效应）相继问世，然而，在那个时代，由于电磁效应的蓬勃发展，研究者对Seebeck效应的研究投入甚少，并且热电器件的设计也没有一个系统的理论来指导。在1910年左右，德国科学家阿特克希（Altenkirch）指出，想要获得较大的温差电效应，必须使热电材料具有较高的Seebeck系数、较小的热导率和电阻率。此时，衡量热电材料性能的关键参数Z应运而生，后期常将关键参数Z和材料工作的热力学温度T结合起来，形成现在普遍使用的热电优值ZT，其表达式为

$$ZT=S^2\sigma T/\kappa$$

式中，T为热力学温度，S为Seebeck系数，σ是电导率，κ是热导率，$S^2\sigma$也被称为功率因子（PF），热导率κ是由载流子传输的电子热导率（κ_e）和声子传输的晶格热导率（κ_l）两部分构成。阿特克希指出，提高转换效率必须同时具备较高的Seebeck系数、较高的电导率和足够低的热导率κ。

三大热电效应的发现及理论体系的初步建立经历了一个世纪之久，此后，研究者将注意力主要集中在设计和制造热电性能优异的热电材料上。由于此前三大热电效应闭合回路所用的实验材料都是金属导体，因此，早期研究者对热电材料研究的注意力主要集中在金属导体上。然而对于金属而言，其热导率和电导率的比值在一定温度下是一定值，想要同时提升电导率并降低热导率较为困难。得益于20世纪30年代半导体物理的飞速发展，研究人员通过测试发现半导体材料的Seebeck系数比金属导体的Seebeck系数高很多，此后，热电材料研究不断取得突破。

20世纪50年代，苏联物理学家洛夫勒（Ioffe）院士提出了利用半导体温差发电的理论，掀起了热电革命的第一次研究热潮。研究发现，半导体的Seebeck系数可达100 μV/K。在这段时期，热电材料的发展取得了重大突破，Bi_2Te_3、PbTe和SiGe基等典型体系热电材料相继被开发出来，ZT值达到了1.0。至今，这些体系的热电材料依然是研究的热点。1995年，Slack等提出了“声子玻璃-电子晶体”（phonon glass - electron crystal）的概念来初步判断和筛选性能优异的热电材料，所谓“声子玻璃-电子晶体”理论模型，即理想的热电材料应兼具和晶体一样高的电导率以及和玻璃一样低的热导率，此后基于该理论掀起了热电革命的第二次研究热潮。在该模型的启发下，人们相继发现了填充方钴矿、Clathrate等具有笼状结构的化合物，具有典型的声子玻璃-电子晶体特征，ZT值一度突破了1.0。

尽管热电材料发展史经历了两次变革，科研人员一度突破ZT的历史极限，但对于实际应用而言，这些微小的ZT值提升无疑是杯水车薪。要想和传统热机相媲美，ZT值至少也要达到3.0。那么纵观热电200年的发展史，人们是如何提高ZT值的呢？

影响ZT值的三个主要参数Seebeck系数S，电导率σ和晶格热导率κ_l都是载流子浓度n的函数，如图4.5所示。不难看出，随着载流子浓度增加，Seebeck系数逐渐减小，电导率逐渐增加，热导率逐渐增加，因而在某一优化载流子浓度下对应着一个最佳的ZT值，这个值恰好落在半导体的载流子浓度区间。对于金属，由于Seebeck系数过低，难以获得高ZT值；对于绝缘体，电导率过低，同样无法获得高ZT值。但是，影响热电优值的三个参数间相互耦合，单独追求某一参数的增大或减小往往导致其他参数非协同性的变化，这是提高热电材料性能的最大阻碍。因此，实现对热、电输运的独立或协同调控，是热电材料科学领域一直以来追求的目标。

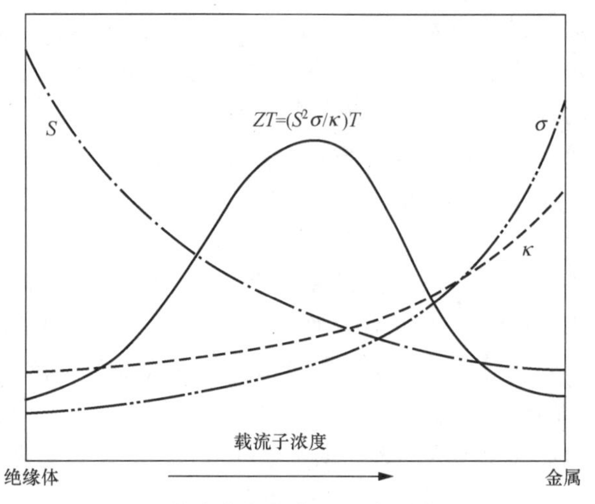

图 4.5　热电参数和载流子浓度的关系

未来可期

"众里寻他千百度，蓦然回首，那人却在，灯火阑珊处。"为解决当前能源危机，我们一直苦苦追寻探索着新的材料，研究新的可替代能源。经过不懈的研究，我们发现，我们所寻找的一种新的材料就是热电材料。电点亮灯，火提供热，在"灯"与"火"处，有着"电"与"热"的互相转换，热电材料为我们解决危机能源问题指明了道路和方向。如今，热电材料虽然问世已近200年，但仍处于快速发展阶段，尽管研究和推广过程存在很多困难，但前景可待，未来可期！热电转换技术的研发链长，并且热电转换器件和系统后端技术开发难度大，造就了从材料到应用漫长的研发路径。一方面，器件拓扑结构的优化设计方法有待进一步完善，可靠性高、低损耗的电极制备技术有待突破；另一方面，作为一种传统能量转换技术的替代性技术，与既存技术相比较，热电转换技术的成本优势还不显著。热电转换技术的优缺点都十分明显，要扬长避短，未来的发展方向应瞄准特长应用领域，发展不可替代的热电应用技术。

近年来，针对热电材料性能优化，很多学者在多种热电材料体系开展了大量的研究工作，也取得了许多突破性的成果。例如，浙江大学朱铁军教授课题组主要围绕半赫斯勒热电材料中电热输运机制、高效材料开发、微结构调控，以及热电器件界面行为等开展创新性研究，开发了高热电优值FeNbSb基半赫斯勒重带热电合金，通过能带设计优化和电声输运解耦使其 ZT 值达1.5以上，是目前国际上最好性能的高温热电材料(>1 000 K)。证实了名义19电子的半赫斯勒体系中很多化合物是半导体而不是金属，首次发现了以NbCoSb为代表的一类阳离子缺位半赫斯勒晶态化合物存在空位短程序，且有序度可调（图4.6）。中国科学院上海硅酸盐研究所史迅研究员课题组提出了在固态材料中引入部分具有"液态"特征的离子来降低热导率和优化热电性能，可突破固态玻璃材料的限制，引出和发现了一类具有"声子液体-电子晶体"概念的 $Cu_{2-\delta}X$ 化合物新型热电材料，该材料具有与其他典型热电材料相当的热电优值在1.5～1.7（图4.7）。北京航空航天大学赵立东教授课题组围绕宽带隙高效SnSe热电材料，利用SnSe多能带结构特点实现了多能带协同参与电传输和施主掺杂促进离域电子杂化等策略，使SeSn单晶 ZT 值达到了2.8。近来，采用协同调控动量空间和能量空间的多价带传输策略，实现了P型SnSe晶体性能的大幅提升，并搭建了基于SnSe晶体材料的器件，实现了大温差的热电制冷（图4.8）。

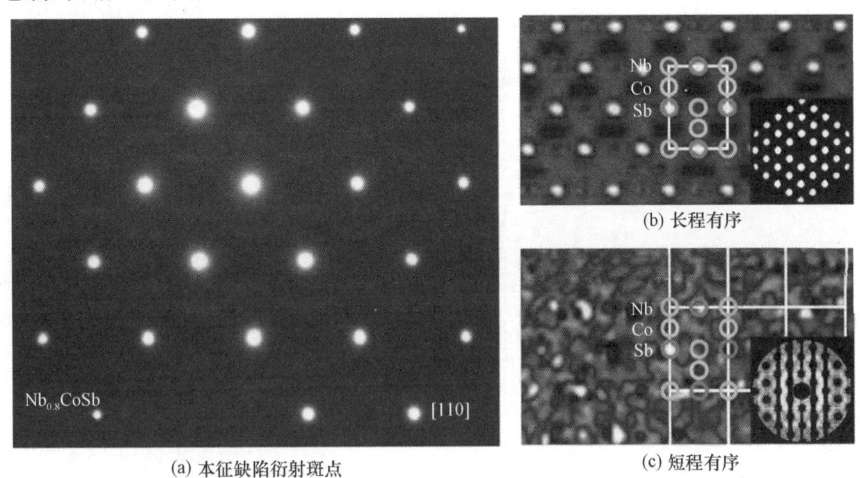

图4.6　阳离子缺位半赫斯勒NbCoSb化合物中的空位短程序

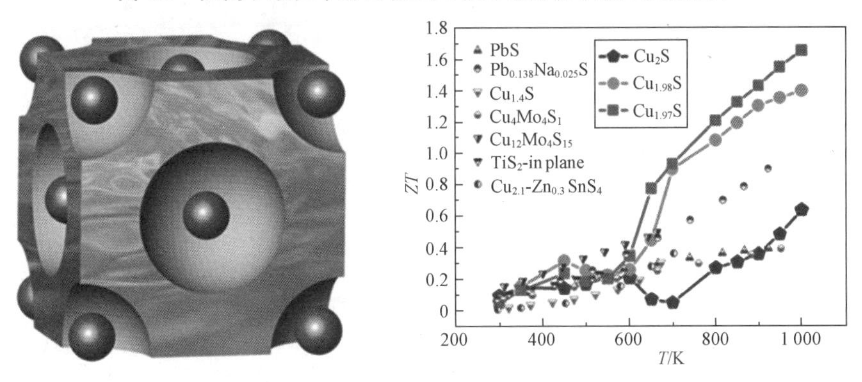

图4.7　α-$Cu_{2-x}S$ 化合物的晶体结构及热电优值

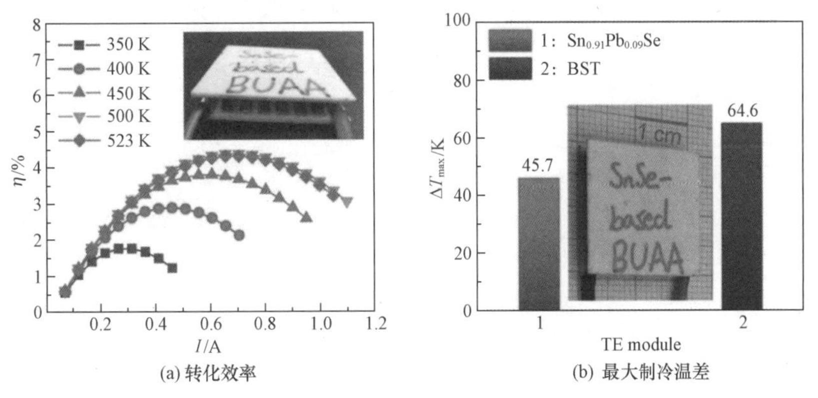

图4.8　基于P型SnSe晶体搭建的热电器件

思考题

1. 热电材料对未来科技进步的推动作用有哪些？存在的关键“卡脖子”技术是什么？对于我国实现碳中和目标的贡献和影响？

2. 研究热电材料对于我国的科技发展有何意义？我们青年一代应该具有哪些责任担当？

国防隐身后盾——仿生隐身材料

引　言

隐身材料是军事装备的“遁形外衣”，可以使武器免于被雷达等探测从而提升打击能力。世界各国为保障国防安全，均对隐身材料进行了大量研究，我国也成功研制了歼-20等高隐身性战斗机所有隐身材料。先进的隐身材料需要在厚度很薄的情况下吸收很宽频带的雷达波，并且与红外等波段的隐身性能兼容，这对隐身材料提出了巨大挑战。如何结合新的概念模型突破技术瓶颈成为隐身材料的“卡脖子”难题，此时，基于生物模型的仿生学可以为隐身材料提供变革性的研究方法。在“物竞天择，适者生存”的自然法则下，不同的生存环境促使生物体在亿万年的进化中形成近乎完美的微结构，使其可以具有抗反射、拟态及变色伪装等隐身功能而适应外部环境。结合仿生学的研究理念，借鉴生物微结构的仿生隐身材料，可以在哪些方面另辟蹊径、突破隐身材料的难题？隐身材料的研究人员如何实现科技创新？

国之所需

在国防领域，随着各国反隐身技术——雷达探测等手段的不断更新，隐身技术研究刻不容缓。隐身材料是隐身技术的基础，也是军事装备的隐身衣，可以使战斗机、坦克以及军事舰艇等在雷达探测下遁形，通过降低目标器件的信号特征，保证武器不被探测，从而提高武器的远程打击能力保障国防安全。在第二次世界大战之后，世界各国都对武器的隐身材料研发投入大量人力、物力以及财力，如美国的F117战斗机和B2轰炸机表面均涂敷了隐身材料。英国、法国和瑞典等国的隐身战车、飞机、坦克、舰艇等也采用了大量的隐身材料。这促使我国也需要发展隐身技术以保障国防安全。

提高国防水平是我国实现和平发展的有力保障，隐身技术和隐身材料是国防科技中不可缺少的一环。同时我们也必须清醒地认识到，与欧美发达国家相比，我国的隐身材料研究起步较晚，而且基于这一领域的特殊性，使得该技术无法从国外引进，只能自主研发。目前我国研究人员已经开发了具有优良隐身效果的电磁吸收剂，以及通过应用不同的微观结构和超结构材料来提高隐身性能。如何进一步引入新的模型和理论框架，发展高性能的隐身材料和机理，突破这一领域的固有难题，成为我国科研人员不断努力追求的目标。

专业知识

军事器件表面覆盖的隐身材料需要在保持薄厚度的同时，实现雷达波反射损耗大于−10 dB（这一性能代表雷达波吸收率大于90%），吸收频带越宽越好，如此则会提高材料的隐身能力。但这会受到Plank-Rozanov极限的制约，这一极限表明隐身材料的厚度会对雷达波的吸收带宽形成限制，即薄厚度难以实现宽带吸收。并且，新一代的隐身材料还需要避免红外探测器以及各种光学望远镜的探测。但不同频段的隐身需求之间往往存在矛盾，难以实现不同频段隐身性能兼容，极大制约了新一代隐身材料的技术突破。因此，研发具有多频段适应性的雷达隐身新材料是实现隐身性能提升的关键，也是这一领域公认的难题。这要求隐身材料必须引入新的概念模型，使其打破原有的理论和性能限制，在这种情况下，仿生理念可否提供变革性的研究方法？下面，我们来看一下自然界的生物模型为我们带来的启发。

仿生材料是仿照生物系统的结构规律而设计制造的人工材料，其目的是使人工材料具有与生物材料类似的功能,甚至超越生物功能。自古以来，我们智慧的祖先就已经善于从大自然中汲取灵感来进行创造。从杰出工匠鲁班借鉴叶子边缘形状开启了锯的发明，以及神医华佗从五种动物的神态和动作编创的“五禽戏”，到一些军事家从狼群的行动特点中总结的战术原则等，其在展示人类出色的学习能力的同时，也说明自然界可以为人类提供创意的宝库。步入近代，借助高度显微的表征手段，人们发现某些从视觉上平平无奇的生物体外表，在微观尺度上原来具有高度阵列化的微结构，这些微结构使其具有各种特殊功能。从微观层次效仿这些微结构制造仿生材料，借助生物经过亿万年进化的优势，提取近乎完美的生物微结构模型，从而使新材料具有优异的功能。

在隐身领域，自然界就有很多伪装高手，如图4.9(a)所示的变色龙，其体内具有鸟嘌呤颗粒组成的光子晶体微观结构，变色龙通过调节鸟嘌呤颗粒的间距即可调控光子晶体的光子带隙，从而反射不同频段的可见光，使其身体呈现不同颜色。与变色龙类似，海洋里的软体动物如章鱼也会调整体表微观颗粒的间距以呈现不同的颜色，使自身图案与所处背景图案一致，从而不被天敌发现，以达到隐身目的。另一种可以迷惑对手的生物是孔雀蛱蝶[图4.9(b)]，其天敌是一些爱吃蝴蝶的鸟类，但孔雀蛱蝶翅膀经过进化，其不同部位具有不同的微观结构以对光形成不同频段的吸收，使翅膀通过不同颜色分布展示出眼状斑纹。当孔雀蛱蝶遇到鸟儿时，就会展开翅膀露出“眼睛”，通过这种伪装吓退捕食者。除此之外，自然界还有很多昆虫、鱼类及鸟类等都是伪装界的高手，如果能够借鉴这些生物的生物体微结构和隐身理念，则可以在原有隐身材料固有性能之外引入新的模型和理论框架，使隐身材料性能实现突破性的提升。

(a) 变色龙

(b) 孔雀蛱蝶

图4.9　自然界的生物

除隐身材料之外，自然界中的生命形式多种多样，不同类别的仿生材料在国防、航空航天中的很多领域均可以大显身手，引发新材料研发浪潮。如：飞机飞行或高铁运行时，极快的行进速度导致空气与其表面摩擦形成阻力，这对提高飞行/运行速度、降低能耗提出重大挑战。研究人员利用鸟类羽毛表面特有的沟槽结构，降低外部空气流动产生的二阶微旋涡流动，以减少空气阻力提高飞行/运行速度，从而提升国家在国防、航空航天等关键领域的竞争力。减阻的需求同样存在于海洋之中，行进中的舰艇由于受到水流的阻力难以提高速度，不但增加了舰艇的能耗，而且对其行进的安全性也造成了严重威胁。研究人员发现，鲨鱼皮肤表面分布的盾鳞结构可以降低物体在水中的行进阻力，这也是鲨鱼能够在海洋中有着惊人的游速和减阻能力的秘密所在，鲨鱼皮肤仿生结构可以解决舰艇的减阻难题。值得注意的是，外部环境的复杂性决定了生物微结构模型具有很多复合功能，可以使隐身材料具有更好的环境适应性，引领隐身材料创新。

未来可期

针对隐身材料的性能突破，我国的大连理工大学、电子科技大学、复旦大学、西北工业大学等高等院校，以及中国科学院等科研院所进行了大量研究，开发了多种电磁复合吸收剂，通过核壳结构和多孔结构等微结构以及各种超结构增强电磁波吸收。在仿生隐身材料方面，大连理工大学段玉平教授所带领的吸波材料研究室针对隐身材料的难题进行了长期攻关，研究发现飞蛾复眼表面进化出高度六角形阵列的多级微结构，具有高度抗反射特征。而利用这种六角形多级结构来构建仿生隐身材料，则可以完美实现隐身材料的各种需求：在1 mm厚度下，达到－10 dB的有效吸收带宽为8.04～17.88 GHz，突破了Plank-Rozanov极限，并且具有不同频段电磁波的兼容适应性，有效实现了微波-红外-可见光频段兼容调控。此外，仿生微结构也实现了良好的疏水性能，可诱导自清洁效应，在飞行器表面可实现防冰除冰功能。在上述研究之后，段玉平教授课题组继续研究，发现金龟子呈宝石色的甲壳中具有多层排列的手性螺旋结构。这种手性螺旋结构可实现电磁波极化形式的偏转，提高隐身材料性能。据此，课题组根据仿生原理设计并制备了螺旋手性仿生隐身材料增强吸收，最强的吸收峰值可以达到－48.83 dB（吸收率大于99.99%），并且拓展了有效吸收带宽。

研究人员提出了采用自然模型克服隐身材料物理极限的仿生设计理念，提高了隐身材料的性能，并借助自然界生物经过亿万年进化、模型趋于完美的优势，突破了传统材料的性能瓶颈，为隐身材料提供了广阔的设计空间。目前仿生模型优化隐身材料的工作刚刚开始，未来随着仿生模型的新发现和隐身机理的深入研究，这种设计理念将继续提高隐身材料的性能扩大应用范围，解决军事器件的隐身难题。但是，也要认识到目前的仿生隐身材料研究仍处于探索之中，尚未形成完整的理论体系，基于雷达隐身材料的电磁理论如何与生物模型匹配也需要进一步研究，因此未来还需要更多的研究人员共同深入探索，构建起仿生隐身材料的理论大厦，更好地指导隐身材料提升性能。在应用方面，自然界生物微结构模型往往比较复杂，如何有效加工仿生微结构也是未来需要解决的问题。总之，仿生隐身材料未来还有很长的路要走，这需要多个领域的研究人员共同努力，这一领域也还有很多宝藏等待我们去挖掘。

思考题

1. 我们不是生活在一个和平的时代，我们只是生活在一个和平的国家。思考发展国防科技对于我国实现和平发展的重要意义。

2.《老子》说："人法地，地法天，天法道，道法自然。"在科技高度发达的今天，人类仍然能够从自然界汲取无尽的灵感，这说明了什么？

新型微结构功能材料
——超材料

引　言

超材料是一个新兴领域，打破了传统材料设计思想的局限性，开创性地通过逆向设计思维，实现按需制造相应材料。目前，超材料的基础理论研究基于多学科交叉融合，应用研究面向多功能、多频带、各向同性以及小型化集成等，特别是电磁超材料技术是一项全新的功能材料，将向数字化、智能化、多物理场化发展。新材料技术的诞生往往伴随产业革命的升级，新一轮的产业变革将重构全球创新版图、重塑全球经济结构，例如超材料可以减少天线阵子之间的信号干扰，使得原来天线的尺寸缩小30%以上，且核心性能不发生退化，实现天线物理面积大幅缩减，相同的面积下可以容纳更多的天线阵子，这也是移动网络从4G升级到5G的关键所在。那么，什么是超材料？我们在超材料产业化竞争中下了哪些科技创新“先手棋”？我国科技工作者在关键技术上又解决了哪些“卡脖子”的问题？我们又将如何保持现有优势，继续领跑这场创新革命？

国之所需

对超材料的研究最早可以追溯到1968年，苏联科学家维斯特拉戈（Vesslago）提出介电常数和磁导率均为负数的假设，基于麦克斯韦电磁理论推导出电磁波在双负介质中具有反常的传输特性，例如负折射率、反多普勒效应以及反向切伦科夫折射等。这一成果直到数十年后，由英国科学家彭德里（Pendry）完成实验，证明了超材料的存在。超材料是一类具有特殊性质的人造材料，通过对材料关键物理尺度进行有序结构设计，可以获得天然材料所不具备的超常物理特性，曾两度被评为“年度十项重大科技进展”之一。电磁超材料一般是由具有亚波长尺寸的人工“原子”周期或非周期性排列，人们通过自由设计这种新型人工电磁媒质的单元结构、单元排列方式以及单元各向异性，根据需求调控等效媒质的电磁参数，进而操纵电磁波。这是我们首次具备了自由调控电磁波的能力，对未来通信、光电子、隐身、探测、太阳能及微波能利用等技术将产生深远的影响。很多发达国家已经将超材料作为具有国家战略意义的新兴产业，各国正积极促进超材料科技成果产业化，全球超材料行业迎来快速发展时期。电磁超材料可以对电磁波的传输特性进行精确“裁剪”，选择合适的结构参数不但能改变电磁波在介质内的传输路径，还能定向选择共振频率进行吸收。将具有这种奇异的电磁性能的超材料应用到现代军事隐身技术上可实现隐身技术的重大突破。

专业知识

材料微结构进行基元序构后的超结构设计，可实现超越功能复合材料本身的物理特性，同时实现Snoek极限的突破。超结构隐身材料的超结构阵列、周期特征、单元排列、结构尺度对电磁波的影响巨大，特别是超结构单元本征电磁参数与超结构耦合可发挥磁性损耗和电损耗的磁电协同效应，形成超结构的阻抗特征，进一步实现吸波性能的突破和隐身性能的提升。也可构建跨尺度超结构，通过层间近场耦合效应，实现针对多频段共振响应，通过多吸收峰结合实现全向宽频隐身，并结合电磁波与超结构共振下的相位测试，可实现超结构诱导电磁波相位突变损耗。除结构设计外，每个超结构单元的材料物理属性也至关重要，电磁参数（介电常数$\varepsilon=\varepsilon'+j\varepsilon''$和磁导率$\mu=\mu'+j\mu''$）是表征其电磁属性的重要参数，优化和调整电磁参数可以调整材料的吸波性能。电磁波在材料中的衰减系数可以表示为

$$\alpha=\frac{\pi f}{c}\sqrt{(2\mu'\varepsilon')}\cdot\sqrt{[(1+\tan^2\delta_\varepsilon+\tan^2\delta_m+\tan^2\delta_\varepsilon\delta_m)^{1/2}+\tan\delta_\varepsilon\cdot\tan\delta_m-1]}$$

其中，$\tan\delta_\varepsilon=\varepsilon''/\varepsilon'$和$\tan\delta_m=\mu''/\mu'$分别表示材料的介电常数和磁导率损耗角正切。由此可见，要想获得超结构很高的损耗，必须首先对电磁参数进行合理的设计和选择。

一般来讲，磁性吸收剂由于具有良好的电磁匹配和较强的磁损耗更有利于电磁波的吸收，然而根据Snoek极限理论，受材料本征参数饱和磁化强度的限制，随着共振频率的升高，磁导率会大幅下降。因此在高频处难以获得较高的磁导率，这就导致传统的雷达吸波涂料无法很好实现其性能。传统雷达吸波涂层还有一大缺点就是极端环境下耐受力差，应用隐身涂层的战机经常出现涂层明显图层龟裂和剥落现象，因此战机每次飞行后都需要重新修补。后期维护还需要恒温恒湿机库，不但维护过程复杂，而且维护时间长，这些弊端都大大降低了战机出勤率。此外蒙皮使用的涂层密度一般较大，导致战机可携带武器数量减少，降低作战效率。因此未来隐身技术中的隐身材料如何打破传统思维局限、发挥超材料创新性来解决这些难题？

电磁波吸收剂通过本征物理属性损耗电磁波，因此其工作频段只能在某一范围内进行调控，在一些特殊频段很难去寻找具有合适电磁参数的材料，而且各种材料的加工和制备不一而同，这种局限性严重限制了其应用和发展。现在，通过对超材料进行合理的设计就可以很好的解决吸波材料“薄、轻、宽、强”的需求。隐身材料获取良好的吸波性能最关键的一步是实现材料与自由空间的阻抗匹配问题，通过对超材料几何结构和尺寸大小精密设计，可以获得实现阻抗匹配所需的电磁参数，从而获得低反射率，进一步通过超材料的固有电磁共振特性来实现完美吸收。这种新颖的材料设计方法不再依赖材料的本征属性，通过改变超材料结构的尺寸参数或施加有源器件在宽频带下就能高效吸收电磁波。此外超材料的结构设计灵活、材料可选择性多，制备工艺相对简单且成本低廉。超材料已经成为现代电磁吸波技术的重要研究方向，它之所以能引起全世界的高度关注，源自超材料所体现的逆向设计思想的重大创新，不同于传统的材料设计思维——对已存在的材料进行改性或加工来满足应用需求，它在功能材料的设计上引入了全新的概念——按照应用需求去人工设计自然界不存在的材料。

大国重器

主流的反隐身毫米波雷达的工作频率30 GHz、94 GHz、140 GHz是目前隐身技术不能克服的波段，传统吸波材料很难在不影响材料厚度或其他性能的情况下同时兼容这些频段。由于超材料工作频率、介电常数和磁导率等电磁参数的易调节性，在人为设计结构、控制材料本征属性的情况下，就能以全新的方式兼容共振频率，吸收电磁波。中国坚持走自主创新之路，正式服役的第五代战机歼-20大量使用了超材料与石墨烯材料复合的隐身涂层。石墨烯密度小、强度大，具有良好的导电率和热传导性能，通过设计还可以获得超疏水性，这些优异的特性使其广泛应用于航空领域。然而单纯的石墨烯主要以介电损耗为主，优异的导电性会降低其阻抗匹配性，对电磁波产生反射，降低吸波性能。超材料吸波器一般为“三明治”结构，从上至下依次由周期性阵列的金属图案、介质基板和金属接地板组成。将石墨烯代替超材料图案层的金属，既可以通过改变石墨烯的电阻率来调控复合材料的阻抗匹配特性，又可以发挥超材料的固有共振特性，达到宽带完美吸收，金属图案的设计会影响电磁共振的频率，介质材料的电磁参数和尺寸参数会改变超材料损耗特性。这种新型复合超材料既保持了超材料和石墨烯材料两者性能的优点，又能通过各组分性能的互补达到更佳的综合性能。相比于传统的隐身涂层，歼-20所使用的新型隐身蒙皮不但简化后勤维护，极大地降低维护成本，而且减轻了50%隐身材料质量，大幅提高了作战半径，最重要的是歼-20在较宽的微波频带下仍能保证良好的电磁隐身能力，实现真正的雷达隐身。这一技术的应用，使得歼-20在世界各国第五代战机中独领风骚。实践反复告诉我们，关键核心技术是要不来、买不来、讨不来的。只有把关键核心技术掌握在自己手中，才能从根本上保障国家经济安全、国防安全和其他安全。

未来可期

博观而约取，厚积而薄发。我国将日趋成熟的超材料隐身技术已经推广应用到第三代北斗卫星导航系统，面向全球提供服务。北斗卫星导航终端天线阵列总体尺寸限制严格，相邻阵元中心的间距较小，一般不大于半波长，因此阵元之间会产生强互耦现象，降低了天线阵列的抗干扰能力，辐射方向图会产生严重畸变，接收终端会出现失真现象。通常的解决办法是在接收系统中引入吸波器，吸收垂直方向的电磁波，降低阵元之间的互耦，改善阵元辐射特性。我国第三代北斗B3频段在1.268 GHz左右，由于天线阵元间距较小，所以吸波片的厚度有严格的限制，吸波片的厚度要不超过4 mm，传统吸波材料想在L频段（1～2 GHz）实现超宽带，超薄是非常困难的。我国学者选用方环为周期图案，方环中间位置加载集总电阻降低其品质因子，改善超材料的频散特性，使得共振模趋于平坦化，而且还能增加欧姆损耗。在保证2 mm厚度的条件下，在1.15～

2.37 GHz下实现大于90%的吸收率，解决了北斗卫星导航接收系统在B3频段去耦难的问题。

我国科研工作者不止步于此，秉承“百尺竿头思更进，策马扬鞭自奋蹄”的信念砥砺前行，在超材料领域取得了许多其他原创性成果。2014年，东南大学崔铁军团队在国际上首次提出“数字编码与可编程超材料”，将二进制数字编码的概念引入超材料设计，通过结合有源器件，在可编程门阵列电路控制下进行编码单元“0”和“1”的时空排布，从而实现数字化调控电磁波，动态获得多种电磁功能。这一概念架起了超材料由物理领域通往数字领域的桥梁，利用信息技术，人们可以从全新的角度去理解和发掘超材料。如图4.10所示，崔铁军团队在亚波长尺度上设计出一种数字编码超材料同时独立调控电磁波和声波的传输行为，在5.7～8 kHz的声学频段和5.8～6.15 GHz的微波频段表现出优异的可控散射行为。如果将氧化铟锡代替传统金属层还可以同时获得可见光、红外、微波和水下声波隐身。如图4.11所示，大连理工大学段玉平团队基于飞蛾复眼构造磁性超表面结构，从而实现多功能集成，获得超宽带吸波带宽的同时降低红外发射率，这种超结构还具有疏水特性，对材料表面具有自清洁作用。这些研究成果在国防领域具有广阔的应用前景。超材料的设计思想可以发掘材料新功能、引领产业新方向。未来有望突破稀缺资源瓶颈，解决多功能材料兼容性的难题。

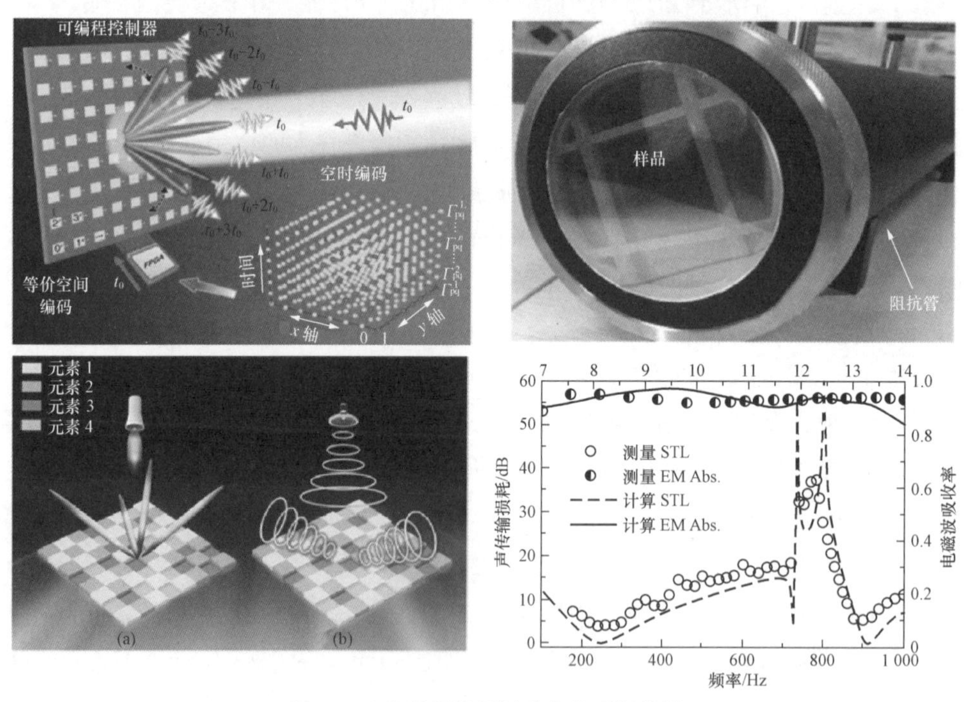

图4.10　编码超材料及其多物理场设计

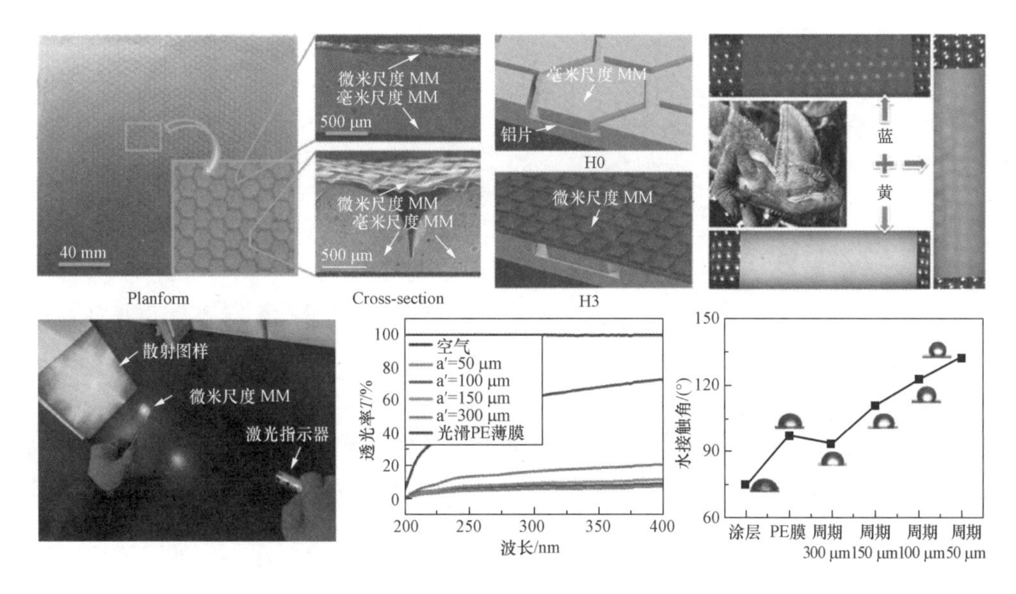

图4.11　飞蛾复眼微结构超材料设计及其多功能性

思考题

1. 如何深刻理解“只有把关键核心技术掌握在自己手中，才能从根本上保障国家经济安全、国防安全和其他安全。”

2. 超材料在功能材料的设计上引入了全新的概念，即按照应用需求对材料进行微结构再造，形成超结构，请思考超结构在其他领域的应用发展？

信息存储的理想载体
——氧化铪基新型铁电材料

引　言

半导体存储器作为信息技术发展的核心芯片，是我国进口金额最大的集成电路产品。为了保障战略性新兴产业的顺利发展和国家信息安全，大力发展我国自主的半导体存储器技术和产业已迫在眉睫。新材料技术的突破常常带来新一轮产业革命，改变我们所处世界的竞争关系。那么让我们来一起学习一下氧化铪基新型铁电材料的发现历程，看看新材料为何能为铁电存储器的异军突起带来重大契机？又将为我国半导体存储器产业的发展提供什么样的机遇？

国之所需

自20世纪70年代末期人类社会进入信息时代，电子信息产业便成为世界经济发展的牵引龙头，其规模和水平是衡量一个国家发达程度的主要标志。在我国，电子信息产业具有其他行业不可替代的先导性、基础性和战略性地位。2021年我国国内生产总值（GDP）达到114.9万亿元，稳居世界第二大经济体；其中电子信息全行业整体收入规模达到约为23.6万亿元，占GDP的20.6%，是名副其实的第一大经济支柱产业。但是，我国电子信息产业长期呈现应用强、基础弱的“倒三角”形态，在先进制造工艺、基础原材料、专用设备等关键基础领域距离国际先进水平仍有较大差距，特别是高端元器件、核心芯片严重依赖进口。2021年我国集成电路芯片进口总额高达4 330亿美元，远超过进口原油的2 576亿美元。其中，半导体存储器作为信息技术发展的核心芯片，是我国进口金额最大的集成电路产品。

随着物联网、人工智能、大数据、云计算等新兴领域的迅猛发展，我国对于各类半导体存储器芯片的需求量与日俱增。为了实现存储器芯片的自主可控，我国重点建设了武汉长江存储、合肥长鑫和福建晋华三家企业，主攻动态随机存储器（DRAM）和NAND Flash存储器芯片的生产研发。但是，以美国为首的西方国家在我国发展半导体存储器产业的道路上设置重重阻碍，在核心技术和高端装备等多方面对我国企业实行严格控制或禁运。

一枚小小的存储器芯片不仅关乎国家战略性新兴产业发展的成败，更关乎国家信息安全，大力发展我国自主的半导体存储器技术和产业已迫在眉睫。

专业知识

半导体存储器可以分为易失性和非易失性两类。易失性存储器需要持续的电源供应以维持存储的信息，通常作为操作系统或其他正在运行中的程序的临时数据存储媒介，常见的有静态随机存取存储器（SRAM）和动态随机存取存储器（DRAM）。非易失性存储器在无电源供应时所存储的数据仍能被长时间保存，主要有可编程可读存储器（PROM）、可擦除可编程存储器（EPROM）、电可擦除可编程存储器（EEPROM）、浮栅存储器（Flash）和铁电存储器（Ferroelectric Memory）等。其中铁电存储器是基于铁电材料在电场作用下极化响应的电滞回线特性，其正、负剩余极化可分别对应信息“0”和“1”。

按照器件结构和工作原理的不同，铁电存储器可以细分为两大类：由一个晶体管和一个铁电薄膜电容器组成的铁电随机存储器（FeRAM）和直接采用铁电薄膜作为栅介质的铁电场效应晶体管存储器（FeFET），如图4.12所示。铁电存储器具有纳秒量级的高读写速度，同时还具有低功耗和抗辐照等特点，是最具发展潜力的半导体存储器。1993年，美国Ramtron公司成功开发出FeRAM商业化产品。目前，该类型存储器的量产技术主要掌握在美国和日本两个国家手里，其存储介质主要采用钙钛矿结构的锆钛酸铅（PZT）和钽酸锶铋（SBT）铁电薄膜。但钙钛矿结构的铁电薄膜材料中含有高化学活性的重金属离子，而重金属离子是导致集成电路失效的一个致命污染源。另外，钙钛矿结构铁电薄膜的制备温度较高，这不仅提高了集成工艺难度，也增加了铁电薄膜与硅集成电路的交叉污染；目前交叉污染问题主要是通过建立FeRAM存储器专用生产线和增加隔离保护层来解决。此外，PZT和SBT铁电薄膜的尺寸效应较明显，厚度小于70 nm时，其铁电性能急剧退化。上述集成工艺兼容性和尺寸效应问题使FeRAM存储器始终难以克服高制造成本和低存储密度的发展障碍，至今仅在狭窄的工业领域得到了实际应用。FeFET结构简单，理论上可以实现超高的存储容量，但基于PZT和SBT铁电薄膜的FeFET保持性能较差，污染问题使得其与现有的生产线不兼容，因此尚未实现产业化。综上所述，PZT等传统铁电材料已成为制约非易失铁电存储器发展的关键瓶颈，突破这一瓶颈必须开发出与现代半导体工艺完全兼容的新型铁电材料。

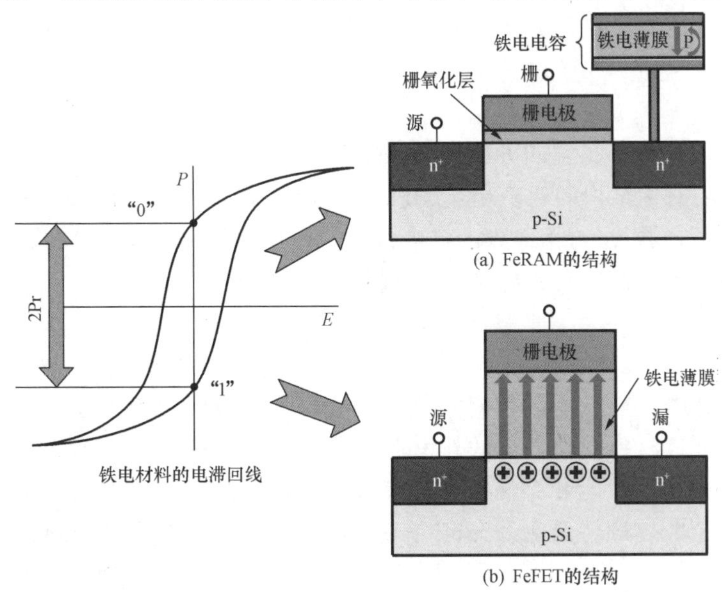

图4.12　铁电材料在电场作用下极化响应的电滞回线特性和铁电存储器结构

自20世纪90年代起，世界各大微电子企业开始尝试采用高介电常数（高-k）材料取代SiO_2作为互补金属氧化物半导体（CMOS）晶体管栅介质和动态随机存储器（DRAM）电容器介质。2007年，英特尔公司率先宣布在其45 nm节点量产微处理器产品中采用二氧化铪（HfO_2）作为栅极介电材料、类金属的氮化钛（TiN）作为栅电极，自此开创了高-k金属栅极（HKMG）新技术时代。原世界第二大内存芯片制造商——德国Qimonda公司在65 nm节点DRAM产品研发中开始使用HfO_2和ZrO_2作为存储电容器介质，该公司的在职博士研究生Tim S. Boescke等人在实验中意外地发现了HfO_2薄膜的铁电性质。Boescke的主要研究内容是掺杂改性和制备工艺对HfO_2薄膜相变和介电性能的影响规律，他在测试覆盖了TiN上电极后晶化的Si掺杂HfO_2薄膜的介电性能时，观察到电容-电压（C-V）曲线呈现出显著的蝴蝶形状滞性，与文献报道中HfO_2薄膜近乎线性的C-V特性完全不同。起初，Boescke认为这一特殊现象是测试错误造成的，但是在反复检查校正了测试设备，并对同一晶圆上多个电容器重复测试后仍观察到蝴蝶形C-V曲线，于是他怀疑这是从未被发现的材料新性质，但是并不理解其背后的物理机制。Qimonda公司与德国亚琛工业大学（RWTH Aachen）电子材料研究所长期合作研发电容器材料，在一次视频会议上，Boescke向该研究所的U. Boettger等人展示了蝴蝶形C-V曲线测试结果。Boettger是国际著名的铁电材料研究专家，他敏锐地意识到蝴蝶形C-V曲线是铁电材料所特有的现象，于是建议对样品的极化强度和面外微位移与偏压的关系进行测试。测试观察到了铁电材料特有的电滞回线和压电材料所特有的蝴蝶形应变回线，铁电材料是压电材料的一个亚群，是否具有压电效应是验证材料本征铁电性质的关键判据。综合上述结果，Boescke等人最终谨慎地得出结论：在特定工艺条件下制备的掺杂HfO_2薄膜是世界上已知的200多种铁电体以外的一类新型铁电材料。

材料的铁电性质是其微观组织结构的宏观反映，已知的HfO_2单斜、四方和立方等物相结构都是中心对称的，不可能具有铁电性质，那么HfO_2新型铁电材料具有什么样的晶体结构呢？通过大量的X射线衍射和透射电镜等分析，Boescke等人确认铁电性HfO_2薄膜的晶体结构属于正交晶系，空间群为$Pca2_1$，适量的Si掺杂和上电极机械夹持应力的共同作用抑制了高温四方相向低温单斜相的马氏体相变，从而在HfO_2薄膜中生成该具有非中心对称结构的亚稳相。2011年，Boescke等人在应用物理快报（APL）上首次公开报道了Si掺杂HfO_2薄膜的铁电性质，厚度小于10 nm薄膜的剩余极化强度与PZT等传统材料接近，且在极宽的温度范围内保持稳定。

未来可期

作为栅极介电材料，HfO_2已经被英特尔公司等企业应用于微处理器产品大规模工业化生产，因此该材料铁电性质的新发现为铁电存储器突破PZT等传统材料所造成的发展瓶颈、实现器件性能和存储密度的大幅度提升带来了重大契机。除了与现代硅基CMOS工艺完全兼容的特点之外，HfO_2基铁电薄膜成分简单容易控制、在极高深宽比三维结构中均匀生长薄膜的原子层沉积工艺已极为成熟，介电系数小，矫顽电场大。基于这些工艺和物理性能特点，我们可以预期采用新材料制备高深宽比三维结构铁电薄膜电容器，将会有效减小FeRAM记忆单元面积，从而大幅度提高存储密度；采用新材料作为FeFET铁电栅介质，将会显著延长器件的记忆保持时间。

在非易失性存储器等领域的重大应用价值使HfO_2基铁电薄膜迅速成为国际研究热点。欧美日韩等多国的研究机构，以及我国的大连理工大学、中国科学院微电子所、电子科技大学、复旦大学、清华大学和湘潭大学等单位在薄膜的铁电性质起源、制备工艺、掺杂改性、性能解析和器件应用等方面开展了大量的研究工作，人们对于这一新型铁电材料的认识日渐深刻。从2011—2021年，国际上针对HfO_2基铁电薄膜及器件研究发表论文1 300篇左右，发表数量逐年呈指数式递增（图4.13）。在工业界，台积电、格罗方德和德州仪器等国际著名半导体公司正在努力实现基于HfO_2铁电薄膜的非易失性存储器商业化生产。其中，格罗方德公司首先采用标准的28 nm高介电常数金属栅工艺制备出了64 kbit基于HfO_2铁电薄膜的FeFET样件，该样件在105 ℃的苛刻条件下仍能满足10年的记忆保持性能。

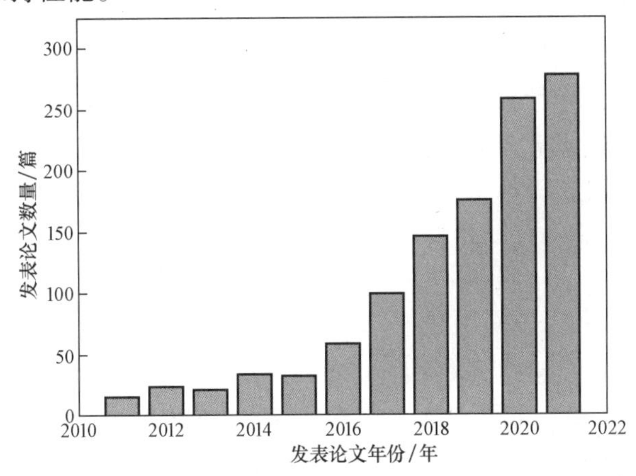

图4.13　2011—2021年，国际上针对HfO_2基铁电薄膜及器件研究发表论文统计

相对于DRAM和Flash等存储器，基于HfO_2基新型铁电薄膜的非易失性存储器在国际上仍处于研发阶段，我国在这一技术领域与国际水平差距相对较小。相信在国家“实施强基工程、维护电子信息产业链安全”重大战略规划的引领下，我们能够抓住新材料带来的绝佳机遇，在半导体存储器领域实现“弯道超车”，打破西方国家的封锁垄断，实现高端存储器芯片生产的完全自主化。

思考题

1. 美国先后对我国中兴和华为两大通信技术公司进行了制裁和技术封锁，对于企业和国家的发展来说掌握独立自主的芯片核心设计和制造技术具有什么重要意义？

2. 有人将芯片比作机电产品的大脑或心脏，其重要性不言而喻。我国在半导体工业领域起步较晚，大规模集成电路行业的发展较西方发达国家有较大差距，高端芯片严重依赖进口；然而受到政治因素的影响，我国高端芯片进口受到“芯片禁运”的影响，被严重“卡脖子”。要扭转目前局势，我们年轻一代该有哪些作为担当？

大国之间的真正较量
——“以小见大”纳米材料

引　言

纳米材料，因具有特殊的物理、化学、力学性能和非常广阔的应用前景，吸引着众多材料科学家的目光。早在20世纪90年代，我国著名科学家钱学森就曾预言：纳米及纳米以下的结构是下一阶段科技发展的重点，会是一次科技革命，也将是21世纪又一次产业革命。纳米人工骨的研制成功正在悄然地改变着成千上万个骨缺损患者的命运；纳米电子器件的产生，使材料的信息收集及处理有了关键性突破；纳米技术在雷达上的应用，使其信息处理能力提高十倍至几百倍，实现了高精度的对地侦察。经过最近几十年的快速发展，我国纳米材料的研究领域不断拓宽，研究成果日新月异，制备方法、表征技术也实现了长足进步。那么，在纳米材料研发的道路上，我国材料工作者是如何发挥创新精神，不断开发新材料、解决新问题的？目前的纳米材料领域又存在着哪些难啃的“硬骨头”？我们年轻一代的材料工作者需从老一代科学家身上学习哪些优良品质？

国之所需

纳米材料是纳米级结构材料的简称，通常是指三维空间中至少有一维在纳米级别的材料（图4.14）。1959年，诺贝尔物理学奖获得者费曼从科学理论角度首次提出“人类可以通过操纵原子或分子来构筑新材料”，这是人类对于纳米材料最早的科学设想。1982年，扫描隧道显微镜的发明使人类第一次观察到了可见的原子、分子，大大促进了纳米科技的快速发展。由于纳米材料具有特殊的界面效应、小尺寸效应、宏观量子效应等，从而展示出特殊的电、磁、光、热、声等物理性质，使其迅速成为军事、能源、医学等各个领域的研究热点。录音带、录像带和磁盘等都是采用磁性纳米颗粒作为磁记录介质，使其磁记录密度大大提高。

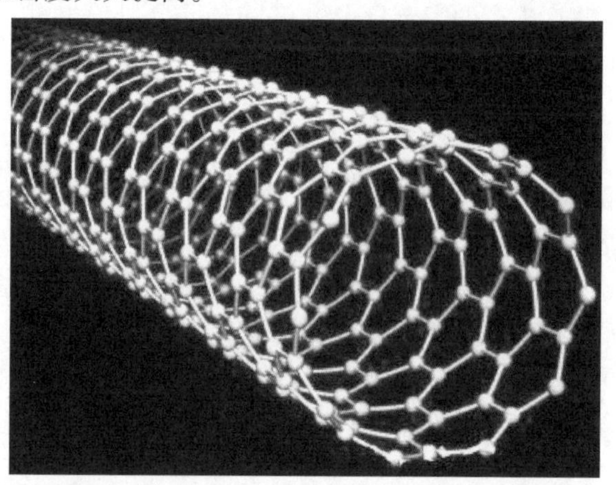

图4.14　1~100 nm的材料——一维纳米材料

近年来，世界各国纷纷制订了发展纳米材料的相关计划，斥巨资抢占纳米科技的战略制高点。美国将发展纳米材料视为下一次工业革命的重点；日本特设专门的纳米材料研究中心，将纳米材料列入重点研发项目；德国建立了纳米材料研究网，举全国科技力量发展新型纳米材料。我国纳米材料发展相对较晚，20世纪80年代末才刚刚起步。但是，此后我国政府对纳米材料的研发给予高度重视，积极投入资金和力量，鼓励各研究院所和高校大力发展纳米材料，也因此出现了大量科研成果并取得了重大突破。清华大学范守善教授成功利用碳纳米管做空间架构制备出了微米级长度的发蓝光氮化镓半导体一维纳米棒。这一成果的实现意味着利用碳纳米管空间限制法可制备更多种类的一维纳米材料，为制备一维纳米材料开辟了一条新的有效途径。白春礼院士成功研制了中国第一台计算机控制的扫描隧道显微镜、弹道电子发射显微镜、原子力显微镜以及激光原子力显微镜等高端检测设备，打破了纳米材料检测设备长期被国外垄断的局面，实现了原子分辨率的材料表征，大大推动了我国纳米材料的发展、促进了关键问题的解决。李亚栋院士大胆尝试使用单原子催化剂、金属团簇制备了非贵金属催化剂，显著降低了催化剂的成本，并且发展了多种新型催化反应，在国际上率先解决了催化剂均相催化异项化学反应的普遍难题，为我国纳米催化材料在世界占有一席之地贡献了巨大力量。

专业知识

20世纪90年代，困扰着各国材料科学家的一个瓶颈难题是如何使金属在承受极大的变形情况下而不断裂。格莱特教授曾预言：当金属材料的晶粒尺寸小到纳米级别时，材料将拥有很好的塑性变形能力。这一预言也与后来的计算机模拟结果相一致。但是，各国科学家的实验结果却不尽如人意，冷轧后纳米金属通常会出现空洞而破裂，塑性很差。而卢柯院士经过多次实验，发现纳米金属铜具有优异的超塑性，延伸率可达5 100%。研究成果一经发表，获得各国纳米科学家纷纷关注，纳米材料界“泰斗”格莱特评论这项工作是纳米材料领域的一次重大突破，首次揭示了无空隙纳米材料的变形机制。这也极大地推动了纳米金属材料的工业化应用，预示了其在电子器件、微型机械制造及精细加工等领域的重要价值。

材料界的另一个重大难题是钢铁材料表面氮化困难的问题。钢铁的氮化通常需要在500 ℃以上的高温环境中进行，保温时间长达数十小时，能耗极高。特别是，工件材料在长时间高温处理后会出现形变弯曲、强度下降的问题。这也严重阻碍了氮化技术对材料性能的提高效率。卢柯团队自1997—2003年一直从事这一表面改性技术的研究工作。经过多次论证，发现当钢铁材料表层的晶粒达到纳米级别时，所需氮化温度明显降低，有效解决了高温对材料的伤害问题（图4.15）。使得更多的材料和器件都可以利用氮化的方法提高性能。目前，表面纳米化技术已经成功应用于冷轧厂轧机辊表面处理，极大地提高了轧机辊的使用寿命。正因如此，“金属材料表面纳米化技术和全同金属纳米团簇研究”被评为“2003年中国十大科技进展”之一。

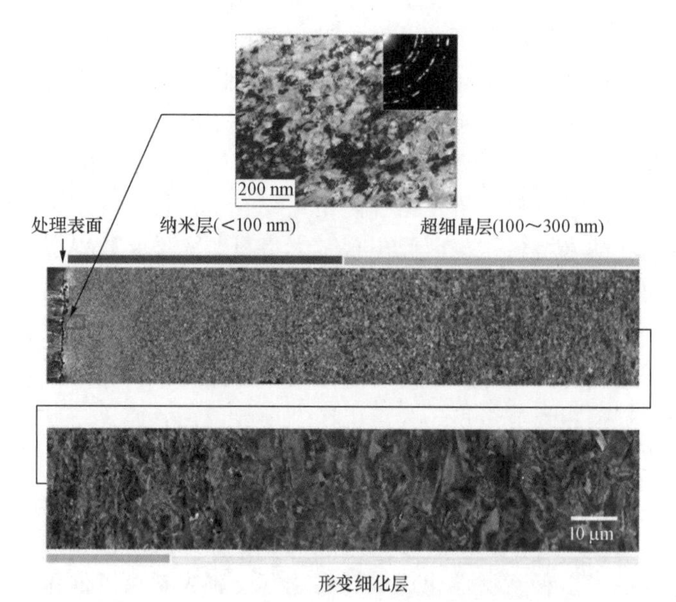

图4.15　材料表面纳米化处理可降低氮化温度

卢柯对于我国纳米材领域的贡献是有目共睹的，不仅解决了很多实际问题，还将我国纳米材料技术推向世界，让更多的材料科学家对中国刮目相看。而这些成就的实现都源于他对困难问题的锲而不舍，刨根问底的态度，及敢为人先、大胆尝试的精神。这些优良品质都是值得我们广大的年轻学者们去学习的，科研的道路上必定充满荆棘，只要我们心系祖国的发展，始终充满斗志，成功必定会属于我们。

未来可期

自古以来，强度和塑性就是一对矛盾体，强度的提高必然伴随着塑性的下降，二者的同时提高几乎是难以实现的。工程中常用的固溶强化、第二相强化、加工硬化等均无法做到对强度和塑性的同时提高。而纳米晶强化的出现改变了这一现状。细小的晶粒组织提高了晶界密度，而晶界是阻碍位错通过的重要结构，这就实现了材料的高强度。另外，纳米晶组织增加了单位体积内晶粒数目，使相同塑性变形分布在更多的晶粒内，位错在每个晶粒中的塞积得到缓解，减少了应力集中引起的开裂，提高了材料塑性。细晶粒金属中，裂纹很难萌生且不易传播，因而表现出优异的韧性。正是由于纳米材料的这些属性，使其得到广泛研究。金属材料的强度和塑性得到同时提高，也不断地扩展了应用领域。

在过去的几十年中，尽管我国纳米材料的研究已取得长足进步，但是仍然存在很多关键问题亟待解决。如何通过纳米级微结构设计和优化，发展特殊用途的新型纳米功能材料，以拓展纳米材料的应用范畴；如何获得大尺寸、高质量块体纳米材料，真正将纳米材料推向工业化应用；采用什么后续处理工艺使纳米材料在高温长时服役条件下保持结构和性能的稳定性；如何将新型纳米材料与传统材料相结合，进一步优化传统材料，同时保证低成本投入等，这一系列问题的深入探究成为下一阶段纳米材料发展的关键所在，也是决定我国乃至世界材料领域发展走向的重要因素。纳米材料的研究工作任重而道远，高风险与高回报并存，尚需年轻一代材料工作者发挥聪明才智大胆创新、砥砺前行。正如屈原所言：路漫漫其修远兮，吾将上下而求索。

思考题

1. 面对日益兴起的新技术、新材料，如何运用自己的专业知识和科学素养快速捕捉新方向，获得有价值的学术产出？

2. 纳米材料如何影响新材料的开发？我国在纳米材料研发及制备方面存在哪些优势和不足？

材料界中的新秀——高熵合金

引　言

长期以来，合金化一直被用来赋予材料理想的性能，通常表现为将少量的溶质元素添加到基体溶剂中。然而，在过去的15年里，一种新的合金化策略，即把多种主要元素以高浓度组合起来，创造出了被称为“高熵合金”的新材料。高熵合金化可以实现无限的多维成分空间，并带来了微观组织的多样化，从而使得高熵合金在极端环境下展现出优异于传统合金的独特性能(包括力学性能和功能性能)，工程应用潜力巨大。由此衍生出高熵陶瓷、高熵薄膜、高熵金属间化合物、高熵复合材料等一系列新进新材料。目前，高熵合金的研究成果接连被*Science*和*Nature*等高水平期刊报道，其基本特性和产生独特性能的内在机制逐渐被一一揭开。这些高水平研究成果的学术创新与材料专业基础课程中涉及的很多知识点密切关联。本科生应该在专业学习过程中，积极培养对科学研究的兴趣，坚定对知识探索的执着信念，并逐渐学会利用所学基础理论知识来解决学术和工程问题。高熵合金是如何发展起来的？高熵合金体现了哪些学术创新精神？高熵合金给材料设计带来哪些变化和影响？作为材料工作者，我们应具备哪些科研素质？科研工作是否能够一蹴而就？带着这些问题让我们一起走进高熵合金的世界。

国之所需

自青铜时代以来，人类一直在通过添加合金化元素来改变材料的性能。例如，一千年前，由于纯银太软，人们在银基体中加入了微量的铜元素，用以制造银币。现代的钢铁材料以铁为基，添加碳、铬、镍等元素，以提高强度和耐腐蚀性。可以看出，在主元素中加入少量次要元素的基本合金化策略几千年来一直没有改变。由此，合金的命名也是以主元素为主，即铁合金、铝合金、钛合金、镍合金等。然而，这种主元素的方法极大地限制了可能的元素组合总数，由此也限制了大多数已经被识别和利用的合金的数量。如果要显著扩大探索的成分空间，就需要新的方法，其中一种方法就是将多种主要元素以相对较高的浓度(等摩尔或近等摩尔)混合在一起。该方法的正式提出可以追溯到2004年发表的两篇开创性的论文，分别由中国台湾“清华大学”的J.W. Yeh教授课题组和英国牛津大学B. Cantor教授课题组独立研究出的一类新合金。他们假设多种(五种或更多)元素以接近等摩尔比例混合时，会增加混合的构型熵，对总自由能的熵贡献将克服焓贡献，从而形成更加稳定的固溶体结构，阻止潜在的有害金属间化合物出现。这是一个反直觉的概念，因为在传统的观点中，高浓度合金中的元素数量越多，化合物形成的概率就越高。他们为这一类含有多种元素且元素含量相对较高的材料创造了一个响亮的新名字——高熵合金(high-entropy alloys, HEAs)，也可称为多主元合金、高浓度合金、成分复杂合金。高熵合金化与传统模式形成了鲜明的对比，因此引起了广泛的关注，为发展性能独特的新合金提供了希望。

最初，高熵合金完全按照多组元、等/近等摩尔比例混合的定义发展，形成了由后过渡金属元素组成的面心立方(FCC)结构和由前过渡金属元素组成的体心立方(BCC)结构的两大类单相固溶体合金。例如，FCC-CrCoFeNiMn高熵合金在−196 ℃下表现出超常的损伤容限特性，优于传统低温用奥氏体不锈钢；BCC-MoNbTaTiW难熔高熵合金在高温1 200 ℃下的高温强度远大于现有Ni基高温合金。在对这些典型高熵合金的结构–性能关联机制探索中，研究者们发现减少合金元素或非等摩尔混合的高熵合金变体展现出了更加优异的力学性能，如FCC-CoCrNi合金，其主要原因是通过成分调整降低了堆垛层错能，从而导致孪晶诱生塑性(TWIP)和相变诱生塑性(TRIP)效应，把应变硬化的潜力发挥到极致，解决了合金的高强度和大塑性的矛盾。另外，由于高熵合金中元素含量较高，可通过适当选择固溶元素及含量实现在固溶体基体上共格析出第二相，这通常出现在Al和过渡金属元素构成的高熵合金体系中。共格析出强化可大幅提升高熵合金的室温和高温力学性能，如多组元构成的γ′-$(Fe,Co,Ni)_3(Al,Ti)$球形纳米粒子在FCC-γ基体上的共格析出使得$(FeCoNi)_{84}(Al_7Ti_7)$高熵合金在室温和高温下都具有超高强度和大塑性，并且多主元间的拖拽效应使得γ′粒子在高温下的粗化速率明显慢于传统Ni基高温合金，展现出高的高温组织稳定性和优异的抗高温蠕变性能。研究表明这种非等摩尔比例的成分变化主要以调整堆垛层错能、共格析出，以及热力学稳定性为主，并不会大幅改变构型熵，因此高熵合金化的设计理念实现了合金力学性能的最优化。如图4.16所示给出了高熵合金的力学性能(屈服强度和断裂韧性)与传统材料的对比，可以看出高熵合金优异的力学性能使其在航空航天、深海及核能等极端环境领域展现出巨大的应用潜力。

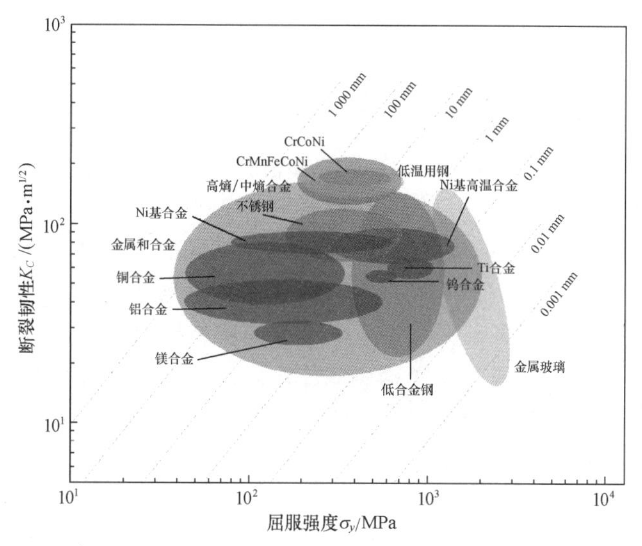

图4.16　高熵合金力学性能(屈服强度和断裂韧性)与传统材料的对比

专业知识

高熵合金展现出的优异性能，包括力学性能、磁性能、热电性能、抗辐照性能等，都与合金的微观组织结构及多主元组合特性密切关联。材料科学家在不断探索中，结合高端表征分析技术和模拟计算，逐一揭开了与决定宏观性能的内在机制的面纱。不难发现，这些高水平研究成果里的学术创新点与材料专业基础课程中涉及的很多知识点都密切关联。在此，列举两个典型实例来说高熵合金中的学术创新与专业基础知识的融合。本科生在专业学习过程中，应该积极培养对科学研究的兴趣，坚定对知识探索的执着信念，并逐渐学会利用所学基础理论知识来解决学术和工程问题。

（1）固溶体合金中溶质原子分布的化学短程序及其对性能的影响

在材料类专业的多门基础课程教学中，常会涉及固溶体合金的相关内容。固溶体合金的典型结构特征是溶质原子分布的微观不均匀性，这会对合金的宏观性能产生影响。事实上，只用简单的二维原子排列示意图，很难让学生深刻理解固溶体微观结构与宏观性能的关联。这种典型特征又称为化学短程序，对于置换固溶体而言，虽然溶质原子占据溶剂原子的点阵位置，在长程尺度上属于随机无序替换，但在几个原子间距范围内，溶质原子呈现出有序分布特征。1960年，Cowley提出了短程序参量α来描述固溶体中的化学短程序，一直被沿用至今，但这个参数只能描述溶质原子最近邻分布偏离平均分布的程度，并没有给出溶质原子分布的具体局域构型。目前，随着表征分析技术的不断进步，科研工作者们可以从实验中观测到化学短程序，并将化学短程序特征与宏观性能密切关联。例如，在最新的科学研究中，美国加州大学伯克利分校的A.M. Minor等人利用能量过滤的透射电子显微技术在FCC-CoCrNi多主元高熵固溶体合金中观察到了化学短程序的存在，即出现了超点阵。该工作发表在*Nature*期刊上，并且化学短程序的存在会影响全位错分解为肖克莱分位错时的位错间距，进而改变了堆垛层错能。R.O. Rithcie等人的模拟计算也表明借助化学短程序可调控堆垛层错能；更重要的是，较低的堆垛层错能更容易产生孪晶。他和B. Gludovatz等人发表在*Science*上的研究工作表明CoCrNi和CrCoFeNiMn高熵合金在更低温度下表现出更高强度和大塑性，这是由于合金在室温下表现为常规的位错平面滑移，而在低温下表现为纳米孪晶诱生高强大塑性。可以看出，这些高水平研究工作中涉及的基本概念，如固溶体合金、化学短程序、堆垛层错、位错、孪晶、塑性变形等，都是在材料科学基础课程中出现的。此外，大连理工大学材料设计课题组利用自主研创的能够代表化学短程序特征的“团簇＋连接原子”局域结构模型解析了$Al_2Ni_4Co_4Fe_3Cr_3$高熵合金中子衍射获得的实验结果(图4.17)，并且指出正是由于局域化学短程序的改变才诱发了合金晶体结构的转变，即相变。该团簇结构模型由任一原子和其最近邻壳层原子构成的配位多面体，以及次紧邻壳层上的几个原子构成，这样就将固溶体的化学短程序与晶体结构中的配位多面体和相变的概念关联在一起了。化学短程序同样也存在于间隙固溶体合金中，北京科技大学吕昭平教授课题组发表在*Nature*上的研究结果表明因短程序产生的有序间隙复合物在大幅提升合金强度的同时也进一步改善了合金的塑性，这明显不同于间隙相，后者在提升强度的同时会大幅降低合金塑性。

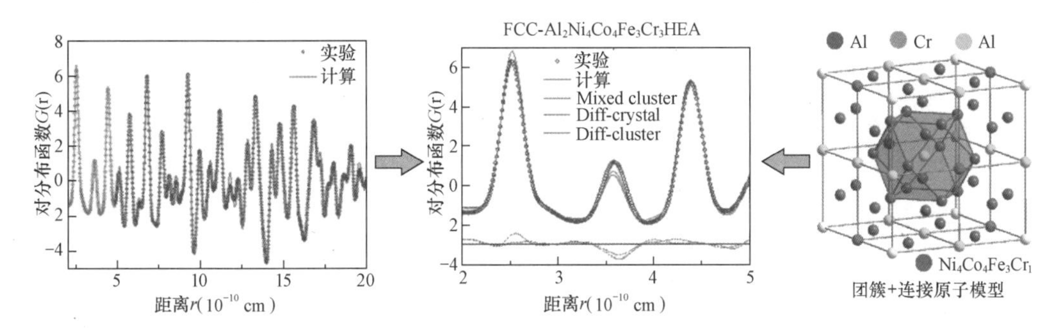

图4.17　$Al_2Ni_4Co_4Fe_3Cr_3$高熵合金的中子衍射结果及其对应的短程序团簇+连接原子模型

（2）共格相界对微观组织及性能的影响

“相界”是材料类专业基础课程的一个重要内容，界面共格关系在一定程度上决定了析出相粒子的形貌和大小，进而影响了材料的性能。所谓共格析出相，通常是固溶体的有序超结构相，故两共格相的原子在相界面上都占据结点位置，从而导致大的弹性畸变能；而半共格和非共格析出相的晶体结构都不同于固溶体结构。目前，具有共格析出的微观组织大多出现在Ni基和Co基高温合金中，其优异的高温力学性能和高温组织稳定性得益于球形或方形L12-γ′纳米粒子在FCC-γ基体上共格析出。然而，球形或立方形纳米粒子析出的共格组织很难出现在有序B2相和BCC固溶体共存的体系中，大都表现为编织网状的调幅分解组织；本质原因是B2相通常位于相图的中间位置，与BCC固溶体母相成分相差较大，导致难以合理控制BCC/B2的点阵错配度。多个主要元素共同添加的高熵合金化有望解决这一难题，因此，大连理工大学材料设计课题组利用团簇成分式方法在Al-Co-Cr-Fe-Ni体系中设计BCC/B2共格高熵合金，结合实验表征和相场模拟[图4.18(a)]，探索共格析出粒子形貌与合金成分和性能之间的关联。结果表明方形B2纳米粒子在BCC基体上共格析出使得合金在高温下表现出优异的组织稳定性和力学性能，而球形BCC纳米粒子在B2基体上共格析出则会使得合金展现优异的软磁性能[图4.18(b)]，从而实现了合金的结构-功能一体化设计。可以看出，这些最新科学研究的进展都密切与材料科学基础密切关联。

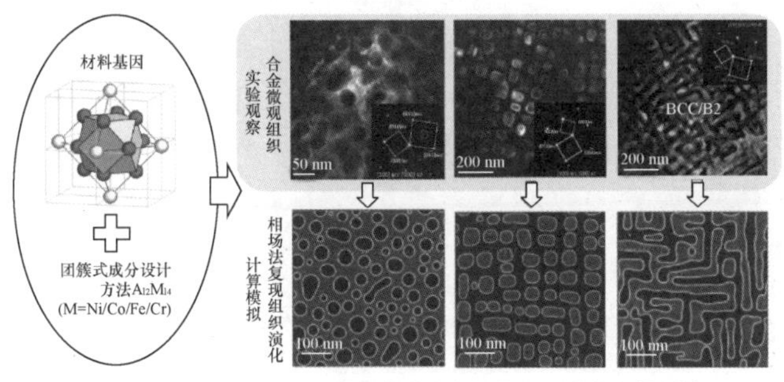

(a)Al-Co-Cr-Fe-Ni体系高熵合金的BCC/B2共格组织设计

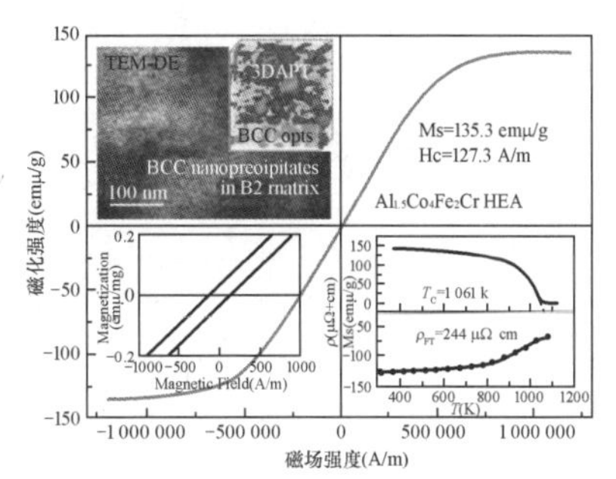

(b)$Al_{1.5}Co_4Fe_2Cr$高熵合金的软磁性能

图4.18　软磁性能

未来可期

如果将元素周期表中60种可用的元素以5种组元等摩尔组合，会得到超过500万种的高熵合金；如果元素以不同数量且非等摩尔混合，那么潜在的新合金的数量实际上是无穷的。在这样一个巨大的、未知的成分空间里，更有希望实现材料的多功能行为，即将特定的功能特性与力学性能完美结合。关于高熵合金的功能性研究，主要包括耐环境性(耐腐蚀、耐磨损、耐氧化和耐辐照)、磁性能、热电性能、形状记忆性能、超导性能等，均获得了意想不到的发现。由此衍生出了一系列新材料，如高熵陶瓷、高熵金属间化合物、高熵复合材料、高熵热电材料等。可以说，高熵合金的兴起已经在材料科学领域掀起了一场风暴，很可能在未来十年或更长的时间里成为结构材料，甚至是功能材料领域的核心。高熵合金化有望实现材料的多功能最佳组合，发现新的、迄今未知的超级材料永远是材料科学家和工程师们追求的有价值的事业。

思考题

1. 高熵合金这些高水平科研成果都用到了哪些先进的材料分析表征手段，除此之外，一个高水平科研成果的获得还需要具备哪些条件？

2. 高强韧性高熵合金的开发与设计离不开强化手段，结合材料专业课程知识，概括以上高水平文章用到哪些合金强化手段？基础学科对于新材料的研发有何重要意义？

大数据时代的信息蓄水池
——新型磁性材料

引　言

人类文明的传承与进步建立在与遗忘抗争的基础之上，以文字为代表的文明信息的存储和传承在人类文明的发展中发挥着重要作用。而信息载体的不断变革，从一个侧面反映并驱动着人类文明的进步。与纸张书写等传统存储方式相比，基于磁性介质的存储技术登上历史舞台不过百年，然而百年间的技术发展更迭突飞猛进，从最早的钢丝、磁带到磁盘再到磁随机存储器，磁性存储已经是人类信息存储领域中的绝对中心，人类数据存储和处理的需求和方式也因此发生了翻天覆地的变化。而磁性材料作为磁性存储技术的核心和基础无疑是推动这一切发生的根本动力之一。本章回顾磁性存储技术的发展历程，探讨材料科学对技术进步有什么样的推动，思考磁性存储技术如何对我国乃至世界未来发展产生影响。

国之所需

我们生活在信息爆炸的时代，尤其是伴随着人工智能、云计算等技术的发展，全球信息量正在呈现出爆炸式增加的态势。美国国际数据公司（IDC）的统计显示，2025年全球数据总量将达到175 ZB。到2025年，中国的数据总量将达到48.6 ZB，成为世界上最大的信息之国。爆炸的信息量给信息存储和信息安全带来了巨大的压力和挑战。而建立在磁性材料基础上的磁性存储技术是应对这一挑战的根本技术方向。

为应对数据爆炸的压力和数据安全的挑战，数据中心——特别是大型数据中心——的建设纳入我国重大基础建设序列。2020年3月4日中共中央政治局常务委员会会议着重要求加快5G网络、数据中心等新型基础设施建设进度。预计2030年，全球数据产业规模量将占整体经济总量的15%，而中国数据总量将占全球的30%，数据中心将成为新一轮全球竞争中国家竞争力的新的内涵。经历百年发展的磁性存储技术将在数据存储领域处于核心地位，预计一半以上的数据量仍将由以磁盘为代表的磁性设备存储。磁性存储技术的发展离不开材料科学特别是磁性材料的创新和应用。

专业知识

（1）早期的磁存储技术

公元前数百年，人类就对磁性有了早期认识，磁性材料作为介质登上信息存储舞台却不过百年时光。然而就在这短短百年，基于磁性的存储技术就已经超越了所有传统存储方式（主要是纸媒），站到了数据存储领域的舞台中央。在磁存储技术百年的发展中，新型材料的开发和应用无疑是最重要的推动力之一。

1898年，基于剩磁原理的磁性录音机(钢丝录音机)的发明，昭示着磁性存储技术实用化的开端。其中记录材料为直径0.2~0.3 mm的碳素钢丝，其矫顽力只有大约

500 Oe。1927年，德国工程师F. Pfleumer受到香烟包装中锡箔纸的启发，使用非常薄的纸张用漆作为胶水涂上氧化铁粉，制造了最早的磁带雏形，并于1928年获得专利。可惜的是他的纸质磁带太过于脆弱且容易受潮，因此在得到改进前没有被真正应用。

促成磁带实用化的最大推动来源对其基体材料的改进，AEG公司提出了复合材料式双层磁带结构，提高了磁带的机械强度，从而实现了真正意义上的磁带。此外1933年，AEG公司工程师Eduard Schueller还发明了环形磁头，磁场可以被控制在很小范围内，从而实现了较高密度的信息存储。这也是磁记录的一个重要进展，直到现在的磁头仍然基于此基本结构。1935年，AEG公司推出了跨时代的磁带录音机AEG Magnetophon K1，迅速引起了轰动。

现代磁带一般是在塑料薄膜上涂敷磁记录介质材料。介质材料的基本要求：①高剩磁(高饱和磁化强度和高矩形比)，有利于提高磁带最高纪录磁平和各频段特别是低频段的灵敏度；②高矫顽力，有利于提高磁带的高频输出；③高取向性，可缩小磁带的开关场分布，提高磁带各频段特别是高频段的输出。针形γ-Fe_2O_3是运用最多的介质材料。其他磁性氧化物例如：Fe_3O_4稳定性较差，CrO_2对磁头磨损大，因而应用受限。高性能、粒度均一的合金超微粉(铁镍、铁钴等)，也是很有竞争力的磁带材料。而以钡铁氧体磁粉为代表的垂直磁化材料，对大幅度提高记录密度和高频特性有重要意义。

以磁带为代表的早期存储技术是现代数字化存储技术的基础。早期的磁鼓、磁碟存储设备在原理上也与磁带具有相通之处。磁带之后，新磁性存储技术层出不穷，速度和容量不断提升。然而磁带在存储技术历史上功不可没，是跨越了模拟数据到数字信息存储的技术方案。

(2) 数字时代的磁存储技术

在1946年，还未散尽的二战硝烟中人类第一台现代意义上的电子计算机“ENIAC”诞生。这个装备了18 000个电子管的庞然大物，占地170平方米，重达30吨，耗电量达到150千瓦，每秒能够进行5 000次运算。作为人类历史上第一台通用型计算机，其中的用到的存储介质是一种特制的打孔纸带，利用有孔和无孔来代表二进制的数据信息。“ENIAC”的诞生标志着数字存储时代的到来。磁性材料的磁矩取向也可以实现两个状态的表征，并且相对于机械孔而言，其存储体积小,可以实现高密度的存储。因此磁带技术成熟后很快替代了打孔纸带成为计算机的存储核心。

然而此时的存储器仍然留有打孔纸带的特征，数据存储在一维的带状结构上，存储密度和速度受到其结构的局限。因此在同时代人们开始尝试二维面上的磁存储方式。1953年，首台磁鼓存储器作为内存储器应用于IBM701。其利用铝筒表面涂覆的磁性材料来存储数据，由于鼓筒的高转速，以及浮动式磁头的设计，大大提高了数据的写入和读取速度。然而很快磁鼓就被硬盘等其他技术替代，1956年推出的名为IBM350 RAMAC的硬盘，其共装备了50张24英寸双面读写的碟片，体积有两台家用冰箱大小，然而容量仅有5 MB。

磁鼓和硬盘存储技术仍然保留了磁头和旋转的机械结构，属于机械和电子结合的存储技术，现代机械硬盘仍然具有相似的结构，其最初的磁性存储介质也和磁带一脉相承。而磁芯存储器的诞生实现了完全的电子写入与读取，是现代全固态磁存储技术的雏形。其基本工作原理是利用电流产生磁场改变磁环（磁芯）的不同磁化状态来表示“1”或“0”，并通过读出导线读取信息。

数字化存储的初期的磁存储器普遍存在容量小、体积大、速度慢等问题。随着半导体材料及微电子技术的发展，20世纪60年代到80年代磁存储技术逐渐向高密度小型化努力，期间也出现了磁泡存储器等技术分支。而真正的技术变革发生在20世纪80年代末，巨磁阻效应由彼得·格林贝格和艾尔伯·费尔独立发现，因此他们共同获得2007年诺贝尔物理学奖。1994年，IBM公司利用巨磁电阻效应开发的读出磁头，使磁盘记录密度提高了17倍。1995年隧道结磁电阻的发现很快颠覆了硬盘读取磁头结构，硬盘存储密度也在随后的20年中指数型增加。垂直磁记录材料的开发和应用将磁盘的存储密度进一步推向了高峰。巨磁阻效应的发现推动磁性存储技术的发展进入快车道，而巨磁阻效应的发现也标志着现代意义上的自旋电子学这一学科的开端。

与此同时，伴随着自旋电子学和微电子学的进步，在类似磁芯存储器的纯电固态存储领域也催化出三代基于MTJ巨磁阻的磁阻式随机存储器（MRAM）存储技术。MRAM也因其高速、非易失、低能耗等特点被誉为最理想的信息存储技术。

未来可期

现在的存储技术基本围绕计算机展开，从介质和方法出发可以大致分为三类：半导体存储、磁性存储和光存储。其中磁性存储技术在存储密度、读写速度等方面都有着明显的优势。硬盘存储器和MRAM是磁性存储技术的两个主要技术赛道，硬盘代表着现在而MRAM代表着未来。21世纪初，磁性存储器作为信息存储介质，已经完全超越了其他所有媒介的数据存储总量。而在可预见的将来，人类爆炸性生产的信息增量的绝大部分也将由磁性存储器保存。

磁性存储技术经历百年的发展，存储介质从钢丝到磁性粉末再到纳米薄膜、垂直磁化材料，支持材料从纸张、塑料、金属到玻璃、半导体，存储结构从一维磁带到二维的碟片再到固态存储，每一步都体现了材料科学变革和发展。现今人类已经可以在方寸之间写下数百GB信息。一代代科学家和技术人员的奇思妙想和勇于创新的精神是造就这一壮举的本源。

科学技术无止境，仍有千千万万的科研工作者在存储技术赛道上努力向前，为人类未来的信息化开拓前行。我国的微电子及相关领域还处于相对落后地位，但是在信息存储赛道上已经有一大批科研工作者在相关领域努力追赶争先。特别是在基于新技术体系的STT-MRAM和SOT-MRAM等存储器领域，相信在不久的将来会出现我国自主技术的突破，为我国未来十年乃至百年的信息安全保驾护航。

2001年的IBM用一层薄薄的钌原子克服了存储密度到达一定限度时出现的超顺磁效应，从而进一步提高了磁盘的存储密度。他们用富有科技浪漫主义色彩的“仙尘”（Pixie Dust）命名了新技术，而真正的“仙尘”正是年轻的科研工作者们的聪明才智和勇于创新的精神，这种精神正在改变也将继续改变着我们的未来和世界。

思考题

1. 天才创新、团队合作、循序渐进发展中哪种才是科技进步的主要动力来源?

2. 作为一名科研工作者，面对重大的系统工程，特别对于信息技术的飞速发展、大数据的储存和分析技术，怎样面对自己的角色和分担的责任?

大国深度的PDC钻头——超硬材料

引　言

2019年7月，位于我国塔里木盆地的一口风险探井——轮探1井同时诞生了三项亚洲纪录：井深、取心深度和测井深度。2020年2月，轮探1井出油出气，在试油阶段又创造了电缆穿孔深度、封隔器坐封位置等多项最新纪录，轮探1井正式成为亚洲陆上第一深井。轮探1井井深8 882米，这个数字比世界最高珠穆朗玛峰还要高，相当于钻探了一座“地下珠峰”，打破了亚洲陆上超深井的纪录，标志着我国复杂油气藏钻完井工程在世界范围内达到领先水平。轮探1井的成功，超硬材料——聚晶金刚石复合片（polycrystalline diamond compact，PDC）扮演了重要角色：我国科技人员针对轮探1井所处的地层岩性特征，优选了型号为X516的PDC钻头，采用脱钴处理的PDC钻头与常规钻头相比可提速17.6%。钻探技术种类繁多，从早期的绳索取芯技术，到后来的液动潜孔锤钻探技术、定向对接井钻探技术，其本质上都是利用钻头破碎岩石的技术。在钻探技术不断迭代更新的背后，钻头是将所有理论、技术组合成一个整体实施钻探工程的关键。那么，小小的钻头为什么扮演了如此重要的角色？PDC钻头有哪些优点？本案例中新材料的不断创新，对技术的发展迭代又起到了什么作用？带来了哪些启示和思考？

国之所需

在油气工程领域，一项重要的指标就是钻井深度，其被视为一个国家科技研发能力的一块试金石。面对塔里木盆地世界罕有的复杂地质状况、油藏深度勘探开发的国内之最以及陆上钻完井工程的超高难度，我国科研人员“坐不住”，更“等不起”。从20世纪90年代初，科研人员便展开了对超深井钻井工程技术难题的攻关。他们深入塔里木盆地的钻井平台，考察工程施工情况，为超深井技术的进步奠定了扎实的基础，经过十余年时间持续攻关实践，我国超深井技术无论是理论还是工艺都取得了长足的发展和进步。目前，在材料相关领域，以PDC钻头为例（图4.19），不断涌现出能够适应各种地质条件的新工艺、新型号。设计流程到制造工艺的不断进步，助力我国钻探技术刷新了深度层位，发现了以前难以发现的油气藏。超硬材料的发展和进步，显著提升了我国钻探能力。

图4.19　两种PDC钻头

塔里木盆地地质条件复杂，砾石和石英颗粒普遍，对钻头的耐磨性要求很高。科研人员根据塔里木盆地的地质特点，研制了型号为X516的PDC钻头，并对钻头进行了脱钴处理。因为PDC在烧结阶段常用钴作为黏结剂，而钴在高温低压条件下和碳有较强的亲和力，易使金刚石转化为石墨，导致材料失效。因此，降低PDC中钴的影响至关重要，一直以来，科学家致力于在制备PDC钻头的各个阶段降低钴含量。我国科研人员对此进行了锲而不舍的探索，并取得了一系列重要成果。在PDC合成后，范萍等学者提出了一种碱性电解液电解钴的脱钴方法，经脱钴处理后消除了钴对周围金刚石产生的压应力，从而显著降低了PDC内部热应力，使钻头在高温度下仍能保持较好的服役性能及使用寿命；在焊接阶段，朱海旭等人提出了一种适用于高频感应钎焊的银基钎焊膏制备工艺以降低钴的使用量，聚晶金刚石层在空气中开始石墨化的温度为700 ℃，而这种新型低熔点钎料在680～700 ℃之间对金刚石的润湿性优良，从而有效降低了金刚石的石墨化程度并减少了钴的使用量。

以PDC钻头为代表的钻井装备制造技术不断突破创新，加快了我国钻探工业从深层迈向超深层的步伐，推动我国油气勘探高质量可持续发展。我国科研人员保持昂扬斗志和清醒的头脑，勇于自我突破，打破“卡脖子”，向世界展现了一份超深井钻井技术的“中国方案”，显示了“中国智慧”。

专业知识

PDC属于超硬材料，是一种将金刚石微粉与结合剂均匀混合，在超高压高温条件下和硬质合金基体烧结而成的复合材料。这种结构既具有金刚石的高硬度、高耐磨性与导热性，又具有硬质合金优异的强度与抗冲击韧性，是制造切削刀具、钻井钻头及其他耐磨工具的理想材料。

近年来，开采石油和天然气常面临超深、超高压等难题，具有超硬特性的金刚石钻头，被认为是油气勘探和开采最理想的工具。但由于传统金刚石钻头使用人造金刚石，粒度较细，无法满足愈来愈苛刻的油气井地质条件等对钻进效率的要求。于是，科研人员开发出了具有钻进稳定性好、钻进效率高、寿命长等诸多优点的PDC钻头，PDC钻头的应用可以大幅降低我国油气井钻进成本，从而提高经济效益。经过科研人员持续研发推广，PDC钻头目前已成为油气钻井最常用的钻头。随着以页岩气为代表的新能源日益受到国家战略层面的高度重视，尤其在极端难钻的深部地层方面，PDC钻头的发展势头依然强劲。

那么PDC钻头性能为何如此优异？是哪些材料科学相关技术促使它可以替代传统金刚石钻头呢？目前研究主要从以下三个方面进行性能调控。

（1）金刚石涂覆。通过提升结合剂对金刚石颗粒的浸润性，可以显著改善结合剂的把持能力。研究者们对金刚石表面的金属化进行了研究，通过在金刚石表面涂覆Ti等强碳化物元素，从而在WC-Co衬底上沉积形成PDC（图4.20）。

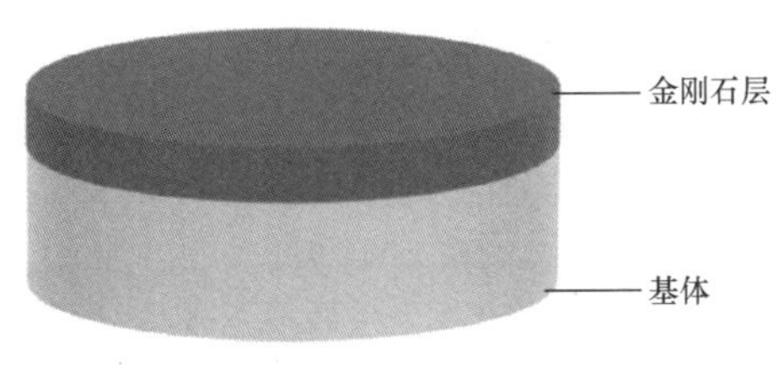

图4.20 PDC

（2）结合剂添加其他相。通过在结合剂中添加其他相也可以提高PDC的综合性能。结合剂即在烧结时保证烧结体能包镶住金刚石并使金刚石颗粒正常工作的一类材料。在结合剂中添加的其他相一般有三类：陶瓷化合物、亲和性金属和活性元素。有学者通过研究VN对FeCu基金刚石复合材料微观结构及性能的影响发现，纳米VN可以激活烧结，大大提高金刚石颗粒与结合剂的润湿性。此外，FeCu基体塑性随着纳米VN含量升高而增强，由于烧结过程中结合剂元素在金刚石颗粒表面的润湿性提高，当添加质量分数为2%的纳米VN时材料性能提升最为显著，洛氏硬度及弯曲强度分别提高了20%和25%。

（3）合金化。通过将金属粉末合金化也可以改善结合剂对金刚石颗粒的把持能力。一方面，添加强碳化物形成元素提高对金刚石颗粒的润湿性来进行合金化；另一方面，通过合金化来促进基体中合金元素均匀分布。有学者通过研究等量元素粉末和预合金FeCu粉末制备了结合剂，预合金粉末中1～3 μm的小颗粒状Cu附着于Fe表面，这种分布状态下粉末均匀性好，利于减小粉末材料偏析，提高成形性。在890 ℃下烧结，预合金粉末基体硬度比混合粉末基体高9.3%，为81.7 HRB；在870 ℃下烧结，预合金粉末基体弯曲强度比混合粉末基体高11.6%，为634.8 MPa。

未来可期

在PDC制造技术方面，我国科研人员不仅在脱钴工艺、钴的管理调控上取得突破，近年来又将目光聚焦增材制造技术，推动其在PDC钻头模具制造中的应用，进而提高钻头的综合性能。PDC钻头可以针对不同地层及地质条件进行个性化定制，但结构较为复杂。目前，将胎体PDC钻头放在制作好的模具内再利用真空电阻炉进行烧结是主要的生产方法。近年来，我国科学家将立体光固化成型（SLA）技术创新应用于PDC钻头模具制造中，解决了常规方法制造精度差、生产效率低的难题。SLA技术通过计算机控制激光固化液态光敏树脂，成型表面光滑，精度达到±0.1 mm，完全满足PDC钻头对模具精度的要求。也有研究表明，利用选择性激光烧结（SLS）技术烧结树脂砂粉末，再加热进行二次固化得到PDC钻头的砂型，能够有效避免模型翻制过程中人为因素的影响及环境污染，更好地保证PDC钻头的质量。

尽管增材制造技术在PDC钻头制造上取得了一些成功，但仍存在一些问题制约了其大规模工程化应用。一是制造成本较高，虽然增材制造技术持续的更新完善已大幅降低了零件使用成本，但零件的单位成本仍然高于常规制造方法；二是材料体系尚需完善，尽管其在航空航天领域的应用已非常广泛，但对于油气勘探等特定工况的材料开发明显不足；三是配套软件功能有待完善，增材制造技术相关的切片软件在数据处理上不够强大，导致零件成型误差较大，无法保证钻头质量稳定性。可以预见，随着我国在国际原油市场竞争力的不断提升以及上述制约因素相继被攻克，钻探行业的高质量发展潜力巨大，以PDC为代表的超硬材料必定大有可为。

思考题

1. 有哪些超硬材料？各自所突破的关键技术有哪些？

2. 面对世界罕有的复杂地质情况、油藏深度的国内之最以及陆上钻完井工程的难度之大，我国科研人员“坐不住”“等不起”的奋进精神给了我们什么启示？

能源革命的关键
——电化学储能材料

引 言

中国作为世界上最大的发展中国家，对能源的消耗也是巨大的，在世界能源博弈日趋激烈的当下，为了大力推动能源革命，积极抢占全球新一轮产业变革先机，我国在“十四五”规划和2035年远景目标纲要中明确提出要“建设清洁低碳、安全高效的能源体系，提高能源供给保障能力”。而储能系统作为能量存储和转化设备，成为能源革命的关键支撑技术。为了我国在2030年实现碳达峰、2060年实现碳中和的战略目标，相关部门先后出台一系列支持政策，并部署了一批新型储能试点示范项目。然而，我国虽然在各种储能制造技术上努力追赶美国、日本、韩国等先进技术国家，但在储能机理研究、技术突破以及关键储能材料研发上距离发达国家仍有一定差距，多种新型储能技术的示范应用才刚刚起步。那么，哪种储能技术更具发展前景？什么样的材料适用于储能？我国对储能材料的研究面临着怎样的挑战？我国科学家又是如何应对挑战，实现技术突破的呢？

国之所需

储能是指将电能、热能、机械能等不同形式的能源转化成其他形式的能量存储起来，需要时再将其转化成所需要的能量形式释放出去。按照不同的储能原理可将储能技术分为物理储能和电化学储能两大类。其中物理储能主要包括抽水储能、压缩空气储能和飞轮储能等，物理储能存在对场地和设备有较高要求的问题，具有地域性和前期投资大的特点。电化学储能是指利用化学反应，将电能转化成化学能进行储存和再释放的一类技术，与物理储能相比，电化学储能具有能量密度高、受环境影响小、设备机动性好、响应速度快和转换效率高等优点，是目前各国储能产业研究开发的重要方向。常见的电化学储能器件主要有锂离子电池、铅蓄电池、液流电池和超级电容器等，其中锂离子电池因具有高能量密度、长循环寿命和轻质便携等优点，被广泛应用于便携式电子设备、交通运输、航空航天等重要领域。然而，随着社会电气化程度的不断提高，目前已商业化的锂离子电池已不能完全满足现阶段能量存储所要求的性能、成本和其他扩展目标。针对移动式储能和中大型储能应用领域，研发具有高安全性、高能量密度、低成本以及对环境友好的新型电化学储能器件已成为各国重点研究目标。虽然我国的锂电池产业规模已经是全球第一，但核心技术仍然受制于人，储能电池的研制建设始终处于追赶阶段。因此，我国在“十四五”国家重点研发计划中明确指出，要突破产业链核心瓶颈技术，实现关键环节自主可控，促进科技成果转化和产业化；研究开发宽温区、超长寿命、高能量转换效率、低成本、高安全性的新型锂离子储能电池和基于高安全性、全天候的新结构动力电池及动力电池系统。

然而，随着各国对锂电池需求的急剧增长，锂资源的供应情况也越发紧张。与此同时，地壳中锂资源储量十分有限且分布不均，大约有70%集中在南美洲地区，导致了近年来锂资源价格的不断攀升。我国80%的锂资源供应依赖进口，是全球锂资源第一进口国。为了摆脱对锂资源的依赖，寻找锂离子电池的替代者或开辟新的技术路线势在必行，这对能源行业来说既是巨大的挑战，也是空前的机遇。相比之下，钠资源储量丰富、分布广泛且价格低廉，而且钠的理化性质、电池工作原理都与锂相似，因此，钠离子电池在全球范围内成为新一代电池研究热点（表4.1）。大力发展钠离子电池对支撑我国大规模储能技术可持续发展和保障国家能源安全具有重要的经济价值和战略意义。

表4.1　锂和钠的参数对比

元素	参数							
	相对原子质量	离子半径（10^{-10}cm）	氢标电极电势（V）	地壳中丰度（mg/kg）	分布	成本（欧元/吨）	理论容量（mAh/g）	石墨负极电池容量（mAh/g）
锂	6.9	0.76	−3.04	20	70%位于南美	3 850	3 861	273
钠	23	1.02	−2.71	23 600	全球各地	115	1 161	31

专业知识

材料是影响电池性能最重要的因素之一，商业化的锂离子电池体系内的关键材料主要包括：正极、负极、电解质和隔膜材料。其中，正、负极分别采用不同的嵌锂材料。充电时，锂离子（Li^+）从正极材料脱出，经过电解液扩散到负极，并嵌入负极材料中。同时为保持电荷的平衡，电子通过外电路从正极流向负极。当电池放电时则过程相反，负极材料中嵌入的锂在电势差的作用下，以Li^+的形式自发地从负极材料中脱出，经过电解液穿过隔膜回嵌到正极，电子也通过外电路负载流回到正极。随着Li^+和等量的电子在正、负极间的来回迁移，两电极间发生了可逆的氧化还原反应，实现了电能与化学能间的相互转换及电能的存储，因而锂离子电池也被形象地称为“摇椅电池”。以$LiCoO_2$/石墨锂离子电池为例的电池充放电原理如图4.21所示，该电池体系的电极反应和电池总反应如下：

正极反应：$LiCoO_2 \rightleftharpoons Li_{1-x}CoO_2 + xLi^+ + xe^-$

负极反应：$6C + xLi^+ + xe^- \rightleftharpoons Li_xC_6$

电池总反应：$LiCoO_2 + 6C \rightleftharpoons Li_{1-x}CoO_2 + Li_xC_6$

尽管锂离子电池有效解决了传统二次电池的局限性，但它们仍存在亟待解决的问题。例如，所有的锂离子电池使用时都需要设计复杂的防过充电路。过充会危及正极的稳定性，导致电池损坏甚至发生爆炸。另一个问题是电池的生产成本较高，制造一个锂离子电池平均比制造一个镍铬电池要多花费40%。为了突破这些限制锂离子电池发展的主要瓶颈，寻找具有高性能高安全性的电极材料至关重要。其中，正极材料尤为关键。

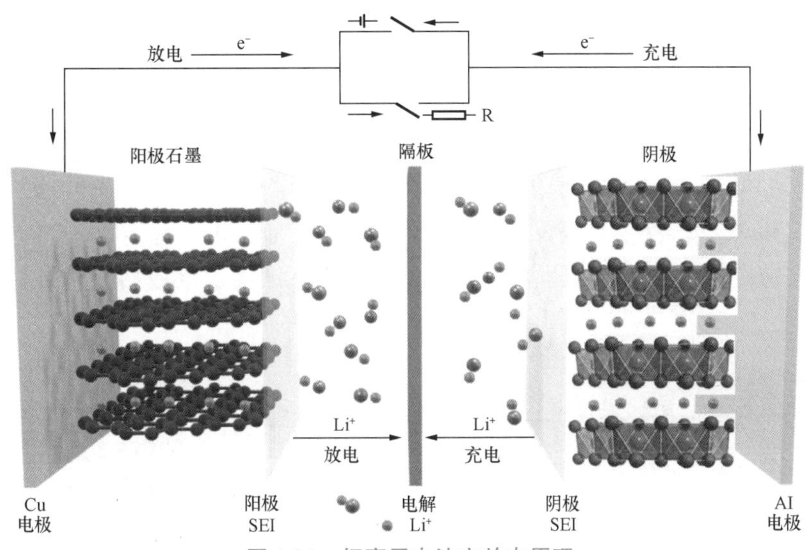

图 4.21　锂离子电池充放电原理

目前已经商业化的正极材料有很多，常见的有钴酸锂（$LiCoO_2$）、磷酸铁锂（$LiFePO_4$）、镍钴锰三元材料（$LiNi_xCo_yMn_zO_2$、其中 $x+y+z=1$）等。其中，$LiCoO_2$ 具有较好的稳定性和较高的能量密度，但钴的毒性和高成本却带来了严重的负面影响。如果可以排除钴的使用，正极材料的生产成本将急剧下降，目前，已有多家国内外企业和科研院所正着力于锂离子电池去钴化。据报道，我国长城汽车旗下的蜂巢能源于2021年7月16日举行了全球首款无钴电池的量产下线仪式，这也意味着全球首款无钴电池走出实验室，正式实现量产。$LiFePO_4$ 具有相对较长的循环寿命、较好的安全性以及较低的成本，已大规模应用于电动汽车、规模储能、备用电源等领域。在现有技术的基础上，很多公司也在研究上加大投资，以期找到可以降低锂离子电池成本的新型正极材料。目前已经找出一些有希望的解决方案，一旦某种解决方案在大规模生产中落地，将显著降低锂离子电池的生产成本，并促进其进一步的研究和发展。

未来可期

储能技术是一项可能对未来能源系统发展带来革命性和颠覆性变化的技术，对我国“双碳”背景下的能源结构调整具有重要的战略意义。电化学储能技术凭借其突出的优势，在新能源利用领域具有广阔的应用前景，对全球各国的未来发展具有重要的战略意义。随着锂离子电池在人类生产生活中的大规模应用，电池的能量密度和功率密度也在不断提高，如何确保电池的安全性成为当下研究者急需突破的关键核心技术。同时，还需要重点研发能在低温环境下使用的锂离子电池，以实现锂离子电池在我国寒冷地区的普及应用。

另一方面，钠离子电池是锂离子电池规模储能领域最有潜力的替代品。然而，相较于锂离子、钠离子半径较大，在材料结构稳定性和动力学性能方面要求更严苛，这也成为钠离子电池迟迟难以商用的瓶颈。随着“碳中和”成为全球共识，新能源产业已进入多层次、多类型、多元化发展阶段，愈发细分的市场对电池提出了差异化的需求；同时，世界范围内对于电池基础材料的研发速度正在加快，这为钠离子电池的产业化打开了双向窗口。

2017年，依托于中国科学院物理研究所的我国首家钠离子电池公司中科海钠成立，通过对电极材料这一关键核心的深入研究，该公司的多项技术和产品已具备世界领先水平（图4.22）。2018年该公司推出了全球首辆钠离子电池驱动的低速电动汽车；2019年该公司发布了世界首座30 kW/100 kW•h钠离子电池储能电站；2021年6月，山西华阳集团联合中科海钠公司研发的全球首套1 MW•h钠离子电池储能系统在山西正式投入运行。

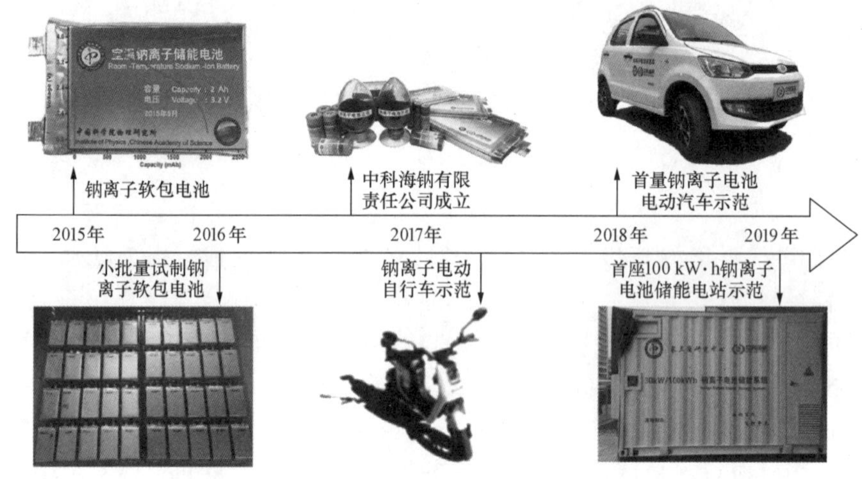

图4.22　中科海钠钠离子电池研制及示范应用

宁德时代新能源科技股份有限公司多年来深耕钠离子化学体系材料的研发，在正极材料方面，该公司采用克容量较高的普鲁士白材料，创新性地对材料体相结构进行电荷重排，解决了普鲁士白在循环过程中容量快速衰减这一核心难题；在负极材料方面，开发了具有独特孔隙结构的硬碳材料，其具有克容量高、易脱嵌、优循环的特性。基于电池材料体系的一系列突破，2021年7月29日，宁德时代发布了该公司第一代钠离子电池，并通过锂钠混搭电池包的结构创新方式，将其应用在新能源汽车上，打破了业内此前对钠离子电池不适合应用在电动汽车上的认知。根据宁德时代发布的数据（图4.23），第一代钠离子电池电芯单体能量密度可达160 Wh/kg；常温下充电15分钟，电量可达80%以上；在−20 ℃低温环境中，也拥有90%以上的放电保持率；系统集成效率可达80%以上；热稳定性远超国家强标的安全要求。总体来看，第一代钠离子电池的能量密度略低于目前磷酸铁锂电池（180 Wh/kg），但是，在低温性能和快充方面具有明显的优势，特别是在高寒地区高功率应用场景，再通过锂钠混搭方式，应用场景不限于储能，在电动汽车上也可以广泛应用。同时宁德时代宣布，在第二代钠离子电池中，将会快速补齐电池能量密度短板，使其有望达到200 Wh/kg。

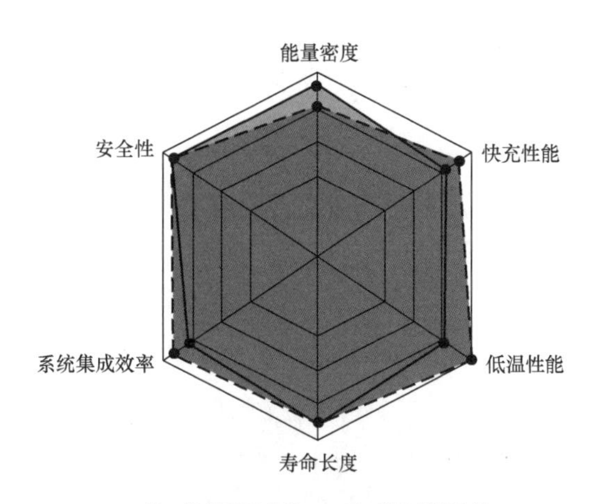

图4.23　第一代钠离子电池与磷酸铁离子电池性能对比

近几年来，大连理工大学蹇锡高院士课题组围绕国家新能源产业的重大战略需求，积极响应国家号召，努力开展学科交叉融合，助力我国在新一轮科技革命中占得先机。该课题组围绕新型高性能电极材料、聚合物固态电解质、智能化器件研发过程中存在的关键科学问题，开展了一系列科研工作，推进了各组件在超级电容器、钠离子电池、锂硫电池中的应用研究。该课题组通过调控聚合物分子骨架中烷基和芳基基团的相对含量，实现了钠离子电池负极材料石墨化结构的定向设计，建立了嵌入型负极材料“前驱体-热解机理-衍生材料结构-储钠性能”之间的可靠关系。制备了0.1 C下能量密度可达252 Wh/kg的钠离子电池。

虽然我国与发达国家在储能材料领域相比仍有较大差距，但是相信在国家“双碳”目标重大战略规划的引领下，广大科技工作者不畏艰难，无私奉献，不断发扬以爱国主义为底色的科学家精神，我们就有能力抓住新一轮科技革命和产业变革的机遇，实现“弯道超车”，突破“卡脖子”技术，实现高水平科技自立自强。面向世界科技前沿和国家重大需求，我国科技工作者把握战略主动、勇于直面问题、主动迎难而上，体现出与时俱进的精神、革故鼎新的勇气、坚韧不拔的定力，更是对祖国深深的热爱。希望同学们坚定理想信念，厚植爱国情怀，从兴趣出发，真正地做到“选材料，学材料，爱材料，成材料”。

思考题

1. 大力发展储能技术对实现“双碳”目标有何意义？限制电化学储能大规模应用的瓶颈是什么？

2. 结合中科海钠和宁德时代对钠离子电池产业化的探索，谈谈你对“科学家精神”的理解？

3. 目前已商业化的锂离子电池正极材料有哪些？各有什么特点？你是如何理解“选材料，学材料，爱材料，成材料”这句话的？

现代工业皇冠上的明珠
——高温合金

引　言

高温合金是现代航空发动机、工业燃气轮机等关键热端部件（如涡轮叶片、涡轮盘、燃烧室等）所需的关键基础材料。由于长期处于高温、高转速、高应力等极端工作环境，对材料的高温强度、蠕变和疲劳性能有极高的要求，其研究和应用水平是衡量一个国家材料科学综合实力的重要标志。我国高温合金发展初期受到西方国家严格的科技信息封锁，但在我国科研人员的不懈努力下，从仿制到创新，逐渐建立了中国特色的高温合金体系，目前已形成并生产出近200个高温合金牌号，满足了我国航空、航天工业生产和发展对于高温合金材料的需求，保障了国家安全和经济建设。让我们来一起回顾一下我国高温合金的发展历程，看看科研工作者如何在艰苦条件下打破国外技术封锁，并通过持续不懈地努力不断实现技术突破。

国之所需

航空发动机（aero-engine）是航空工业中技术含量最高、难度最大的部件，被称作飞机的“心脏”，人类航空史上的每一次重要变革都与航空发动机的技术进步密不可分。高温合金是现代高性能航空发动机的关键基础材料，其用量占发动机总量的40%～60%，主要用于制造燃烧室、导向叶片、涡轮叶片和涡轮盘四大热端部件(图4.24)。所以，高温合金材料也被誉为“先进发动机基石”。然而，由于上述部件长期处于高温、高转速、高应力等极端工作环境，对材料的高温强度、蠕变和疲劳性能有极高的要求，其研究和应用水平已成为衡量一个国家材料科学综合实力的重要标志。

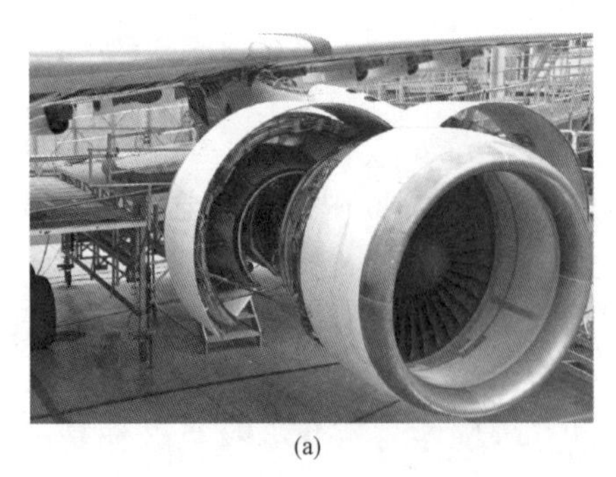
(a)

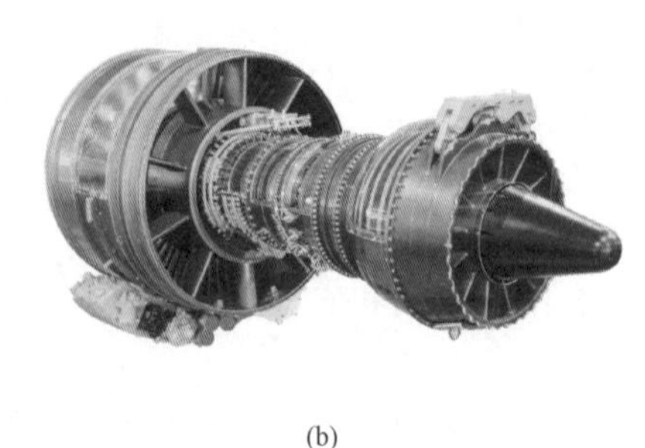
(b)

图4.24　航空发动机

从1956年至今，我国高温合金的发展已经历了60多年的历史。回顾这段发展历程，我国的高温合金材料从无到有，从仿制到自主创新，合金的耐温性能从低到高，先进工艺得到了应用，新型材料得以开发，生产工艺不断改进且产品质量不断提高。目前，我国已建立了具有中国特色的高温合金体系，形成了近200个高温合金牌号，使我国航空、航天工业生产所需的高温合金材料能够立足于国内。

然而，近年来航空发动机的快速发展给高温合金材料带来了新的挑战，我国高温合金材料在高温力学性能及使役稳定性方面，与国外相比仍有较大差距，如目前广泛应用于先进发动机涡轮叶片的第二代单晶高温合金DD3和DD6，在承温性能上较美国的CMSX-10和英国的RR3000仍有30～50 K的差距。总体来讲，目前我国的高温合金主要存在的问题和不足有：①冶金问题：国内生产的高温合金冶金缺陷较多，主要表现为黑斑、白斑、碳化物偏聚等；②组织均匀性问题：国内高温合金棒材的组织均匀性较差，主要体现为边芯部晶粒度极差过大；③杂质元素控制问题：国内生产的高温合金产品杂质元素含量较高，如氧、硫等，导致材料的强度和使用寿命降低。以上问题极大程度上阻碍了高温合金材料力学性能的提升，限制了我国航空工业的发展。

专业知识

高温合金是指以Fe、Co、Ni为基，在600 ℃高温及以上能够长期稳定使用，并具有良好的抗氧化和抗腐蚀性能的合金材料。其分类方式有以下三种：按基体元素种类分为铁基高温合金、镍基高温合金和钴基高温合金；按合金成型工艺分为变形高温合金、铸造高温合金以及粉末高温合金；按合金强化类型分为固溶强化高温合金、时效沉淀强化高温合金和纤维强化高温合金。

高温合金的制造难度极大，目前世界上仅有美国、英国、俄罗斯和中国拥有自主的高温合金体系。20世纪50年代初，我国航空涡轮喷气发动机所采用的高温合金材料全部由苏联进口。1956年，我国成功试制出了第一个高温合金牌号——GH3030，用于涡喷5（WP-5）发动机板材生产，紧接着又试制成功了WP-5用叶片合金GH4033、涡轮盘合金GH34和导向器叶片合金K412。至此，WP-5发动机用的四种高温合金全部试制成功，并服役于歼-5战斗机。1959年，国内研究机构对歼-6、歼-7所用高温合金开展了联合攻关，解决了生产中的种种技术难题。20世纪70年代到20世纪90年代中期，我国还开发了耐蚀高温合金K438和K537等，满足了工业汽轮机及化工用耐蚀合金的需要。后来，由于仿制WS-8、WS-9等机种，又引进了一批欧美国家的高温合金牌号。参照其标准，合金的纯净度、均匀性和综合性能进一步提升，同时，我国高温合金的生产工艺和质量水平又上了一个新台阶。

20世纪90年代中期至今，我国高温合金行业进入新的发展阶段，一批新工艺得到应用和开发，同时还研制和生产了一系列高性能、高档次的新合金（图4.25）。随着新型先进航空发动机的设计、研制和生产，要求研制和发展高性能的新材料，为此，建立和完善了旋转电极制粉工艺粉末高温合金生产线，研制了粉末涡轮盘材料FGH4095和FGH4096；采用机械合金化工艺技术，研制了氧化物弥散强化高温合金MGH4754和FGH2756；研制了第一代、第二代单晶高温合金DD402、DD408等。截至目前，国内已形成了一批具有一定规模的母合金生产厂、锻件热加工厂、精密铸件厂和研究机构，形成了我国自主可控的高温合金工业体系。

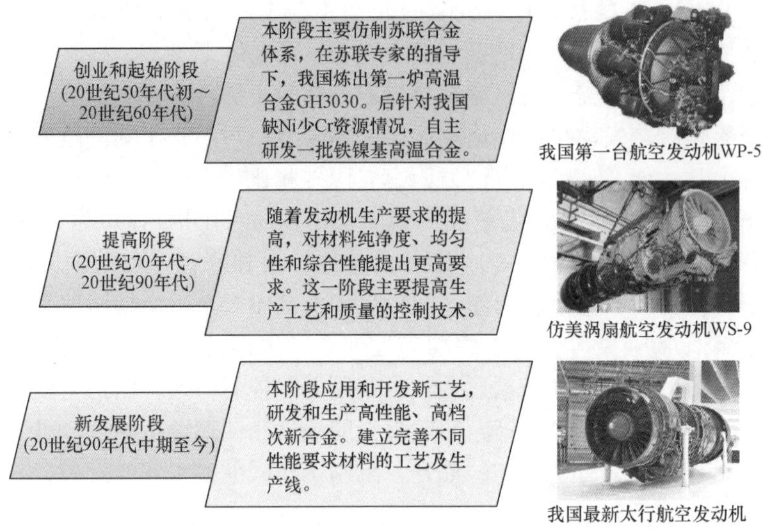

图4.25　中国高温合金的发展历程

创新是我国高温合金发展的灵魂，在我国高温合金发展的60多年的历程中，创新始终是工作的灵魂。“中国高温合金之父”师昌绪院士在20世纪60年代带领研究团队研制出了九孔高温合金涡轮叶片，并攻克了一系列技术难题，实现了我国航空发动机涡轮叶片由锻造到铸造、由实心到空心的跨越，成为继美国之后第二个掌握这一关键技术的国家。此外，中国科学院金属研究所胡壮麒院士先后在发动机一级涡轮叶片K17G铸造镍基合金、抗热腐蚀DZ38G定向凝固镍基高温合金、单晶镍基高温合金的凝固控制方面取得突破，并发展了一系列性能优异的新材料。

未来可期

老一辈科学家在高温合金领域的持续不懈努力使我国高温合金材料立足于国内，而年轻一代的科研工作者也在该领域不断实现技术突破。熔炼、成形、热加工等工艺是高温合金生产制造的重要环节。在高温合金的熔炼方面，目前仍以真空感应＋真空自耗重熔或真空感应＋电渣重熔的双联冶炼为主。“十三五”期间，北京钢铁研究总院联合国内优势单位，在冶金质量要求最高的盘轴类锻件生产中成功突破了真空感应＋电渣重熔＋真空自耗重熔三联冶炼工艺技术。利用该工艺生产的GH4169合金已达到国际先进水平，“十四五”期间有望作为盘轴锻件的主选冶炼工艺全面推广和应用。

在热加工工艺上，国内科研与生产单位组成了联合攻关团队，开发出了特难变形合金的多火次直接轧制和包套直接轧制工艺，有效解决了无大型挤压机条件下棒材的热加工问题；随后又发展了难变形合金的包套镦粗和包套模锻，代替了国外常用的热模锻和等温锻造工艺；近年来还开发出了难变形合金锭自由锻开胚时的软包套技术。

在单晶高温合金方面，中国科学院金属研究所研发的“航空发动机单晶高温合金叶片”实现了我国多种单晶叶片从无到有的突破，解决了我国航发制造的燃眉之急。近年来，中国科学院金属研究所周亦胄研究团队提出的基于选晶器结构与工艺优化相结合的单晶叶片取向偏离控制技术，大幅提高了单晶叶片的合格率，极大地促进了我国单晶叶片铸造技术的进步。

总之，我国高温合金研发起步较国外发达国家晚，但在国防建设需要以及国家的大力支持下，经过几代人的努力，我国高温合金已完成了从仿制、改进到创新的转变，合金的耐温性能大幅提高，生产工艺不断改进且产品质量不断提升。虽然，我国高温合金产业发展较快，但技术与世界先进水平仍存在差距，高端品种尚未实现自主可控。因此，我们应正视自身不足，并通过坚持不懈地努力，解决高温合金领域“卡脖子”的瓶颈问题，实现我国在高温合金材料上的超越。

思考题

1. 请思考我国高温合金行业实现从无到有、从有到强的转变，经历了哪几个阶段？另外，建立和完善高温合金材料制造体系对我国国家安全、经济发展有哪些重要意义？

2. 举例说明老一辈科学家如何在艰苦环境下突破国外技术封锁，不断实现在高温合金领域的技术突破？

“举重若轻”新材料
——泡沫金属

引 言

国民经济的飞速发展使现代工业和人类社会对金属材料的需求日益增加，导致能源匮乏和环境污染问题也日益突出，严重威胁到社会和经济的健康发展。开发和应用性能优异、绿色环保的金属材料是未来的发展趋势，也是实现可持续发展的必由之路。泡沫金属材料由于其特殊的结构特点已成为新材料领域的重要分支和组成部分，并且因为优异的性能和可回收性被认为是最有前途的新材料之一。泡沫金属材料在航空航天、国防和民用领域均有广泛的实用价值和应用潜力。泡沫金属可用于载人飞船返回舱的底部，缓冲着陆时的巨大冲击；泡沫铝夹芯板可以作为坦克车和装甲车的装甲结构，提高装甲防穿透能力的同时也能减轻整体质量；德国格奥费舍尔汽车用泡沫铝做成引擎盖，提高了汽车抵抗碰撞的能力，并增强了对乘员的保护，等等。因此，泡沫金属材料的发展对促进航天科技、国防实力、国民经济和新型产业的发展具有深远的影响，是世界各国新材料战略竞争的焦点。那么泡沫金属材料是如何诞生和发展的？泡沫金属材料的研究和应用将在未来的科技变革和社会发展中扮演什么样的角色？泡沫金属材料的发展过程将对我们的思维方式产生什么样的影响和启发呢？

国之所需

泡沫金属材料中包含的大量“孔洞”称为孔隙，因此它具有密度低、比强度高等金属结构材料需具备的优点。与此同时，泡沫金属多变的孔结构使其拥有功能材料所需的诸多优异性能，例如透气性、吸音性、隔热性、减振性和电磁屏蔽性等性能。上述性能特点使轻质泡沫金属不仅在航空航天工程、国防安全防护领域的应用中表现出极大的优势，而且在机械、建筑、交通、能源、化工等与人们生活息息相关的领域中具有广泛的实用价值和应用前景。例如，作为结构材料，用泡沫金属材料制作汽车保险杠和车身可提高防撞能力，也可以用作飞机机翼复合材料的芯层、航天飞行器的冲击防护结构，在军用装甲车辆上泡沫金属不仅提升防护作用，还进一步降低自身质量，增加燃油里程。作为功能材料，高速铁路隔音屏和高速公路的吸声壁利用泡沫金属达到高效降噪效果，建筑领域利用泡沫金属材料的隔音性能制作会议室以及娱乐场所的隔音墙体，等等。

泡沫金属的诸多优异性能和巨大的应用价值引起了世界各国的高度重视，因此作为结构和功能一体化的泡沫金属材料已经成为各国竞争研究的战略热点材料之一。目前，泡沫金属在欧美和日本等发达国家已进入生产应用阶段，同时作为高科技领域中重要的结构和功能材料，泡沫金属的高科技应用研究也在积极开展中。例如，法国开展了泡沫铝夹芯结构在空间飞行器的应用研究，采用12块泡沫铝夹芯复合板拼焊成型运载火箭的大型锥体结构件，其上直径为2.6米，下直径为3.9米，高为0.8米，总重为200～210千克，不仅减少了自身的绝对质量，而且改善了结构承载状态，提高了航天器的结构安全性和有效载荷；据报道，美国的科研团队已经制备出一种轻质不锈钢泡沫金属复合材料，相比现有装甲材料，这种轻质不锈钢泡沫金属复合材料具备更好的防护能力，且显著降低车体质量，提高燃油里程。欧美发达国家为了提高国际竞争地位，大力开展泡沫金属材料的研发，推动泡沫金属在高精尖领域中的应用研究。

我国对泡沫金属材料的研究起步较晚，泡沫金属行业发展不平衡，部分产品仍处于研究阶段，尚未实现量产；在高端科技领域中泡沫金属的应用研究也处在起步阶段。与欧美和日本等发达国家相比，我国泡沫金属领域在制备技术和科研创新等方面仍具有较大的发展空间。基于泡沫金属材料对航天科技、国防军事和国民经济发展的重要意义和关键作用，国家自然科学基金“十三五”发展规划中明确指出，泡沫金属等高性能轻质金属材料被列为工程与材料科学部优先发展领域，同时泡沫金属材料也被划入科技部、商务部等六部委联合下文明确规定的高新技术国家重点扶持领域。泡沫金属材料虽“轻”，但由于其优异的性能、巨大的应用潜力和实用价值，在国家战略和高新材料领域具有重要的地位，大力发展泡沫金属材料迫在眉睫。

专业知识

泡沫金属是由支撑整体结构的金属骨架和孔隙组成的。因内部存在大量的孔隙，泡沫金属的密度非常小，是致密金属的五分之一到十分之一。图4.26为常见的泡沫金属及其多孔结构。自然界中的木材、珊瑚、鸟巢、蜂窝等属于典型的多孔结构，且这种多孔结构具有良好的结构特性。自然界中多孔材料的孔隙相当于金属材料中的孔洞，而在传统金属材料制备和工程应用中孔洞是尽量避免的缺陷。人们通过对天然多孔材料和多孔结构的探索研究发现，当金属材料具有一定数量和规律的孔隙结构，反而会给材料带来出乎意料的特殊性能。对传统金属材料中被认为是缺陷的孔洞进行人为的调控，转变为材料结构的重要组成部分，这种特殊的孔隙结构特点赋予了泡沫金属材料不可限量的发展潜力。泡沫金属的诞生是打破传统思维的结果，也为我们打开了一片材料领域的新天地。

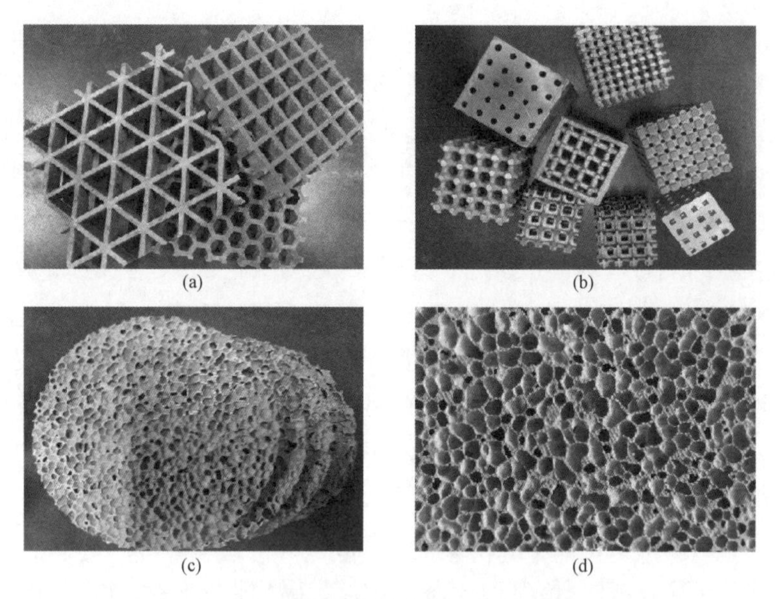

图4.26　常见的泡沫金属及其多孔结构

泡沫金属的概念首次出现在20世纪40年代，是一种较为年轻的金属材料。20世纪80年代，美国等发达国家意识到泡沫金属材料的高科技应用潜力后，开始了针对泡沫金属的理论研究和生产工艺开发。泡沫金属材料的种类非常丰富，且其分类方法也主要与大量孔隙的特殊结构有关。根据孔隙是否相互联通，可以将泡沫金属分为闭孔泡沫金属和开孔泡沫金属；根据孔隙的形貌特征和分布状态，还可以分为随机结构泡沫金属和有序结构泡沫金属；除此之外，由于孔隙的结构和分布状态纷繁复杂，在实际生产中还有很多不能直接归类的泡沫金属材料。随着对泡沫金属材料的研究逐渐深入，为获得优异的性能和满足不同的性能需求，向泡沫金属中添加不同的增强体的新型材料也崭露头角，开发出了种类繁多的泡沫金属复合材料。目前泡沫金属的基体材料主要有铝、镁、铜、锌、钛、镍、钢等金属及其合金。其中以铝、镁和铜为基体的泡沫金属材料的生产和应用最为广泛，大量的科学研究和工程应用也主要集中在上述几种金属基泡沫材料。

泡沫金属的各项性能主要取决于孔隙的类型、孔洞的形状和大小、孔隙率、比表面积等参数，而孔隙结构取决于其制备工艺。传统泡沫金属的制备工艺经过多年的研究已经基本成熟，例如熔体发泡法、注气发泡法、粉末冶金法、渗流铸造法和熔模铸造法等。为了满足性能需求，对孔隙结构的设计层出不穷，结构状态千变万化，导致泡沫金属的制备技术也成为新材料领域的研究热点和重点，并发展出了多种泡沫金属制备技术。随着泡沫金属材料的需求不断扩大，传统的制备技术遇到了空前的挑战。采用传统的泡沫金属制备工艺难以实现大面积、大尺寸以及大批量的工业化生产，导致在一些领域中的应用很难实现；生产工艺复杂，难以控制，因此要得到结构均匀且性能稳定的金属泡沫也比较困难，致使泡沫金属的充分发展受到限制。另外，虽然传统泡沫金属的比强度很高，但与致密金属相比其强度仍然较低，作为工程结构件的应用潜力仍然有限。上述问题是工业化生产泡沫金属的关键和难题，也是制约泡沫金属在高精尖技术领域中快速发展的最大障碍。

鉴于泡沫金属具有非常大的市场前景和潜力，如何降低泡沫金属的生产制作成本、进一步完善和优化制备技术获得稳定的各项性能，是泡沫金属新材料发展的迫切需求，也已成为亟须突破的技术难题。另外，泡沫金属和其他材料相结合的泡沫金属复合材料具有提升其各项性能的无限可能性，这就使泡沫金属的应用领域不断扩大。随着泡沫金属材料的类型的增加，世界各国都在致力于进一步完善、升级和优化现有的制备技术，而研发出变革性的制备方法才是满足高精尖技术领域对泡沫金属材料高性能需求的关键，也是泡沫金属大规模产业化和应用的关键。因此，加强对泡沫金属材料的基础研究、高科技领域的应用、推动产业化生产和民生应用，才能充分发挥泡沫金属材料的最大价值，实现我国在泡沫金属领域中的领先地位。

未来可期

随着科学科技的突飞猛进，人类对太空的探索能力日趋强大，宇宙探索活动更加频繁。大量的设备和物品需要运送到太空轨道，因此提升运载火箭的运载能力至关重要。减轻航天器结构质量是增加有效载荷的关键，因此减轻航天器的质量是航天产品设计的重要课题之一。采用具有优异性能的超轻泡沫金属材料代替航天器的结构和功能器件，是航天器实现“瘦身减重”的有效途径，在能够保证其结构安全和功能性的同时可以提高航天器的使用效率，并且降低成本、减少能源损耗。航空航天科技的发展是一个国家的整体科学水平和综合国力的表现。我们国家一直高度重视航天事业的发展，致力于建设航天强国。目前我国对泡沫金属应用于航空航天领域进行了一些研究工作，尚处于实验室研究开发的起步阶段，未来泡沫金属在航空航天领域中的应用主要包括隔热部件、电子设备、防护层等，也可以利用其减振性能对火箭和喷气发动机进行减振防护。研制出结构性和功能性为一体的轻质泡沫金属材料并应用于航天器等航天产品中，是我国航空航天工程关键技术获得突破的重要支撑。

虽然我国对泡沫金属材料的研究历史较短，但是泡沫铝在一些科研领域和产业化方面已取得了重要的成就。中国工程院院士刘文清领衔的专家团队与源自清华大学的核心团队共同开发出具有高电磁屏蔽性能的泡沫铝，并成功地将其应用在中国科学院物质科学研究所的“人造太阳”全超导托卡马克可控核聚变实验装置(EAST)，取得了突破性的进展，解决了困扰多年的电磁干扰难题。将泡沫铝应用于大功率电磁屏蔽领域在全球范围内为首创，领先于欧美国家，可直接应用于大功率电磁屏蔽军事用途。另外，该核心技术开发团队在创业之初在没有厂房、没有资金，以微薄的收入维持生计的艰苦条件下，仍然坚持钻研高强度泡沫铝材料的制备技术，最终成功地研发出高强度抗冲击泡沫铝，应用于核电站反应堆核心部件的防护结构，填补了我国高强度泡沫铝材料的空白。面对我国泡沫金属领域的科研和工业化生产的起步较晚、基础较为薄弱、行业发展缓慢的形势，研发团队不甘雌伏，迎难而上，怀揣攻坚克难的决心和科技报国的家国情怀，历经5年的不懈努力，扭转了我国泡沫金属落后于国外的局面。苏轼说过：“古之立大事者，不惟有超世之才，亦必有坚忍不拔之志”。世间最难的事是坚持，只有坚定的意志和锲而不舍的精神，才能够做到面对挑战不退缩，面对挫折不屈服，突破陈规敢于创新，方能成大事。

泡沫金属材料的高精尖科技应用和民用工业生产发展关乎科技进步、社会稳定和国民经济发展。虽然目前我国在泡沫金属领域的发展取得了阶段性的进展，但是高质量、大尺寸泡沫金属的先进制备技术仍然是科研工作者和工业生产急需突破的重点和难点。高强度抗冲击泡沫铝制备技术的成功研发将为航空航天工程、军事国防等大国重器中泡沫金属核心部件的制备技术开发和工业化大规模生产提供强有力的支撑，为实现飞跃性的突破发挥先导作用，将使我国成为泡沫金属材料领域中的领航者。

思考题

1. 泡沫金属材料的诞生对建立创新思维模式、理解事物的维度和角度给了我们什么样的启示？

2. 泡沫金属材料在我国科技领域、国防领域和民生领域中具有怎样的重要地位？

3. 为了实现科技报国，现阶段我们该做什么？能做什么？怎么做？

受控热核聚变第一壁
——聚变材料

引　言

受控核聚变被喻为能源的圣杯，人们经过半个世纪坚持不懈的努力，已经取得令人瞩目的重要进展。各种磁约束方法如环形器、仿星器、反向场箍缩以及激光或高能离子体驱动的惯性约束技术都在研究之中，而环形器(简称托卡马克)是目前最受重视、最有希望首先实现的受控热核聚变反应的实验装置之一。其中第一壁材料是直接包裹氘(D)氚(T)聚变等离子体的材料，它在聚变堆中的服役环境最为恶劣，面临高能中子辐照、高通量离子轰击等问题。那么如何设计、制备第一壁材料？在中子作用下会发生什么变化？会不会危及安全？有什么办法能增长使用效能和寿命？这关系到聚变堆的改进和发展，是我国聚变材料“卡脖子”问题。

国之所需

核聚变是将轻核(主要是氢的同位素氘和氚)加热到数亿度高温，使其聚合成较重的原子核，同时释放出巨大能量的过程。受控核聚变产生能量的原理和太阳发光发热的机理相似，具有了“人造太阳”的美名，是人类解决能源问题的最好方案之一。ITER计划是目前国际上最大的大科学工程合作计划之一，集成了当今国际受控磁约束核聚变研究的主要科学和技术成果，也是中国第一次以全权平等伙伴身份参加的大型国际科技合作项目。2004年中国启动加入ITER计划，希望通过ITER计划提升我国国际合作的层次，提高大型国际科学工程项目的建设、管理、运行和维修经验，并为今后聚变事业的发展打下人才基础。2006年11月中国正式加入ITER计划，承担了ITER装置10%的制造任务，其中包括最重要的一项——托卡马克磁约束屏蔽包层第一壁的设计与制造任务。核聚变要求创造上亿度的高温环境，而要构建起“人造太阳”的核心，就需要用特殊的材料筑起一道“防火墙”，来抵御装置内部上亿度的高温环境（图4.27)。第一壁材料在使用中应能在聚变堆的严酷辐照、热、化学和应力工况下保持机械完整性和尺寸稳定性。要求材料必须有较好的抗辐照损伤性能，能在高温高应力状态下运行，与面向等离子体材料和其他包层材料相容，与氢等离子体相容，能承受高表面热负荷。根据ITER计划的设计方案要求，第一壁材料要承受每平米4.7兆瓦的热量，目前没有任何一种材料可以承受这样的超高温，急需研发前所未有的复合材料。

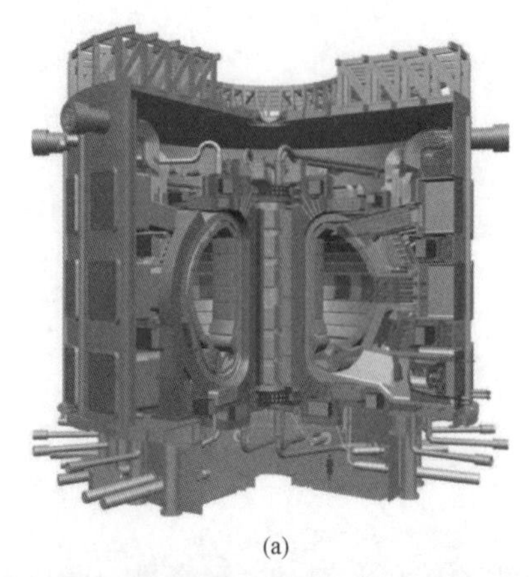

(a)

(b)

图4.27　“人造太阳”托卡马克装置

第一壁材料问题

设计第一壁材料面临两大核心问题：高能中子辐照以及高通量氘(D)氚(T)等离子体轰击。D-T聚变辐照损伤，最容易想到的就是聚变中子直接轰击材料带来的损伤。每个D-T聚变都会产生一个14.1 MeV的中子。由于中子不带电，无法用磁场约束，会直接轰击到第一壁材料上产生损伤。这类轰击可以直接将材料中的原子撞出晶格，产生大量的空位和间隙原子，空位和间隙原子绝大部分会相互弥合，少数没有弥合的空位在材料内部积累聚集形成位错和空洞，会导致材料强硬化。被撞出晶格的原子并不会消失，而是通过各种方式扩散到材料表面，原子不断从中心向表面迁移，材料就会像空心泡沫一样慢慢膨胀，这种尺寸变化对正常服役材料是致命的。另外，除了辐照肿胀，由于辐照产生的大量孔洞缺陷会影响材料力学性能，使材料变硬、变脆、易断裂，从而影响聚变堆的安全运行。

核聚变堆对D-T离子体的约束并不完美，第一壁材料除了受中子辐照、轰击，还会受到D-T离子轰击。氚燃料十分昂贵，为了避免氚离子轰击第一壁后不出来，第一壁材料常采用对氢亲和力弱的不锈钢、钨铠甲。另外，中子辐照产生的孔洞对氚离子的吸收也非常强，会导致氚燃料滞留在材料内部，从而破坏氚循环，这个问题就是氚自持的问题，是和材料并列的聚变堆三大问题之一。另外，D-T离子体在进入材料孔洞中会形成气体分子，这些气体分子挤在有限的空间会产生极高的压强(理论上限大约是30 GPa)，从而挤出氢气泡，致使材料开裂，造成严重破坏（图4.28）。

(a) 铁

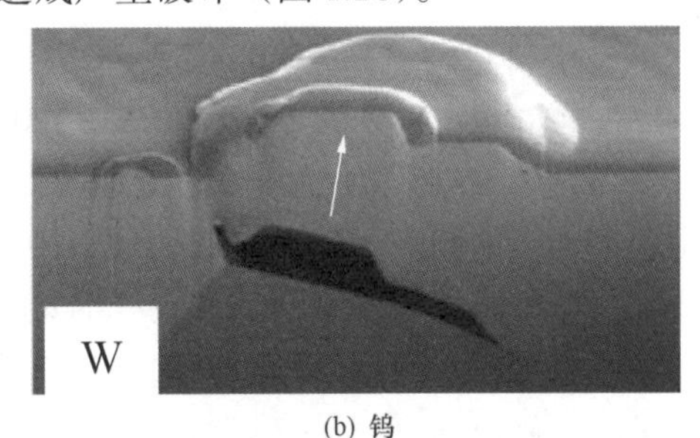

(b) 钨

图4.28　氢在第一壁材料中挤出的气泡

第一壁复合材料的设计必须同时兼顾材料辐照损伤和抗离子轰击特性等。研究发现相比于面心立方的金属来说，体心立方的金属更难发生辐照肿胀，如正在研发的第一壁材料大都为铁素体/马氏体钢、钒合金。密排六方(HCP)结构金属的辐照损伤特性似乎和c/a相关，一些HCP金属具有几乎完美的辐照损伤特性，比如Be。但Be有毒且加工和冶炼成本高。界面的存在可以大幅度地改善辐照缺陷带来的性能降低，再加上有抗蠕变需求，所以氧化物弥散强化(ODS)也是一个重要的第一壁材料设计方向。但是ODS钢造价要是普通钢的好几倍，传统的ODS钢必须使用粉末冶金的方法去制造，成本较高，而且无法制备大尺寸部件。目前，材料学家试图用喷射成型、3D打印等方法解决这个问题，但还有待进一步发展。ODS钢中大量的弥散相提高了材料的性能，但如果焊接的话，局部熔化再重新凝固，ODS相会在重力和固-液界面张力的作用下严重偏析，如何解决焊接问题也是科学难题。另外，第一壁材料必须具备较优异的高温力学性能，尤其是抗蠕变的能力。而且必须选择低活化元素(被高能中子活化后放射性产物半衰期短的元素)。如图4.29所示给出了可供材料学家无限制使用的元素只有22个，就是图中汇总深色的区域。除了稀有元素，能做合金基体的只有Be、V、Fe等。

元素周期表

Li	Be											B	C	N	O	F	Ne
Na	Mg											Al	Si	P	S	Cl	Ar
K	Ca	Sc	Ti	V	Cr	Mn	Fe	Co	Ni	Cu	Zn	Ga	Ge	As	Se	Br	Kr
Rb	Sr	Y	Zr	Nb	Mo	Tc	Ru	Rh	Pd	Ag	Cd	In	Sn	Sb	Te	I	Xe
Cs	Ba	*1	Hf	Ta	W	Re	Os	Ir	Pt	Au	Hg	Tl	Pb	Bi	Po	At	Rn
Fr	Ra	*2															

*1	La	Ce	Pr	Nd	Pm	Sm	Eu	Gd	Tb	Dy	Ho	Er	Tm	Yb	Lu
*2	Ac	Th	Pa	U											

图4.29　可用于聚变第一壁材料的活化元素

聚变堆第一壁材料设计必须考虑能对抗14.1 MeV，甚至更高的辐照损伤，具有很低的中子活化，抵抗近500 ℃的高温，具有极小的D、T滞留，要能良好的焊接和制备，不能因为辐照诱导析出物出现大幅度的性能退化等。

迎难而上打造“中国速度”

第一壁材料的研发每一步都是难关，中国科研人员具有“明知山有虎，偏向虎山行”的品质。核工业西南物理研究院第一壁研发团队坚持创新、一路攻坚，最终勇闯难关，创下国际竞技中的“中国速度”。他们所制造的第一壁由三种材料复合组成，分别是铍、铜和不锈钢。如何突破铍铜材料的连接技术是该研发团队首先要突破的难题。刚开始国内外都没有可参考的经验，样品试制全部失败。团队没有气馁，他们将可能的影响因素全部列出，一个个排查原因：假设问题出在铍材，于是千山万水去全世界寻找合适的铍材；假设问题出在材料结构，于是抽真空、加压力；假设问题出在包套强度，于是反复试验、失败、讨论、研究新工艺，两百多个日夜，连续40多轮试验，这群人连轴转，谁都没有怨言。狭路相逢勇者胜，最终该团队在不断试验中找到了解决问题的方法，铍铜连接的成功率一下提高到90%以上。经过新一轮技术攻关，团队还创造性地提出了一种防飞溅吹气焊方法，成功满足了ITER焊缝全焊透、背面无飞溅的苛刻要求，也顺利保证了产品的质量。

2010年我国第一壁材料连接技术通过ITER组织认证，国产高纯度铍于年底通过ITER组织认证，结束了我国无高纯度铍的历史（图4.30）。我国于2014年7月成功制作增强热负荷型第一壁小模块并在高热负荷测试中经受住了16 000次热疲劳试验，高于ITER第一壁的设计寿命(15 000次)。此次半原型件高热负荷测试的成功，标志着我国在规模化制作ITER第一壁技术上又迈进了一大步，并为我国自主建造聚变堆提供了坚实的技术储备。

(a)

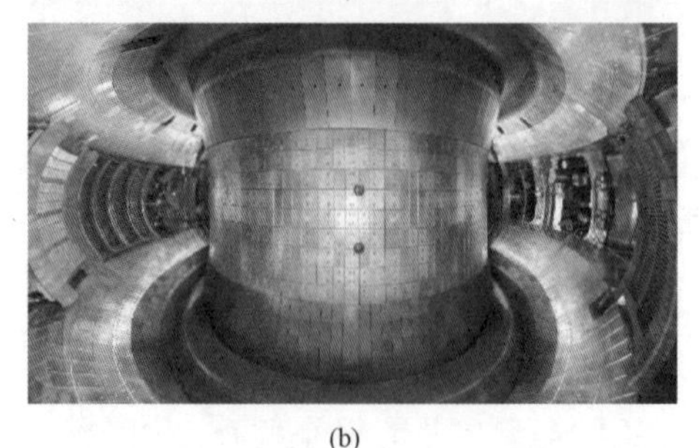

(b)

图4.30　我国独立完成的ITER第一壁

思考题

1. 我国在国际聚变界的影响力不断增强，取得了多项国际第一的研究成果，使我国在核聚变领域处于与国际同等，甚至某些方面领先的地位，通过这些经历，你有什么体会?

2. 我国严格按照时间进度和标准，执行进度位居计划参与国前列，在特殊环境焊接技术领域实现了技术突破,高质量地交付了有关制造设备和部件，赢得了国际同行的高度赞誉，这些对同学们的职业态度有何影响?

改变未来的黑科技
——智能材料

引　言

材料属于无生命的物质世界，然而，随着科技的进步人们希望材料也能具有某些生命体的属性，比如感知、执行、信息处理、自我修复等功能。在这样的背景下，一类具有科幻色彩的新材料——智能材料应运而生。智能材料是指模仿生命系统，能感知环境变化，并能实时地改变自身的一种或多种性能参数，作出所期望的、能与变化后的环境相适应的复合材料或材料的复合。问世50年来，智能材料的发展取得了突飞猛进的进展，并被应用于航天航空、武器装备、智能机械、智能建筑等领域。20世纪90年代，人们就幻想了未来基于智能材料可能开发的智能结构和智能系统，如可变形的机翼、可自修复的结构、可自我监测健康状况的桥梁、可识别主人身份的武器以及更为逼真的软体机器人等。现如今，你会发现20多年前幻想的许多场景都已变为现实。你也一定会想，未来的智能材料又将为我们的生活带来怎样的变革，并为我国的科技发展带来怎样的机遇？

国之所需

基于智能材料，人们可以设计并制造新型的感知器件、执行器件及信息处理器件。典型的智能材料包括形状记忆材料、磁致伸缩材料、压电材料、磁流变材料、电流变材料、介电弹性体、智能光纤复合材料、自愈合材料等。这类智能材料的发展对于国家航天航空、武器装备、智能设备的发展具有举足轻重的意义。

1988年波音737客机在美国出现灾难性断裂事故，这使人们意识到飞机应有自我诊断和及时预报系统，以避免服役中的飞机发生类似事故。近年来，高速重载飞行器及大型工程机构的安全和质量问题更是引起了各国政府及工程技术界的广泛关注。基于智能材料的智能结构及智能系统是实现重要结构监测、控制、修复的基础。目前各国关注的主要应用领域包括航天航空装备的疲劳监测，建筑结构的健康监测及振动控制，火警探测及控制，管道的腐蚀及冲击探测，空气质量及温度监控，智能软体机器人，智能可穿戴设备，等等。

从组成上，智能材料涉及金属、陶瓷、高分子等多种材料；从结构层次上，则涉及宏观、介观、微观等多个层面。智能材料的发展一方面可以推动相关多学科的发展，另一方面可以推进智能装置的集成化、微型化。我国从20世纪80年代起开始关注智能材料的发展。大连理工大学的杨大智教授是早期开展形状记忆合金等智能材料研究的代表性专家之一。哈尔滨工业大学的杜善义院士团队致力于光纤传感智能复合材料的研究，并将其应用于航空领域；西北工业大学的赵晓鹏教授等致力于电流变液的研究，基于电流变液的电流变阻尼器在结构的减振中具有广阔的应用前景；北京航空航天大学的徐惠彬院士等突破高活性易挥发多组元复杂体系晶体生长技术，研制出宽温域巨磁致伸缩材料；中国科学技术大学的龚兴龙教授等不断提升磁流变弹性体的智能特性，并将其应用于重要结构的降噪；哈尔滨工业大学的欧进萍院士团队致力于结构的健康监测和振动控制，将光纤传感智能复合材料应用于桥梁结构的健康监测，并将磁流变阻尼器应用于桥梁、海洋平台等结构的振动控制。

近年来，我国大型装备及工程结构高速发展，如何进一步提高结构的安全性、可靠性成为亟待解决的问题，其关键在于赋予这些结构以自监测、自适应、自修复的功能。智能材料无疑是实现上述功能的材料基础，更是国之急需的战略材料。例如，在卫星等航天器中，柔性太阳能电池的在轨可控展开需要一种耐高低温循环、耐辐照的形状记忆材料，这是制约我国航天器太阳能电池实现地面卷曲锁紧、在轨可靠展开功能的“卡脖子”材料。

专业知识

（1）形状记忆材料

形状记忆材料是20世纪70年代发展起来的新兴材料。典型的形状记忆材料是形状记忆合金（shape memory alloy，SMA），是通过热弹性与马氏体相变及其逆变而具有形状记忆效应的合金材料。至今为止发现的记忆合金体系包括钛镍系、铜镍系、铜铝系、铜锌系、铁系合金等。另一类形状记忆材料是形状记忆聚合物（shape memory polymer，SMP），该类材料可借玻璃态转变或其他物理条件的激发呈现形状记忆效应。形状记忆材料在太空探索中典型的应用是航天器的天线，人们先在其转变温度以上制成天线的形状，然后在低温下压缩，待到达指定位置后，通过阳光照射使其达到转变温度并恢复至预设的天线形状。目前形状记忆材料的应用已拓展至生物工程、医药、能源和自动化等多个领域。

（2）磁致伸缩材料

磁体因磁化状态变化而发生形变的现象称为磁致伸缩效应，该效应的产生源于外磁场作用下，多畴磁体的畴壁移动和磁畴转动。1973年美国海军实验室的Clark等制备出$Tb_{0.27}Dy_{0.73}Fe_2$合金，其饱和磁致伸缩系数高达1×10^{-3}，随后由Edge Technologies公司实现了商业化生产（商品牌号Terfenol-D）。与压电材料和传统的磁致伸缩材料相比，Terfenol-D具有饱和磁致伸缩应变大、能量密度高、磁机械耦合系数大、居里点温度高等优点。基于磁致伸缩材料开发的超声换能器、位移执行器已被应用于潜艇声纳系统、液位监测等领域。如何解决磁致伸缩合金材料在高频下的涡流损耗问题是当前的研究热点，将合金颗粒与聚合物复合制备磁致伸缩复合材料，是解决这一问题的可行方法。

（3）智能光纤复合材料

光纤布拉格光栅（fiber Bragg grating，FBG）传感器的传感原理是：当光栅周围的温度、应变、应力或其他待测物理量发生变化时，将导致光栅周期或纤芯折射率的变化，从而使光纤光栅中心波长产生位移，通过检测光栅波长的位移情况，即可获得待测物理量的变化。20世纪70年代末美国NASA首先将FBG埋入复合材料中，用于监测复合材料的应变及温度。随后，发达国家开始用光纤传感器检测复合材料固化，并开展材料承载后动态性能测试和材料损伤评估等研究。20世纪90年代初，集成了光纤传感器的智能复合材料蒙皮经过评估，正式应用于机翼、潜艇外壳、推进器叶片等。这种智能蒙皮可与内部执行器配合，自动检测和控制壳体振动、流体与表面引起的噪声，自动检测和调节材料的多种性能或改变自身的形状。开发高稳定性、长寿命、大量程的光纤传感器、改善光纤传感器与复合材料的界面是智能光纤复合材料发展需解决的关键问题。

（4）压电材料

压电材料在受到压力作用时会在两端面间产生电压。压电效应的产生机理是：晶格对称性较低的晶体在受到外力发生变形时，晶胞中的正、负离子发生偏移而导致晶体极化，而晶体表面电荷面密度等于极化强度在表面法向上的投影，所以形变时两端面会出现异号电荷。这类材料在受到电场作用时会产生极化变形，发生逆压电效应。压电材料主要分为无机压电材料（如压电陶瓷）和有机压电材料（如聚偏氟乙烯）。压电材料既可以用作振动能和超声振动能——电能换能器，又能用作传感器、驱动器等。从组成、结构上探索提升压电效应的方法并拓展其应用领域是压电材料研究的前沿。

（5）电/磁流变材料

电/磁流变材料是一类受外加电场/磁场作用流变性能发生变化的智能复合材料。电/磁流变材料通常由可电极化的颗粒（如介电颗粒）或软磁性颗粒（如羰基铁粉）和非导电/导磁的载体（如硅油、天然橡胶、硅橡胶等）组成。电/磁流变效应产生的机理是：在外加电场/磁场作用下，材料内部的可极化颗粒发生极化而重新排布，使材料内部结构发生变化，从而改变其流变学及黏弹性，且这种性质转变是迅速可逆的。根据组成、载体、功能的不同，电/磁流变材料可以分为电流变液、磁流变液、电流变弹性体、磁流变弹性体、磁流变塑性体等。磁流变液是典型的电磁流变材料，其在磁场作用下可由牛顿流体转变为宾汉姆流体，且剪切屈服强度随磁场的增大而增大。以磁流变液制成的磁流变阻尼器已成功应用于桥梁、汽车等结构的。在不断提高电磁流变材料性能的同时，发掘适于其应用的新领域和新形式是目前该领域的研究热点和难点。

（6）介电弹性体

介电弹性体是一种典型的电活性聚合物软材料，可以在外加电场的刺激下发生形变，将电场撤去时，形状又趋于恢复。介电弹性体薄膜产生电致变形的基本原理是麦克斯韦效应，即在电场作用下薄膜两极聚集相反电荷，产生的静电吸引力压迫薄膜致使其沿厚度方向收缩，并引起面积扩张。与其他电活性聚合物相比，介电弹性体具有响应速度快、结构简单、能量转化率高等优点，已被广泛应用于软体机器人、人工肌肉、面部表情控制、传感装置、柔性扬声器、盲文显示装置等多个方面。目前常用的介电弹性体主要有硅橡胶、聚氨酯、丁腈橡胶、丙烯酸等。介电弹性体需要高电压驱动，这限制了其在生物医学等领域的应用，因此研制高介电、低模量的弹性体材料是亟待解决的问题。

（7）自愈合材料

自愈合材料是一类不需要任何外部介入而具有自动或自主地愈合（恢复/修复）损伤能力的材料，其自愈合原理可分为愈合剂释放型与化学键重联型两大类。前者通过微胶囊技术将愈合剂均匀分散在材料的基体内，当材料受到破坏时，包裹有愈合剂的微胶囊破裂释放愈合剂将基体修复；后者是在基体内引入非共价键超分子基团、动态共价键、金属配位键等化学基团，当材料受到破坏时，这些化学键可以重联，使受损材料自行愈合。愈合剂释放型的自愈合材料有很大的局限性，当内部愈合剂消耗完毕后，材料便失去了自愈合能力发生永久性破坏；而化学键重联型的自愈合材料从理论上来说可以依靠内部化学键的不断重联获得永久自愈合能力，因而具有更广阔的研究与应用前景。如何提高化学键重联效率和强度是自愈合材料研究领域的焦点。

（8）碳纳米管纤维

碳纳米管纤维是一种由数百万根一维连续的碳纳米管组装而成的宏观纤维材料，具有传统纤维不具备的独特组装结构特性，并因丰富的界面结构带来了诸多功能特性。碳纳米管纤维具有优异导电性能，已被应用于线状超级电容器、可穿戴微型锂电池等领域，同时还可以在电流、温度、离子注入、光照等外界条件刺激下产生旋转收缩的变形驱动。碳纳米管纤维用作驱动器主要是利用纤维独特组装结构所带来的能量与形变转换特性，而过捻结构的引入，可以将碳纳米管纤维的形变进一步放大，表现出优异的驱动性能，使得其在人工肌肉领域展现出巨大的潜在应用价值。碳纳米管具有优异的力学性能，其理论断裂强度可达 100 GPa，但目前所报道碳纳米管纤维最高强度为 8.9 GPa，远远低于碳纳米管本身的力学性能，因此对碳纳米管纤维的组装方式、纤维结晶度、纳米单元之间的相互作用还需要进一步的研究与探索。

未来可期

随着智能材料性能的不断提升，越来越多的新型智能器件被开发，其应用领域从国防重工拓展到日常生活的各个方面。借助于这些新型的智能材料，未来的飞行器将摆脱常见的形状，我们将会看到像鸟一样可以挥动翅膀、更灵活的飞行器；未来的机器人将改变冷冰冰的金属质感和机械模式，我们将会看到与人类更加相似，有温度、有皮肤质感的软体机器人；未来的汽车将具有自适应的减振性能，结合无人驾驶技术，我们将在平稳行驶的车中获得如家一样的舒适性；未来的建筑结构将能够实时的报告自身的健康状况，并在地震中稳如泰山，我们将会在自然灾害面前更加从容。

我国的材料科学家正在将这一切变为现实。哈尔滨工业大学的冷劲松院士课题组在形状记忆聚合物方面的研究是具有代表性的成果之一。他们通过调控分子结构、交联密度及聚合工艺，制备出耐极端恶劣环境的氰酸酯形状记忆聚合物，开发了“基于形状记忆聚合物智能复合材料结构的可展开柔性太阳能电池系统”，解决了制约航天器柔性太阳能电池地面卷曲锁紧—在轨可控展开—展开后高刚度可承载的难题。该柔性太阳能电池系统于 2019 年 12 月 27 日搭载“实践二十号卫星”随长征五号遥三运载火箭发射升空，成功完成了关键技术试验。

在材料科学家的不懈努力下，我国的智能材料开发及应用研究取得了一系列世界瞩目的成就，但我们仍需要认识到，在一些新型智能材料的制备及器件开发方面我们仍与发达国家存在一定的差距。因此，我国对于智能材料的发展一直给予充分的重视。在《国家中长期科学和技术发展规划纲要（2006—2020年）》中，我国将智能材料与结构技术列入前沿技术领域；《中国制造2025》国家行动纲领中选择十大重点领域为战略突破点，其中“智能仿生与超材料”被列为“新材料”领域的重点方向。我们有理由相信，在国家的高度重视下，在材料学家及工程师们的不懈努力下，中国的智能材料发展一定会取得更大的成就，为中国未来的工业发展奠定坚实的基础。

思考题

1. 近年来我国在智能材料开发及应用方面取得了一系列成果，但在新型智能材料的制备及器件开发方面我们仍与发达国家存在一定的差距，未来我们应该重点致力于哪些关键智能材料的研究？

2. 本章提到了一些关于智能材料在未来应用中的构想，除了这些场景，还有哪些可能的应用？这些应用会对我国科技的进展产生哪些深远的影响？

参考文献

[1] 熊党生 . 生物材料与组织工程[M]. 北京: 科学出版社, 2010.

[2] 魏利娜, 甄珍, 奚廷斐 . 生物医用材料及其产业现状[J]. 生物医学工程研究, 2018, 37(1):1-5.

[3] LI Y D, WANG E Q, LIU H Y. Formation and in vitro/in vivo performance of "cortex - like" micro/nano-structured TiO_2 coatings on titanium by micro-arc oxidation[J]. Materials Science and Engineering C, 2018, 87:90-103.

[4] RIES M D, SALEHI A, WIDDING K, et al. Polyethylene wear performance of oxidized zirconium and cobaltchromium knee components under abrasive conditions[J]. The Journal of Bone and Joint Surgery, 2002, 84: S129-S135.

[5] ZHANG Y, LI J, CHE S, et al. Chemical Leveling Mechanism and Oxide Film Properties of Additively Manufactured Ti-6Al-4V Alloy[J].Journal of Materials Science, 2019, 54(21): 13753-13766.

[6] GUAN S W, QI M, WANG C, et al. Enhanced cytocompatibility of Ti6Al4V alloy through selective removal of Al and V from the hierarchical micro - arc oxidation coating, Applied Surface Science, 2021, 541: 148547.

[7] WANG Z, PENG J. Articular cartilage tissue engineering: Development and future: A review[J].Journal of Musculoskeletal Pain, 2014, 22(1): 68-77.

[8] WU Z, ZHANG S, LIU Z, et al. Thermoelectric converter: Strategies from materials to device application[J]. Nano Energy, 2022, 91: 106692.

[9] HEREMANS J P, DRESSELHAUS M S, BELL L E, et al. When thermoelectrics reached the nanoscale[J]. Nature Nanotechnology, 2013, 8(7): 471-473.

[10] SLACK G A. New materials and performance limits for thermoelectric cooling[M]. In CRC Handbook of Thermoelectrics, 1995.

[11] FU C G, BAI S Q, LIU Y T, et al. Realizing high figure of merit in heavy-band p-type half-Heusler thermoelectric materials[J]. Nature Communications, 2015, 6: 8144.

[12] XIA K Y, NAN P F, TAN S H, et al. Short-range order in defective half-Heusler thermoelectric crystals[J].Energy & Environmental Science, 2019, 12: 1568.

[13] HE Y, DAY T, ZHANG T S, et al.High thermoelectric performance in non-toxic earth-abundant copper sulfide[J]. Adv. Mater., 2014, 26: 3974-3978.

[14] CHANG C, WU M H, HE D S, et al. 3D charge and 2D phonon transports leading to high out-of-plane ZT in n-type SnSe crystals[J]. Science, 2018, 360: 778-783.

[15] ZHAO L D, TAN G J, HAO S Q, et al, Ultrahigh power factor and thermoelectric performance in holedoped single-crystal SnSe[J].Science, 2016, 351: 141-144.

[16] QIN B C, WANG D Y, LIU X X, et al.Power generation and thermoelectric cooling enabled by momentum and energy multiband alignments[J]. Science, 2021, 373: 556-561.

[17] 白天, 王秀兰 . 隐身材料的现状及发展趋势[J]. 宇航材料工艺, 2015, 45(06): 8-10+16.

[18] LEE G H , CHOI T M , KIM B , et al. Chameleon-Inspired Mechanochromic Photonic Films Com-

posed of Non-Close-Packed Colloidal Arrays[J]. Acs Nano, 2017: acsnano.7b05885.
[19] XU C , STIUBIANU G T , GORODETSKY A A . Adaptive infrared-reflecting systems inspired by cephalopods[J]. Science, 2018, 359(6383): 1495-1500.
[20] 周长海, 田丽梅, 任露泉, 等 . 信鸽羽毛非光滑表面形态学及仿生技术的研究[J]. 农业机械学报, 2006 (11): 180-183.
[21] 刘宝胜, 吴为, 曾元松 . 鲨鱼皮仿生结构应用及制造技术综述[J]. 塑性工程学报, 2014, 21(04): 56-62.
[22] HUANG L X, DUAN Y P, DAI X H, et al. Bioinspired Metamaterials: Multibands Electromagnetic Wave Adaptability and Hydrophobic Characteristics[J]. Small, 2019, 15(40): 1902730.
[23] HUANG L X, DUAN Y P, LIU J, et al. Bioinspired Gyrotropic Metamaterials with Multifarious Wave Adaptability and Multifunctionality[J]. Advanced Optical Materials, 2020, 8(12): 2000012.
[24] 孙哲 . 中国对美战略的演进: 模式及挑战[J]. 亚太安全与海洋研究,2021(01):12-27+2.
[25] 叶璐 . 微波吸波片性能优化研究[D]. 东南大学, 2018.
[26] ZHANG C, CAO W K, YANG J, et al. Multiphysical digital coding metamaterials for independent control of broadband electromagnetic and acoustic waves with a large variety of functions[J]. ACS applied materials & interfaces, 2019, 11(18): 17050-17055.
[27] ZHANG L, CHEN X Q, LIU S, et al. Space-time-coding digital metasurfaces[J]. Nature communications, 2018, 9(1): 1-11.
[28] SONG G, ZHANG C, CHENG Q, et al. Transparent coupled membrane metamaterials with simultaneous microwave absorption and sound reduction[J]. Optics express, 2018, 26(18): 22916-22925.
[29] LU Y, WENBIN D. A low-frequency ultra-wideband absorber based on high permeability material [C]// 2018 International Workshop on Antenna Technology (iWAT). IEEE, 2018: 1-3.
[30] HUANG L, DUAN Y P, DAI X, et al. Bioinspired metamaterials: multibands electromagnetic wave adaptability and hydrophobic characteristics[J]. Small, 2019, 15(40): 1902730.
[31] 周益春 . 与 COMS 工艺兼容的氧化铪基铁电材料的亚稳相及其存储器器件力学[J]. 湘潭大学学报, 2019, 41(3): 1-21.
[32] LAN X , LIU L W, ZHANG F H, Zhengxian Liu, et al. World’s first spaceflight on-orbit demonstration of a flexible solar array system based on shape memory polymer composites[J]. Science China-Technological Sciences, 2020, 63(8): 1436 -1451.
[33] 王玉莲, 邸江涛, 李清文 . 人工肌肉纤维的研究进展[J]. 材料导报, 2021, 35(01): 1183-1195.
[34] 李帅东, 周大雨, 徐进, 等 . HfO_2 基铁电薄膜在循环电场载荷下的极化翻转行为[J]. 湘潭大学学报, 2019, 41(5): 104-120 .
[35] 孙镇镇 . 纳米材料发展前景简析[J]. 中国粉体工业, 2015(03): 4-6.
[36] 卢柯 . 青年科学家——卢柯谈纳米金属材料的进展和挑战 [J]. 中国新技术新产品精选, 2001 (Z1): 10-13.
[37] 梁 . 让中国的纳米技术扬名世界——小记中国科学院院士 卢柯 [J]. 科技创业月刊, 2009, 22 (11): 3.
[38] YEH J W, CHEN S K, LIN S J, et al. Nanostructured high-entropy alloys with multiple principal elements: novel alloy design concepts and outcomes[J]. Adv Eng Mater, 2004, 6(5): 299-303.
[39] CANTOR B, CHANG I T H, KNIGHT P, et al. Microstructural development in equiatomic multi-

component alloys[J]. Materials Science and Engineering: A, 2004, 375: 213-218.

[40] GLUDOVATZ B, HOHENWARTER A, CATOOR D, et al. A fracture-resistant high-entropy alloy for cryogenic applications[J]. Science, 2014, 345: 1153-1158.

[41] SENKOV S V, SENKOVA C. WOODWARD, et al. Low-density, refractory multi-principal element alloys of the Cr-Nb-Ti-V-Zr system: Microstructure and phase analysis[J]. Acta Mater., 2013, 61: 1545-1557.

[42] ZHANG R P, ZHAO S T, DING J, et al. Short-range order and its impact on the CrCoNi medium-entropy alloy[J].Nature, 2020, 581: 283-287.

[43] YANG T, ZHAO Y L, TONG Y, et al. Multicomponent intermetallic nanoparticles and superb mechanical behaviors of complex alloys[J]. Science, 2018, 362: 933-937.

[44] GEORGE E P, RAABE D, RITCHIE R O. High-entropy alloys[J]. Nat. Rew. Mater., 2019, 4: 515-534.

[45] DING J, YU Q, ASTA M, et al. Tunable stacking fault energies by tailoring local chemical order in CrCoNi medium-entropy alloys[J]. Progress Natural Advanced Science, 2018, 115: 8819-8924.

[46] MA Y, WANG Q, LI C L, et al. Chemical short-range orders and the induced structural transition in high entropy alloys[J]. Scripta Mater., 2018, 144: 64-68.

[47] LEI Z F, LIU X J, WU Y, et al. Enhanced strength and ductility in a high-entropy alloy via ordered oxygen complexes[J]. Nature, 2017, 563: 546-550.

[48] LI J L, LI Z, WANG Q, et al. Phase-field simulation of coherent BCC/B2 microstructures in high entropy alloys [J], Acta Mater., 2020, 197: 10-19.

[49] MA Y, WANG Q, ZHOU X Y, et al. A novel soft-magnetic B2-based multiprincipal-element alloy with a uniform distribution of coherent body - centered - cubic nanoprecipitates [J]. Adv. Mater., 2021, 33: 1-7.

[50] 欧进萍，杨飏．导管架式海洋平台结构的磁流变阻尼隔震控制[J].高技术通讯，2003，6: 66-73.

[51] 许泽源．现代电子技术巡礼[M].北京：科学普及出版社，1986.

[52] BINASCH G, GRUNBERG P, SAURENBACH F, et al. Enhanced Magnetoresistance in Layered Magnetic Structures with Antiferromagnetic Interlayer Exchange[J].Physical Review Letters B, 1989, 39 (7): 4828.

[53] BAIBICH M N, BROTO J M, FERT A F, et al.Giant Magnetoresistance of Fe(001)/Cr(001) Magnetic Superlattices[J]. Physical Review Letters. 1988, 61 (21): 2472-2475.

[54] 赵尔信．超硬材料应用于钻探的新领域[J]. 超硬材料工程，2018，30(05): 47-50.

[55] 蔡巧玉．"生命禁区"里钻探大国深度——记中国石油天然气集团"深地复杂油气藏钻完井关键技术创新与工业化"项目团队[J]. 科学中国人，2020(08): 30-35＋2.

[56] 本刊编辑部．2019年探矿工程十大新闻[J]. 探矿工程(岩土钻掘工程)，2020，47(01): 1-4.

[57] 邹芹，向刚强，王瑶，等．聚晶金刚石的研究进展与展望[J]. 金刚石与磨料磨具工程，2021，41(03): 23-32.

[58] 左汝强．国际油气井钻头进展概述(四)——PDC 钻头发展进程及当今态势(下)[J]. 探矿工程(岩土钻掘工程)，2016，43(04): 40-48.

[59] 范萍，薛屺，易诚，等．脱钴对聚晶金刚石热稳定性能的影响[J]. 材料科学与工程学报，2017，35 (01): 87-90＋118.

[60] 朱海旭 . 聚晶金刚石钎焊膏的研制[D]. 兰州理工大学, 2017.
[61] 游娜, 樊春明, 段树军, 等 . 增材制造技术在井下工具中应用及问题分析[J]. 石油矿场机械, 2021, 50(01): 62-68.
[62] 黄海芳, 黄凯 . 聚晶复合片的钻管理研究进展[J]. 超硬材料工程, 2019, 31(06): 33-39.
[63] 朱晟, 彭怡婷, 闵宇霖, 等 . 电化学储能材料及储能技术研究进展 [J]. 化工进展, 2021, 40 (09): 4837-4852.
[64] 容晓晖, 陆雅翔, 戚兴国, 等 . 钠离子电池: 从基础研究到工程化探索 [J]. 储能科学与技术, 2020, 9 (02): 515-522.
[65] 李先锋, 张洪章, 郑琼, 等 . 能源革命中的电化学储能技术 [J]. 中国科学院院刊, 2019, 34 (04): 443-449.
[66] CHEN K S, BALLA I, LUU N S, et al. Emerging Opportunities for Two-Dimensional Materials in Lithium-Ion Batteries [J]. ACS Energy Lett, 2017, 2(09): 2026-2034.
[67] 师昌绪 . 中国高温合金 40年[M]. 北京: 中国科学技术出版社, 1996.
[68] 师昌绪, 钟增墉 . 我国高温合金的发展与创新[J]. 金属学报, 2010, 45: 1281-1288.
[69] 毕中南 . 航空发动机用高温合金及其制备技术 [J]. 大飞机, 2021(03): 12-15.
[70] 王恺 . 热血铸就强劲“中国心”[J]. 人物, 2018, 232: 52-55.
[71] 王录才, 王芳 . 泡沫金属制备、性能及应用[M]. 北京: 国防工业出版社, 2012.
[72] 王晗 . 有序多孔铝基材料的孔结构设计、制备及性能[D]. 大连理工大学, 2020.
[73] 张红英, 欧阳八生, 朱国军 . 泡沫铝材料的研究与应用[J]. 粉末冶金技术, 2021, 39(1): 69-75.
[74] 郝嘉琨 . 聚变堆材料[M]. 北京: 化学工业出版社, 2006.
[75] 杨大智 . 智能材料与智能系统[M]. 天津: 天津大学出版社, 2000.
[76] HAN X D, ZOU W H, YANG D Z. Structure and substructure of martensite in a TiNiHf high temperature shape memory alloy[J]. Acta Metall. & Mater., 1996, 44(9): 3711-3721.
[77] 李辰砂, 张博明, 王殿富, 等 . 光纤模斑传感器应用于在线监控复合材料工艺过程[J]. 复合材料学报, 2000, 17(3): 33-37.
[78] YIN J B, XIA X, XIANG L Q, et al. The electrorheological effect of polyaniline nanofiber, nanoparticle and microparticle suspensions[J]. Smart Mater. Struct., 2009, 18: 095007(11pp).
[79] 高芳, 蒋成保, 刘敬华, 等 . 第三组元添加对 Fe-Ga 合金相组成和磁致伸缩性能的影响[J]. 金属学报, 2007, 43 (7): 683-687.
[80] ZHANG W, GONG X L, JIANG W Q, et al. Investigation of the durability of anisotropic magnetorheological elastomers based on mixed rubber[J]. Smart Materials and Structures, 2010, 19(8): 085008.
[81] 欧进萍, 周智, 武湛君, 等 . 黑龙江呼兰河大桥的光纤光栅智能监测技术[J]. 土木工程学报, 2004, 37 (1): 45-49.